普通高等教育土木与交通类"十二五"规划教材

工程地质学基础

主 编 陈祥军

主 审 李 忠

U0217641

中国水利水电出版社
www.waterpub.com.cn

内 容 提 要

本书为"普通高等教育土木与交通类'十二五'规划教材"丛书之一，书中重点介绍了与铁路、道路、房建等土木工程专业方向密切相关的工程地质知识，主要包括以下内容：岩石的岩性及其工程性质，地质构造类型及其对工程的影响，与工程活动有关的地质作用，以及各类建筑工程的地质问题。在各章节内容取舍上，重点介绍基础知识和成熟的研究成果；同时，为了提高学生的学习兴趣，在有限的篇幅内适当的介绍一些工程实例。

本书可作为普通高等院校土木工程、道路、桥隧、水电以及海岸工程等专业教学用书，也可供工程地质、水文地质、土建工程、水电工程等相关专业的科技人员参阅。

图书在版编目（CIP）数据

工程地质学基础 / 陈祥军主编. -- 北京 ：中国水
利水电出版社，2011.12(2022.7重印)
普通高等教育土木与交通类"十二五"规划教材
ISBN 978-7-5084-9191-2

Ⅰ．①工… Ⅱ．①陈… Ⅲ．①工程地质－高等学校－
教材 Ⅳ．①P642

中国版本图书馆CIP数据核字(2011)第255717号

书　　名	普通高等教育土木与交通类"十二五"规划教材 **工程地质学基础**	
作　　者	主编　陈祥军　　　主审　李忠	
出版发行	中国水利水电出版社 （北京市海淀区玉渊潭南路1号D座　100038） 网址：www. waterpub. com. cn E - mail：sales@mwr. gov. cn 电话：(010) 68545888（营销中心）	
经　　售	北京科水图书销售有限公司 电话：(010) 68545874、63202643 全国各地新华书店和相关出版物销售网点	
排　　版	中国水利水电出版社微机排版中心	
印　　刷	北京市密东印刷有限公司	
规　　格	184mm×260mm　16开本　12.5印张　296千字	
版　　次	2011年12月第1版　2022年7月第6次印刷	
印　　数	14001—17000册	
定　　价	**39.00元**	

前　言

　　工程地质学是土木工程教学指导委员会指定的一门专业基础课，目前国内相关院校土木工程专业课程设置体系中，大都开设了《工程地质学》作为必修的专业基础课程。工程地质学主要研究并解决与土木工程设计、施工和正常使用等有关的地质学问题。通过《工程地质学》课程的学习，土木工程专业学生可以掌握一些基本的工程地质知识，具备一定的阅读工程地质资料、分析工程地质条件、解决工程地质问题的能力。

　　工程地质学是一个有多个分支学科的综合性学科，研究内容极为丰富。作为教材或教学参考书，面面俱到是不现实的。考虑到学时限制和土木工程专业方向的区别，本书重点介绍与铁路、道路、房建等土木工程专业方向密切相关的工程地质知识，主要包括以下内容：①岩石的岩性及其工程性质；②地质构造类型及其对工程的影响；③与工程活动有关的地质作用；④各类建筑工程的地质问题。鉴于学生在本课程之前地质知识基础薄弱，在各章节内容取舍上，重点介绍基础知识和成熟的研究成果；同时，为了提高学生的学习兴趣，在有限的篇幅内适当的介绍一些工程实例。本教材适宜的教学学时为48学时左右，如果学时紧张，部分教学内容可以安排学生自学。

　　本书由石家庄铁道大学从事《工程地质》课程教学的几位老师共同编写。陈祥军担任主编，总体统筹并编写绪论、第1章、第2章，刘秀峰编写第3章的第1～5节，王伟编写第3章的第6、7节，孟硕编写第4章，温进芳编写第5章，谢世宏、陈祥军编写第6章。全书由李忠统一审阅定稿。编写过程中参考了大量的相关著作、教材、手册、期刊文章等，在此谨向这些作者表示衷心的感谢。

　　由于水平所限，谬误之处在所难免，敬请广大读者批评指正。编者单位是：石家庄铁道大学土木学院工程地质教研室，邮编050043。邮箱为：cxj9596@sohu.com。欢迎来信讨论。

编　者

2011.9

于石家庄

目 录

绪　　论

0.1　工程地质学的学科性质

　　地质学是研究地球的形成、成分、结构和发展规律，并利用这些规律为人类社会服务的科学，其研究领域十分广泛。工程地质学是地质学的一门分支学科，是工程科学与地质科学相互渗透、交叉而形成的一门边缘科学。工程地质学从事人类工程活动与地质环境相互关系的研究，主要研究解决与土木工程设计、施工和正常使用等有关的地质学问题。截至目前，人类社会的一切建筑工程活动都是在一定的地质环境中进行的，人类工程活动与地质环境之间始终处于既相互联系又相互制约的矛盾之中。利用地质学的基本理论，研究地质环境与人类工程活动之间的关系，促使两者之间的矛盾转化和解决，是工程地质学的基本任务。

　　人类工程活动与地质环境之间的关系，首先表现为地质环境可以危及人类工程活动的安全，制约工程活动方式及工程投资，影响工程建筑物的稳定性和正常使用等。例如，地球内部构造活动导致的强烈地震，顷刻间可使较大地域内的各种建筑物和人类生命财产遭受毁灭性的损失；地壳表面的软弱土体不适应于某些工业与民用建筑物荷载的要求，需进行专门的地基处理；地质时期内形成的岩溶洞穴因严重渗漏，造成水库和水电站不能正常发挥效益，甚至完全丧失功能；大规模的崩塌、滑坡因难以治理而使铁路改线等。人类工程活动与地质环境之间的关系，也表现在人类各种工程活动会反馈作用于地质环境，使自然地质条件发生变化，影响建筑物的稳定和正常使用，甚至威胁到人类的生活和生存环境。例如，滨海城市大量抽取地下水所引起的地面沉降，造成海水入侵、市政交通设施破坏和丧失效用、地下水质恶化等；大型水库的兴建，使河流上、下游大范围内水文和水文地质条件发生变化，引起库岸再造、库周浸没、库区淤积、诱发地震等问题，甚至使生态环境恶化；人类开采活动造成的地面沉陷及陷落地震，人工改变斜坡形状造成泥石流及边坡失稳等。

　　解决地质环境与人类工程活动之间的矛盾，工程地质工程师必须要很好地研究建筑场址的地质环境，尤其要对那些可能对工程建筑物有严重制约作用的地质现象进行深入的研究；同时应充分预计到一项工程的兴建对地质环境的影响，以便采取相应的对策。工程地质的工作内容可以用一句话来概括，即评价工程地质条件与分析工程地质问题。在此，有必要明确工程地质条件和工程地质问题这两个基本概念的含义。

　　（1）工程地质条件。即与工程建筑有关的地质条件的总和，包括地形地貌、岩土类型、地质构造、水文地质条件、物理地质作用及天然建筑材料等各个方面。工程地质条件是一个多因素的综合概念，不同地区的地质环境不同，各地质因素对工程建筑物的影响也有主次之分。工程师应该对当地的工程地质条件进行具体分析，明确主次，详细分析各因素对工程建筑物有利的和不利的方面。工程地质条件直接影响到工程建筑活动的安全及建筑物的正常使用，兴建任何类型的建筑物都要首先查明建筑场地的工程地质条件，这是工程地质工作的基本任务。

（2）工程地质问题。即工程地质条件与工程建设需求之间所存在的问题以及工程活动对地质环境的影响。优良的工程地质条件能适应建筑活动的要求，对建筑活动的安全、经济和建筑物的正常使用不会造成影响或损害；有一定缺陷的工程地质条件往往对建筑活动产生某种影响，甚至造成灾难性的后果。工程地质条件是自然界客观存在的，它能否适应工程建设的需要，取决于工程建筑物的类型、结构和规模。不同类型、结构和规模的工程建筑物对地质环境的要求是不同的，工程地质问题是复杂多样的。例如，工业与民用建筑的主要工程地质问题是场地稳定性、地基承载力和变形问题；地下工程的主要工程地质问题是围岩稳定性、地下水的危害问题；露天采矿场的主要工程地质问题是岩质边坡稳定性问题；水利水电建设中的工程地质问题包括坝基渗漏和渗透稳定性、坝基抗滑稳定和坝座抗滑稳定、水库渗漏、库周浸没、库岸再造以及船闸边坡稳定和渠系工程的渗漏和稳定问题等。工程地质问题的分析、评价，是工程地质工作的核心任务。

0.2　工程地质学的研究内容

作为一门独立的应用型学科，伴随着社会发展和科技水平的提高，工程地质学一直在不断充实与完善着自己的研究内容。目前工程地质研究主要涉及以下几个方面。

（1）岩土工程地质性质研究。建造于地壳表层的任何类型的建筑物，总是离不开岩土体的。作为建筑材料或建筑环境的岩土体，其工程地质性质对建筑活动的意义重大。无论是分析工程地质条件，还是评价工程地质问题，首先要对岩土体的工程性质进行研究。这部分研究内容目前已形成"工程岩土学"这一分支学科，专门研究各类岩土的分布规律、成因类型及工程性质，也包含了各项工程地质参数的测试技术方法以及对岩土体不良性质进行改善、补强等方面的内容。

（2）工程动力地质作用研究。动力地质作用包括由地球内力引发的地质作用、外力引发的地质作用及人类活动所引发的人为作用，是工程地质条件重要因素之一。工程地质作用往往影响工程活动的安全，制约着建筑物的稳定性、造价和正常使用。研究工程动力地质作用（现象）的分布、规模、形成机制、发展演化规律，分析预测所产生的不良地质问题，及时提出有效的防治对策和措施，这些工作是由"工程动力地质学"这一分支学科来进行的。

（3）工程地质勘察理论和技术方法研究。工程地质学服务于工程建设的具体基础工作就是要进行工程地质勘察。工程地质勘察的主要目的是为工程建筑物的规划、设计施工和使用提供所需的地质资料和各项数据。由于不同类型、结构和规模的建筑物，对工程地质条件的要求以及所产生的工程地质问题不同，因而勘察方法的选择、勘察方案的布置及工作量使用等也都不尽相同。为了做好勘察工作，需要在查明建筑场区工程地质条件的基础上，对可能产生的主要工程地质问题进行确切的分析、评价。为了保证工程地质勘察的质量和精度，应该制定适用于不同类型工程建筑的勘察规范或手册，作为工程勘察的指导性文件。当前我国有关部门已经编制出或正在编制国家标准的各类建筑工程的勘察规范或规程；并注意和推广新颖的勘察理论和技术方法。有关这方面的研究，由"专门工程地质学"这一分支学科承担。

（4）区域工程地质研究。不同地域的自然地质条件不同，因而工程地质条件和工程地质问题也有明显的区域性分布规律和特点。为了提高国土资源开发利用效率和优化工程建设布局，必须研究不同地域工程地质条件的形成和分布规律，以进行区划。我国国土面积广大，自然地质条件复杂，开展这方面的研究更显重要。"区域工程地质学"主要承担这方面的研究工作。

（5）环境工程地质研究。由于人类工程及经济活动对地质环境的反馈作用日趋广泛和深刻，造成地质环境不断恶化，甚至地质灾害频发，严重威胁着人类的生存和生活。为了合理开发、利用和保护地质环境，要建立起地质环境与人类活动之间的理论模式关系，科学地预测由于人类活动对地质环境的负面影响及其区域性变化。尤其是在大型水利水电工程、城市建设和矿产开发等方面要大力开展环境工程地质研究。"环境工程地质学"已成为工程地质学的新兴分支学科，地质灾害防治方面的工作近些年也越来越引起人们的重视。

0.3　工程地质学的发展历史

工程地质学是在人类工程活动实践中逐渐形成和产生的。在远古时代，人类就懂得利用优良的地质条件兴建各类建筑工程。早期人类工程活动规模小且建筑形式比较简单，涉及地质问题不突出，有关工程地质方面的工作大多是由地质学家或地理学家来完成的。工程地质学在国际上成为地质学的一门独立分支学科，仅有 80 年左右的历史。20 世纪 30 年代初，原苏联开展大规模的国民经济建设，促使了工程地质学的萌生。俄罗斯著名工程地质学家萨瓦连斯基、卡明斯基、波波夫等在工程岩土学、工程地质学等方面做了大量的理论与实践方面的奠基工作，1932 年莫斯科地质勘察学院成立了工程地质教研室，培养工程地质专业人才，工程地质学在前苏联开始形成了一门独立的学科。与此同时，欧美和日本等国家，在进行水利工程和其他工程建筑过程中，也开展了工程地质工作，但这些工作附属于建筑工程中，主要从事与工程建筑有关岩土工程地质性质和力学问题的研究。

经过数十年的发展，工程地质学的学科体系逐臻完善，已经成为一个有多个分支学科的综合性学科。为了促进工程地质科学的发展，方便各国学者的学术交流，在 1968 年召开的第二十三届国际地质大会上，成立了国际地质学会工程地质分会，后改名为国际工程地质协会，目前称为国际工程地质与环境协会。该协会下设多个专业委员会，定期进行学术交流，至今已召开了多届国际工程地质大会，每届大会所交流的学术论文内容非常广泛，涉及各类岩土体工程地质性质勘察研究、与边坡和地下工程岩土体稳定性有关的工程地质问题研究、城市区的工程地质勘察研究，以及各类重大工程兴建时环境地质问题研究，等等。2010 年 9 月在新西兰奥克兰市召开的第十一届国际工程地质大会的主题是"地质活动对人类生活的影响"。

我国的工程地质学是在 1949 年新中国成立后才真正发展起来的。20 世纪 50 年代初期，原地质部成立了水文地质工程地质局和相应的研究机构，并在原北京地质学院中率先设置水文地质工程地质专业培养专门人才，当时一些重大工程项目如新安江水电站、三门峡水电站等，都进行了较详细的工程地质勘察。随后国防、交通、城建等单位相继成立了勘察和研究机构，各类高等院校中也相继设立有关专业，在水利水电、铁路桥梁、城市规划、工业与民用建筑、矿山工程、大型地下开拓工程等方面进行了大量的工程地质工作，为工程的规划、设计、施工和正常运行提供地质依据，这不但保证了工程建设的顺利进行，而且丰富了工程地质学的研究内容。新中国成立60余年来，工程地质工作密切结合国民经济建设，为国家国土规划与资源开发、各类工程建设、城镇建设、地质灾害防治及地质环境保护提供了强有力的技术支撑，工作领域几乎覆盖国民经济的所有部门。可以说，我国已建的8万余座水库、7万余公里铁路和百万余公里的公路、200余座金属矿山、500余座大型煤矿、千余座城镇及不计其数的工业与民用建筑都留下了工程地质工作者辛勤的汗水。丰富的工程实践，也促进了我国工程地质学科体系的飞速发展，相继形成了"工程地质力学"、"地质过程机制分析—定量评价"及"系统工程地质学"等国内外有较大影响的理论及学术思想体系。在诸如高边坡稳定性研究、地下开挖的地面地质效应研究、崩滑地质灾害预测及土体工程地质特性研究等方面走到了国际前沿，在工程地质理论及实践水平上，我国都处在世界先进水平之列。为了更好地促进我国工程地质学科的发展，1979年11月成立了中国地质学会工程地质专业委员会，并召开了我国首届工程地质大会，截至2008年已召开了八届大会和多次专题性学术讨论会。

0.4 本 书 内 容

工程地质学是土木工程教学指导委员会指定的一门专业基础课，目的是使学生获得工程地质方面的基本理论知识，为学生应用工程地质知识分析解决工程专业问题打下基础。本书是为土木工程专业的工程地质课而编写的教材，主要包括以下内容。

岩石的岩性及其工程性质：不同的岩石，其成因及岩性特征不同，工程性质差异很大。在不同的岩石中进行工程施工，必须对这些岩石的工程地质性质有清楚的了解，才能确保工程建筑物的稳定和正常使用。

地质构造类型及其对工程的影响：由于地壳运动的影响，使岩层呈现出各种不同的构造形态，这些构造形态的性质及其分布特征是控制岩体稳定的重要因素，在设计和施工时必须考虑地质构造的影响。

与工程活动有关的地质作用：有些地质作用能在很短的时间内造成建筑物的剧烈破坏，有些地质作用会缓慢地侵害建筑物并最终造成建筑物破坏，了解这些地质作用的发生、发展规律，在设计施工时可以采取一定措施控制它们对建筑物的危害，以保证建筑活动的安全和建筑物的正常使用。

各类建筑工程的地质问题：在不同的工程建筑物中，地质环境所起的作用不同，相应的工程地质问题也不一样。地基岩体的主要工程地质问题是地基承载力和变形问题，在地下洞室中，作为周围岩体的主要工程地质问题是围岩变形和稳定性问题；边坡岩体的主要工程地质问题是边坡的变形与破坏问题。

通过本门课程的学习，学生应达到以下要求：能阅读一般的地质资料；根据地质资料在野外辨认常见的岩石，了解其主要的工程地质性质；辨认基本的地质构造及较明显、简单的不良地质作用，了解其对建筑的影响，并在专业设计和施工中能应用这些工程地质知识解决实际问题；了解取得工程地质资料的工作方法、工作内容及勘测、试验手段。

第1章 矿物与岩石

1.1 概　述

　　人类各种工程活动都是在地球表层上进行的，学习工程地质学首先应当对固体地球有一个大概的了解，特别应该了解地球表层——地壳的组成及演化特征。

1.1.1 固体地球的圈层构造及地壳的物质组成

　　固体地球的形状与旋转椭球体很近似，它的赤道半径稍大，两极半径稍小。借助对地球内部放射性元素的衰变速度分析，目前大多数地质学家认为地球从产生到现在经历了约

图1-1　固体地球的圈层构造

46亿年。在地球漫长的发展历史中，由于地球物质不断发生分异作用，使地球内部分出了不同的圈层。地球物理研究得出，地震波在地球内部传播速度存在着两个明显的分界面：一个界面在33km深处，纵波从6.5km/s增加到8.1km/s，横波由3.9km/s增加到4.5km/s，这个界面称为莫霍面；另一个界面在2891km深处，纵波从13.7km/s突然下降到8.0km/s，而横波不能通过此面，这个界面称为古登堡面。根据这两个界面，可将固体地球内部分为3个圈层，即地壳、地幔、地核，如图1-1所示。

　　地壳是莫霍面以上由固体岩石组成的地球最外圈层。地壳平均厚度约18km，大洋地区地壳（洋壳）平均厚度7km，大陆地区地壳（陆壳）平均厚度33km。从根本上说地壳是由各种元素组成的，各种元素在地壳中的分布是不均衡的。1889年美国学者克拉克等人根据大陆地壳中的一些样品分析数据，第一次算出元素在地壳中的平均质量百分数（元素的丰度，也称克拉克值）。克拉克等采用的样品来自地面下16km以内大陆地壳，后来被分析的样品则不仅有采自地壳的岩石，还有来自天外的陨石。根据岩石和陨石的化学组分分析，元素在地壳中的平均质量百分数：氧为49.13、硅为26.00、铝为7.45、铁为4.20、钙为3.25、钠为2.40、钾为2.35、镁为2.35、氢为1.00、其他所有元素为1.78。地壳中的化学元素不是孤立地、静止地存在，它们随着自然环境的改变而不断地变化。元素在一定的地质条件下，结合成具有一定化学成分和物理性质的单质或化合物，称为矿物，如石墨、石盐等。由一种或多种矿物所组成的固态集合体，称为岩石，如花岗岩由石英、长石、云母等矿物组成，大理岩主要由方解石组成。矿物和岩石是组成地壳的基本单位。组成地壳的岩石，按其成因可分为3大类，即岩浆岩、沉积岩和变质岩。岩浆岩是内力地质

作用的产物，由地壳深处的岩浆沿地壳裂隙上升冷凝而成；沉积岩是由先成岩石（包括沉积岩）经外力地质作用而形成；变质岩是由岩浆岩或沉积岩经变质作用而形成的与原岩迥然不同的岩石。

1.1.2 地质作用

地球自形成以来，在漫长的地质历史进程中，其成分和面貌时刻都在变化着。过去的大海经过长期的演变而成陆地、高山；陆地上的岩石经过长期日晒风吹逐渐破坏粉碎，脱离原岩而被流水携带到低洼地方沉积下来，结果高山被夷为平地。海枯石烂、沧海桑田，地壳面貌不断改变，具有了今天的外形。促使组成地球的物质成分、结构构造和表面形态等不断变化和发展的各种作用，统称地质作用。有些地质作用进行得很快并且很激烈，可以在瞬间发生，有时会造成一定灾害，如山崩、地震、火山喷发等。有些地质作用则进行得很缓慢，这些地质作用不易被人们所察觉，据最近资料，1990～1999年间，我国青藏高原平均上升量约20mm。地质作用总是由某些动力引起的，引起变化的动力，也称为地质营力。地质营力的主要来源有太阳辐射能、月球和太阳的引力能、地球的重力能、放射性元素蜕变能、地球自转的旋转能和结晶化学能等。根据能量的主要来源和地质作用进行的部位（地表或地下），地质作用分为内力地质作用和外力地质作用两大类。

由地球转动能、重力能和放射性元素蜕变的热能产生的地质动力所引起的地质作用，主要是在地壳中或地幔中进行的，称为内力地质作用。其表现方式有地壳运动、岩浆作用、变质作用和地震等。

由地球自转速度的改变等原因，使得组成地壳的物质（岩体）不断运动，改变相对位置和形态，这个过程称为地壳运动。它是内力地质作用的一种重要形式，也是改变地壳面貌的主导作用。

岩浆是地壳深处的一种富含挥发性物质的高温、高压的硅酸盐熔融体，在地壳运动的影响下，由于压力的差异，岩浆从压力大向压力减小的方向移动，上升到地壳上部或喷出地表时冷却凝固成为岩石，这个过程称为岩浆作用。由岩浆作用而形成的岩石叫岩浆岩。

由于地壳运动及岩浆活动的影响，使早先形成的岩石受到高温、高压及化学成分加入的影响，在固体状态下，发生物质成分与结构、构造的变化，形成新的矿物和岩石，这一过程称为变质作用。由变质作用形成的岩石叫变质岩。

由于地球自转速度的不均一性，加上地壳内部热能的变化，使地壳各部分岩石受到一定的力（即地应力）的作用。地应力作用尚未超过岩石的弹性限度时，岩石会产生弹性形变，并把能量积蓄起来。当地应力作用超过地壳某处岩石强度时，就会在那里发生破裂，或使原有的破碎带重新活动，岩石所积累的能量急剧地释放出来，并以弹性波的形式向四周传播，从而引起地壳的颤动，产生震撼山岳的地震。

由固体地球范围以外的能源所引起的地质作用，称为外力地质作用。这类能源主要来自太阳辐射能以及太阳和月球的引力、地球的重力能等。外力作用的总趋势是削高补低，使地面趋于平坦，作用方式有风化、剥蚀、搬运、沉积和成岩作用。

在常温、常压下，由于温度、水、气体和生物等因素的影响，使组成地壳表层的岩石发生崩裂、分解等变化，这个过程叫风化作用。按风化作用因素的不同，可以分为物理风化作用、化学风化作用和生物风化作用 3 种。

　　将风化产物从岩石上剥离下来，同时也对未风化的岩石进行破坏，不断改变岩石的面貌，这种作用称为剥蚀作用。引起剥蚀作用的地质营力有风、冰川、流水、海浪等。陆地是剥蚀作用的主要场所。在地形起伏、气候潮湿、降雨量大的地区，剥蚀作用主要为流水的冲刷和侵蚀，使岩石遭受破坏；在干旱的沙漠地区，剥蚀作用主要为风对岩石的破坏。风的剥蚀作用包括吹扬作用和磨蚀作用。前者指风将岩石表面的松散砂粒或风化产物带走；后者指风所夹带的砂粒随风运行，对岩石表面发生摩擦磨蚀。

　　风化剥蚀的产物，在地质营力的作用下，离开母岩区，经过长距离搬运，到达沉积区，这一过程叫搬运作用。搬运和剥蚀往往是由同一种地质营力来完成的。如风和流水一边剥蚀岩石，同时又迅速将剥蚀下来的岩屑带走，两者是不能截然分开的。

　　经过一定距离的搬运之后，由于搬运介质搬运能力（风速或流速）的减弱，搬运介质物理和化学条件的变化或在生物作用下，被搬运的物质从风或流水等介质中分离出来形成沉积物，这个过程叫沉积作用。沉积作用的方式有机械沉积作用、化学沉积作用和生物沉积作用。

　　使松散沉积物转变为沉积岩的过程，称为成岩作用。在成岩作用阶段，沉积物发生的变化主要有压固作用、胶结作用和重结晶作用 3 种。

　　自地壳形成以来，内力和外力地质作用始终是相互依存，彼此推进的。由于地壳是内、外力地质作用共同活动的场所，因而工程活动所接触到的各种地质体无不留有内、外力地质作用的痕迹。

1.2　矿　　物

　　矿物是在各种地质作用中形成的天然单质或化合物，具有一定的化学成分和内部结构，从而有一定的形态、物理性质和化学性质。它们在一定的地质和物理、化学条件下稳定，是组成岩石的基本单位。自然界中已发现的矿物达 3000 种左右，其中大部分矿物数量很少，分布也极为分散，这些矿物对岩石性质影响不大。在岩石中经常见到、明显影响岩石性质、对鉴定和区别岩石种类起重要作用的矿物，称为主要造岩矿物，大约有 20多种。

　　正确识别和鉴定矿物，对地质工作者是非常重要的。鉴定矿物的方法很多，借助于各种仪器，采用物理和化学的方法，通过对矿物化学成分、晶体形态和构造及物理特性的测定，可以达到准确鉴定矿物的目的。随着现代科学技术的发展，鉴定矿物的方法还在不断地完善和创新之中。上述矿物鉴定方法中，有相当一部分需要高度精密的仪器和良好的实验室条件，在野外现场常因条件较差无法采用。野外现场多数采用肉眼鉴定法（即外表特征鉴定法），此法简便易行，主要是凭肉眼和一些简单的工具（小刀、钢针、放大镜、磁铁、条痕板等）来分辨矿物的外表特征（有时也配合一些简易的化学分析方法），从而对矿物进行粗略的鉴定。对于肉眼鉴别矿物来说，矿物的形态和物理性质有重要意义。

1.2.1　矿物的形态

　　在已知的 3000 余种矿物中，除个别以气态（硫化氢气等）或液态（自然汞等）出现外，绝大多数均呈固态。固态物质按其质点（原子、离子、分子）是否有规则排列，可分为晶质体和非晶质体。内部质点按规律排列的物质称为结晶质，内部质点的排列没有一定规律的为非晶质体。应该指出，晶质和非晶质并非一成不变的，在一定的温度、压力条件下可以相互转化，如非晶质的蛋白石可以转化为结晶的石英。

在肉眼鉴定范畴，自然界所有的非晶质矿物及多数晶质矿物呈集合体出现，少量晶质矿物呈具有一定大小、肉眼可鉴别其形态的单晶体出现。矿物的形态指矿物的单体形态及矿物集合体的形态。矿物单体形态指矿物单晶体的形态，结晶质矿物的内部质点在三维空间呈有规律的周期性重复排列，形成空间格子构造，如岩盐的立方分子格架，如图 1-2 所示。结晶质矿物在晶体生长速度较慢、周围有不受干扰的自由空间时，就能够形成由晶面包围的、具有规则几何外形的自形晶体，如岩盐的立方晶体，如图 1-3 所示。实际上，在自然界中这种发育良好的自形晶体较少见，因为在晶体的生长过程中，受生长速度和周围环境的限制，晶面发育不完整，不能使晶体形成规则几何外形，而是形成不规则形状的晶粒，称为他形晶体，岩石中的造岩矿物多为粒状他形晶。非晶质矿物的内部质点排列没有规律性，因而不具有规则的几何外形。

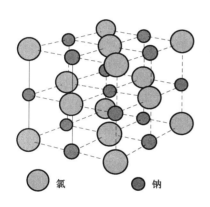

图 1-2　岩盐的立方分子格架　　　　　图 1-3　岩盐的立方晶体照片

结晶质矿物在发育生长过程中，在空间不同方向上，生长条件不同，生长速度是不同的。因此，有的形成针状或长柱状外形，有的形成片状或板状外形，有的则形成立方体或菱面体外形等。常见的矿物单体形态有：

片状、鳞片状，如云母、绿泥石等；

板状，如斜长石、板状石膏等；

柱状，如长柱状的角闪石、短柱状的辉石等；

立方体状，如岩盐、方铅矿、黄铁矿等；

菱面体状，如方解石、白云石等；

菱形十二面体，如石榴子石等。

各种结晶质和非晶质矿物，常按一定习性形成各种不同的集合体，常见的矿物集合体形态有：

粒状、块状、土状——在空间 3 个方向上接近等长的矿物集合体形态。若颗粒边界较明显的称粒状，如橄榄石等；若肉眼不易分辨颗粒边界的称块状，如石英等；疏松的块状称土状，如高岭土等。

鲕状、豆状——矿物集合体呈具有同心构造的近圆球形。像鱼卵大小的称鲕状，如鲕状灰岩中方解石等；近似黄豆大小的称豆状，如赤铁矿等；有时还可见到不规则球形的葡萄状及肾状。

纤维状——如石棉、纤维石膏等。

钟乳状——如溶洞中沉积的方解石、褐铁矿等。

1.2.2 矿物的物理性质

由于矿物的化学成分或晶体构造不同，决定了每种矿物都表现出一些与其他矿物相区别的物理性质，因此可以根据矿物的物理性质来认识和鉴定矿物。下面介绍一些用肉眼观察或利用简单工具就能分辨的物理性质。

（1）颜色。矿物固有的颜色与它的化学成分和内部结构有关，基本上是稳定的。例如，黄铁矿是铜黄色，橄榄石为橄榄绿色。但是由于矿物是自然形成的，一些因素会改变其固有的颜色，根据矿物颜色产生的原因，可将颜色分为自色、他色、假色3种。自色是矿物本身固有的颜色，取决于矿物的内部性质，特别是所含色素离子的类别。他色是矿物混入了某些杂质所引起的，与矿物的本身性质无关；他色不固定，随杂质的不同而异；如纯净的石英晶体是无色透明的，但含碳的微粒时就呈烟灰色，含锰就呈紫色，含氧化铁则呈玫瑰色。假色是由于矿物内部裂隙对光的折射等原因所引起的，如方解石解理面上常出现的虹彩。

（2）条痕。矿物粉末的颜色，一般通过把矿物在素瓷板上擦划来观察。某些矿物的颜色和它的条痕色并不相同，例如铜黄色的黄铁矿，它的条痕色是黑色。大多数造岩矿物的条痕色都是无色或浅色的，条痕色多用于鉴别色调浓重的金属矿物。

（3）光泽。光泽指矿物的新鲜光洁面反射可见光的能力。根据反射光的强弱，矿物光泽可分为下列3种：

1）金属光泽。反光强烈，有闪耀现象，如方铅矿、黄铁矿等。

2）半金属光泽。反光较强，如磁铁矿等。

3）非金属光泽。是透明矿物所表现的光泽。根据其反光程度和特征又可分为下列数种：

金刚光泽——反光较强，闪烁烂漫，如金刚石等。

玻璃光泽——近似一般玻璃平面上的光泽，如长石、石英晶面等。

油脂光泽——由凸凹不平断裂面上光线漫射引起，如同涂上了油脂后的反光，如石英断口等。

珍珠光泽——如同珍珠或贝壳内面出现的乳白彩光，如白云母薄片等。

丝绢光泽——出现在纤维状集合体矿物上，如石棉、绢云母等。

土状光泽——裂面上反光暗淡，如高岭石及某些褐铁矿等。

（4）透明度。矿物能够透过光线的程度，称为透明度。矿物的透明度取决于矿物对光线的吸收能力，除与矿物的化学性质、晶体构造有关，还明显地受厚度及其他因素的影响。某些看来是不透明的矿物，磨成薄片时却是透明的。为了消除厚度的影响，一般以矿物的薄片（0.03mm）为准。透明度可以分为透明、半透明、不透明3级。

1）透明：绝大部分光线可以通过矿物，隔着矿物的薄片可清楚地看到对面的物体，如无色水晶、冰洲石（透明的方解石）等。

2）半透明：光线可以部分通过矿物，隔着矿物薄片可以模糊地看到对面的物体，如闪锌矿、辰砂等。

3）不透明：光线几乎不能透过矿物，如黄铁矿、磁铁矿、石墨等。

概括地说，所有金属矿物都是不透明矿物，而大部分非金属矿物都是透明矿物，有些矿物介于二者之间，称为半透明矿物。

上述颜色、条痕、光泽和透明度都是矿物的光学性质，是由于矿物对光线的吸收、折射和反射所引起的，因而它们之间存在着一定的联系。矿物的颜色越深，说明它对光线的吸收能力越强，这样，光线也就越不容易透过矿物，透明度也就越差；矿物的光泽越强，说明投射于矿物表面的光线大部分被反射了，这样通过折射而进入矿物内部的光线也就越少，于是透明度也就越差。

（5）硬度。矿物抵抗外力机械刻划的能力。通常是用"摩氏硬度计"（表1-1）中所列举的10种矿物作为对比的标准，刻划待研究的矿物，从而确定其硬度等级。例如，欲测定的矿物能在石膏表面刻成划痕，又能被方解石刻成划痕，则该矿物的硬度等级定为2~3。在野外现场，可利用指甲（2~2.5）、小刀（5~5.5）、石英（7）来粗略地测定矿物的硬度。摩氏硬度计中10种矿物的硬度是相对硬度，并不是绝对硬度。矿物硬度的大小，主要取决于它的内部质点的结合强度。例如，以分子键结合的石墨（C）的硬度为1~2，而以共价键结合的金刚石（C）是硬度最高的矿物。

表 1-1　　　　　　　　　　　　　摩 氏 硬 度 计

硬 度 等 级	矿 物 名 称	硬 度 等 级	矿 物 名 称
1	滑石	6	正长石
2	石膏	7	石英
3	方解石	8	黄玉
4	萤石	9	刚玉
5	磷灰石	10	金刚石

（6）解理。矿物晶体受外力敲击时，能够沿一定方向裂开的性能称为矿物的解理性，开裂的平面称为解理面。矿物的解理性与其晶体构造有关，解理面常平行于一定的晶面发生。由于晶体内部质点间的结合力在不同方向上不均一，造成各种矿物解理方向的数目不一，如云母有一个方向的解理、长石有两个方向的解理、方解石有3个方向的解理、萤石有4个方向的解理。根据解理面的完善程度，可将解理分为极完全解理、完全解理、中等解理、不完全解理4个级别。

极完全解理：极易沿一定方向劈开成一组薄片，而且解理面平坦光滑，如云母等。

完全解理：一般易裂开成块状，常有3组平整光滑的解理面，如岩盐、方解石等（图1-4）。

中等解理：一般易裂开成块状或板状，常在两个方向上出现两组不连续、不平坦的解理面，在第三个方向上为不规则断裂面，如长石和角闪石等。

不完全解理：一般很难发现完整的解理面，如橄榄石等。

（7）断口。完全不具有解理性的矿物，在锤击后沿任意方向发生不规则断裂，其断裂面称为断口。常见的断口形态有以下 4 种。

贝壳状断口：断口呈曲面，具有类似贝壳的同心圆波纹，如石英的断口（图 1-5）。

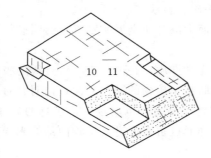 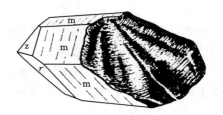

图 1-4　方解石的节理面素描　　　　　　图 1-5　石英的贝壳状断口素描

平坦状断口：断裂面呈比较平坦的致密状，如蛇纹石等。

参差状断口：断裂面参差起伏，粗糙不平，如黄铁矿、磷灰石等。

锯齿状断口：断裂面呈波形起伏的尖齿状，常见于具有较强延展性的金属矿物，如自然铜等。

矿物的物理性质表现在很多方面，除了上面分析的以外，还有很多其他性质也可用来对某些矿物进行鉴定，如矿物的相对密度、磁性、压电性、检波性及矿物薄片的弹性、挠性等。

1.2.3　矿物的肉眼鉴定

肉眼鉴定矿物的方法虽然比较粗略，但对一个有经验的地质工作者来说，利用此法可正确地鉴别很多常见的矿物；同时它也是其他所有鉴定方法必不可少的先行环节和重要基础，所以不能等闲视之。在肉眼鉴定过程中必须注意以下几点：

（1）矿物的各种形态和各项物理特征，在一个矿物上不一定全部显示出来，所以在肉眼鉴定时，必须善于抓住矿物的主要特征，尤其是要注意那些具有鉴定意义的特征，如磁铁矿的强磁性、赤铁矿的樱红色条痕、方解石的菱面体解理等。

（2）在鉴定过程中，必须综合考虑矿物物理性质之间的相互关系。例如，金属矿一般情况是颜色较深、密度较大、光泽较强；而非金属矿物则相反。

（3）在野外鉴定时，还应充分考虑矿物产出状态，因为各种矿物的生成和存在都不是孤立的，在一定的地质条件下，它们均有着一定的共生规律，如闪锌矿和方铅矿常常共生在一起。

对一个初学者来说，肉眼鉴定矿物时，应对各种矿物标本认真观察、仔细分析、相互比较、反复练习。按以下步骤来进行：首先观察矿物的光泽是金属光泽还是非金属光泽，借以确定是金属矿物还是非金属矿物（当然这也不是绝对的，如闪锌矿就出现非金属光泽）；其次确定矿物的硬度是大于小刀还是小于小刀；再次是观察它的颜色；最后观察矿物的形态和其他物理性质，这样可以逐步缩小范围，确定矿物的名称。常见矿物的鉴别特征见表 1-2。

表 1-2   常见矿物的肉眼鉴别特征

矿物名称	化学成分	晶形	颜色	条痕色	光泽	硬度	解理或断口	其他
石墨	C	片状	黑色	黑色	半金属光泽	1~2	1组解理	有滑感，易污手
萤石	CaF_2	八面体	无色，或带色彩	无色	玻璃光泽	4	4组解理	具荧光
石英	SiO_2	六棱柱	无色或乳白色	无色	玻璃光泽	7	无	断口油脂光泽
方解石	$CaCO_3$	菱面体	无色	无色	玻璃光泽	3	3组完全解理	遇稀盐酸剧烈起泡
白云石	$CaMg[CO_3](OH)_2$	块状或粒状集合体	白色	—	玻璃光泽	3.5~4	3组解理	遇稀盐酸缓慢起泡
石膏（硬石膏）	$Ca[SO_4]$	厚板状	白色	—	玻璃光泽	3~3.5	3组解理	
正长石	$K[AlSi_3O_8]$	板状	肉红色	无色	玻璃光泽	6	2组解理	卡氏双晶
斜长石	$(Na，Ca)[AlSi_3O_8]$	板状	白色	无色	玻璃光泽	6	2组解理	聚片双晶
普通辉石	$(Ca，Mg，Fe，Al)_2[Si_2O_6]$	短柱状	绿黑色或黑色	灰绿色	玻璃光泽	5.5~6	2组解理	两组解理交角87°
普通角闪石	$Ca_2Na(Mg，Fe)_4(Al，Fe)[(Si，Al)_4O_{11}]_2(OH)_2$	长柱状	绿黑色或黑色	灰绿色	玻璃光泽	5.5~6	2组解理	两组解理的交角为56°
绿泥石	$[(Mg，Fe，Mn，Ni)，(Al，Fe，Cr，Mn)]_6[(Si，Al)_4O_{10}](OH)_{10}$	鳞片状集合体	绿色至绿黑色	—	非金属光泽	2~3.5	—	潮湿后有可塑性
蛇纹石	$Mg_6[Si_4O_{10}](OH)_8$	鳞片状集合体	深绿色	无色	油脂光泽或蜡状光泽	2~3.5	—	具有蛇皮状青绿色斑纹
橄榄石	$(Mg，Fe)_2SiO_4$	不规则粒状	橄榄绿色	无色	玻璃光泽	6~7	—	
黑云母	$K(Mg，Fe)_3[AlSi_3O_{10}](OH，F)_2$	片状或板状	棕褐色或黑色	灰色	玻璃光泽或珍珠光泽	2~3	1组极完全解理	具弹性
白云母	$KAl_2[AlSi_3O_{10}](OH，F)_2$	片状或板状	无色	无色	玻璃光泽或珍珠光泽	2~3	1组极完全解理	具弹性
黄铜矿	$CuFeS_2$	少见	黄铜色	绿黑色	金属光泽	3~4	无	
黄铁矿	FeS_2	立方体	浅黄色	绿黑色	金属光泽	6~6.5	无	晶面有生长纹
赤铁矿	Fe_2O_3	鲕状、豆状、肾状	铁黑色	樱红色	半金属光泽	5~6	无	—
磁铁矿	Fe_3O_4	块状	铁黑色	黑色	半金属光泽	5~6.5	无色	具强磁性
石榴子石	$(Ca，Mg，Fe)_3(Al，Fe，Cr)_2[SiO_4]$	十二面体八面体	黄褐色	无色	玻璃光泽或油脂光泽	6~7.5	无	—

1.3 岩 浆 岩

1.3.1 岩浆岩的形成

岩浆岩是由岩浆冷凝而成的岩石。岩浆是在上地幔和地壳深处形成的，以硅酸盐为主要成分，富含挥发性物质，炽热而黏稠的熔融体。岩浆的温度为 $600 \sim 1200 ℃$。岩浆的化学成分非常复杂，包含地壳中存在的所有元素，可以分为两部分：一部分是由硅和铝的氧化物构成的络离子；另一部分是由铁、镁、钙、钠、钾等金属元素构成的阳离子。

由于地壳的变动，使深处的岩浆沿着地壳的薄弱地带上升，在地壳的不同部位逐渐冷却，凝结成岩浆岩。如果岩浆上升没有到达地表，而在地壳中逐渐冷凝，称为岩浆的侵入作用。由侵入作用形成的岩石称为侵入岩。侵入岩可以根据凝结部位距地表的深浅分成深成岩和浅成岩。深度大于 3km 的为深成岩，小于 3km 的为浅成岩。如果岩浆沿构造裂隙溢出地表，或通过火山口喷到地表，称为岩浆的喷出作用，由此凝结的岩石称为喷出岩。喷出岩有两种类型：一种是溢出的岩浆凝结成的岩石称为熔岩；另一种是岩浆或其他的碎屑物质被猛烈地喷发到空中，从大气中降落到地面上后而形成的岩石，称为火山碎屑岩。在冷凝过程中，由于岩浆的成分、黏性不同，温度下降速率不同，同时又受到不同的冷凝环境因素的影响，形成了具有不同产状和不同岩性特征的各种各样的岩浆岩。

1.3.2 岩浆岩的产状

岩浆岩的产状指岩浆凝结后岩体的形态、岩体所占据的空间量及其与围岩的谐和关系。岩浆岩的产状受岩浆的成分、周围的物理化学条件、凝结地带的环境等多种因素的影响，所以岩浆岩的产状是多种多样的，如图 1-6 所示。

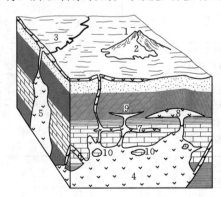

图 1-6 岩浆岩的产状

1—火山锥；2—熔岩流；3—熔岩被；
4—岩基；5—岩株；6—岩墙；
7—岩床；8—岩盖；9—岩
盘；10—捕房体

1. 侵入岩的产状

（1）岩基。岩基是岩浆侵入到地壳内凝结而成的巨大规模岩体。它的出露面积可达数十万平方公里，基底埋藏很深。常见的岩基多数是由酸性岩浆凝结而成的花岗岩类岩体，岩基内常含有围岩的崩落碎块，这些围岩碎块称为捕房体。岩基埋藏深、范围大，岩浆冷却凝固速度慢，矿物结晶程度高。由于岩浆与围岩相互作用，岩基与围岩接触部位的矿物岩石成分非常复杂。

（2）岩株。岩株是分布范围较小且形态不太规则的侵入岩体，有的岩株是岩基的突出部分。

（3）岩盘（岩盖）。黏性大的岩浆沿层状沉积岩的层面侵入后，流动不远凝固而成的呈伞形或透镜状岩体，称为岩盘或岩盖。

（4）岩床。黏性较小、流动性较大的岩浆，沿沉积岩层面侵入，充填在岩层中间，形成厚度较小而分布范围较广的岩体，称为岩床。

（5）岩墙和岩脉。岩墙和岩脉是岩浆沿围岩裂隙或断裂带侵入凝固而成的岩体。当围岩是沉积岩时，岩墙和岩脉往往切割围岩的层理方向。岩体窄小的称为岩脉，岩体较宽且近于直立的称为岩墙。岩墙和岩脉多产生在围岩构造裂隙较多的地方，而且岩墙和岩脉本身岩体薄，与围岩接触的冷却面大，产生很多收缩拉张裂隙，所以岩墙和岩脉发育地带往往是岩体稳定性较差地区，也是地下水活动较强的地区，这种地区往往给地下工程的施工造成困难。

2. 喷出岩的产状

（1）岩流。岩流是岩浆喷出或溢出地表后，在流动过程中凝结成的岩体。岩流的形状和分布范围与岩浆黏稠度及地面形态有密切关系。黏性小的岩浆，沿平坦或缓慢倾斜的地面流动，可以形成分布范围很大的岩流。例如，印度德干高原的玄武岩流，厚度达 1800m，面积近 $60000km^2$，冰岛的玄武岩盖层，厚度竟达 3000m。我国西南地区也广泛分布有二叠纪玄武岩流。由于火山喷发具有间歇性，所以岩流在垂直方向上往往具有不同喷发期形成的层状构造。

（2）火山锥（岩钟）及熔岩台地。黏性较大的岩浆喷出地表，流动性差，常和喷发的碎屑物质凝结在一起，形成锥状或钟状的山体，称为火山锥或岩钟。我国长白山主峰白头山就是由熔岩和喷发的碎屑形成的火山锥，山顶的天池为火山口湖。若岩浆喷发形式为较宁静的溢出，溢出地表的岩浆，充填地表形成台状高地，称为熔岩台地。黑龙江五大连池就是由玄武岩组成的熔岩台地。附近的火烧山是由 1720 年火山喷发时形成的椭圆形火山锥，锥顶火山口深 63m。

1.3.3 岩浆岩的矿物成分、结构、构造

1. 岩浆岩的矿物成分

组成岩浆岩的矿物成分种类繁多，但常见的矿物只有几十种，其中最常见的是石英、正长石、斜长石、黑云母、角闪石、辉石和橄榄石等几种，长石在岩浆岩中数量最大，占整个岩浆岩的 60%以上；其次是石英，所以长石和石英是岩浆岩分类和鉴定的重要依据。

组成岩浆岩的大多数矿物，根据其化学成分特征，常常分为硅铝矿物和铁镁矿物两大类。硅铝矿物中 SiO_2 和 Al_2O_3 的含量较高，不含铁、镁，包括石英与长石类矿物，它们的颜色通常较浅，所以又叫浅色矿物。铁镁矿物中含 FeO、MgO 较多，SiO_2 和 Al_2O_3 的含量较少，包括橄榄石类、辉石类、角闪石类及黑云母类，这些矿物颜色较深，所以又叫深色或暗色矿物。绝大多数岩浆岩都是由浅色矿物和暗色矿物混合组成的，但在不同类型的岩石中，两类矿物的含量比是不相同的，这就造成了岩石的颜色有深浅之分。一般从酸性岩到超基性岩，随着暗色矿物的含量逐渐增多，岩石的颜色也由浅而深。

矿物在岩浆岩中的含量决定了其在岩石分类命名中所起的作用，在描述岩石中的矿物成分时，常常根据含量多少将矿物分为主要矿物、次要矿物和副矿物 3 类。

主要矿物：岩石中含量较多，对划分岩石大类、确定岩石名称具有决定作用的矿物。例如，显晶质钾长石和石英是花岗岩的主要矿物，二者缺一就不能定名为花岗岩。

次要矿物：岩石中含量较少，是确定大类中岩石种属的依据。如花岗岩中含有少量的角闪石，据此可以将岩石定名为角闪石花岗岩。

副矿物：在岩石中含量极少，一般不超过 1%。如花岗岩中常含微量的磁铁矿或

萤石。

2. 岩浆岩的结构

岩浆岩的结构指岩浆岩的结晶程度、矿物晶粒的大小（绝对大小和相对大小）、晶粒的形态及其相互关系。岩浆岩的结构特征是划分岩浆岩类型和鉴定岩浆岩的主要根据之一。

岩浆岩的结构特征与岩浆的化学成分及凝结过程中的物理、化学状态（如岩浆的温度、压力、黏度及冷却速度）等因素有关。缓慢冷却时能形成自形程度高、晶形较好、颗粒粗大的矿物；若冷却速度快、短时间内出现过多的矿物晶芽、互相干扰，则形成晶体颗粒细小、晶形不规则、自形程度低的矿物。

（1）按照结晶程度可将岩浆岩结构分为3类，如图1-7所示。

1）全晶质结构。岩石全部由结晶的矿物组成，常见于深成侵入岩。

2）玻璃质结构。岩石全部由玻璃质组成，是岩浆在温度骤然下降到岩浆的平衡结晶温度以下时形成的。玻璃结构是喷出岩特有的结构。玻璃质岩石一般具有玻璃光泽，贝壳状断口，是一种稳定性较差的物质，它们还会向结晶质转化，所以玻璃质结构仅存在于新喷出的岩石中。

3）半晶质结构。岩石中同时存在结晶质和玻璃质矿物，常见于喷出岩及部分浅成岩岩体的边缘部位。

（2）按照矿物颗粒的绝对大小可把岩浆岩的结构分为显晶质和隐晶质两种类型。

1）显晶质结构。矿物颗粒粗大，凭肉眼或用一般的放大镜能够清晰辨认。根据矿物粒径的平均大小可进一步将显晶质结构分为粗粒结构（颗粒直径大于5mm）、中粒结构（颗粒直径为2～5mm）、细粒结构（颗粒直径为0.2～2mm）、微粒结构（颗粒直径小于0.2mm）。

2）隐晶质结构。矿物晶粒细微，用肉眼或一般的放大镜不能分辨，是喷出岩和部分浅成岩的典型结构。

（3）按照矿物晶粒的相对大小，可将岩浆岩的结构划分为等粒结构和不等粒结构两种，如图1-8所示。

图1-7　岩浆岩结构类型镜下素描

1—全晶质；2—半晶质；3—玻璃质

图1-8　岩浆岩结构类型镜下素描

1—等粒；2—不等粒；3—斑状；4—似斑状

1）等粒结构。矿物晶粒大小近似相等。

2）不等粒结构。矿物晶粒大小不等，若岩石中两类矿物晶粒大小相差悬殊，则大晶粒矿物称为斑晶，细微晶粒矿物集合体称为基质。如果基质为隐晶质或玻璃质时，称为斑状结构，如果基质为显晶质而且其成分与斑晶成分近似时，称为似斑状结构。

3. 岩浆岩的构造

岩浆岩的构造指岩石中不同矿物集合体之间的排列与充填方式。常见的岩浆岩构造形式有下列几种：

（1）块状构造。矿物均匀分布在岩石中，无明显的定向排列现象，岩石呈匀称的块体。这是岩浆岩中的典型构造。

（2）流纹构造。岩浆在流动过程中，一些柱状或针状矿物、一些气孔及因成分不一而呈现不同颜色的岩浆，随流动形成矿物的定向排列、气孔拉长现象和不同颜色条带相间排列现象，称为流纹构造，如图1－9所示。流纹构造常见于喷出岩中，有时也出现在浅成岩体的边缘部位。

（3）气孔构造及杏仁构造。喷出岩中常有圆形或被拉长的孔洞，称为气孔构造。它是熔岩凝结过程中气体溢出留下的空腔，若气孔被次生矿物所充填，则称为杏仁构造，如图1－10所示。

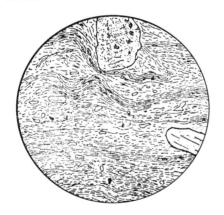
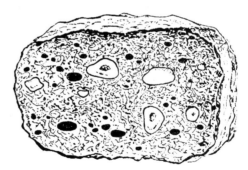

图1－9　流纹构造镜下素描　　　　图1－10　气孔构造及杏仁构造素描

（4）层状构造。岩浆间歇性喷发，使熔岩和喷发的碎屑呈现层状构造，它是喷出岩的宏观构造。

1.3.4 岩浆岩的分类及主要岩浆岩

1. 岩浆岩的分类

自然界的岩浆岩种类繁多，彼此间存在着物质成分、结构构造、产状及成因等方面的差异。为了系统地研究岩浆岩，必须给予岩浆岩以科学的分类。一般根据岩浆岩的产状、结构、构造、矿物成分及共生规律等特征，对岩浆岩进行分类。表1－3中各列按岩浆岩的化学成分及矿物成分排列，同一列的岩石成分相同或近似，为同一个岩类，因结构构造不同而有不同的岩石名称。表1－3中各行按岩石产出位置排列，产出位置不同，岩石的结构构造有不同特征，对应关系见表1－4。从表1－3中还可看出，随着暗色矿物含量由酸性岩到超基性岩逐渐增加，岩石颜色由浅变深。

表1-3 主要岩浆岩分类

岩　类	酸　性	中　　　性		基　性	超基性
SiO_2 含量	＞65％	65％～52％		52％～45％	＜45％
主要矿物	石英 正长石 斜长石	正长石 斜长石	角闪石 斜长石	辉石 斜长石	辉石 橄榄石
次要矿物	云母 角闪石	黑云母 角闪石 辉石 石英＜5％	黑云母 辉石 石英与正长 石总量＜5％	橄榄石 黑云母 角闪石	黑云母 角闪石 基性斜长石
颜色	浅 ———————————————————————————————— 深				
喷出岩	火山玻璃、黑曜岩、浮岩等				少见
	流纹岩	粗面岩	安山岩	玄武岩	少见
浅成岩	花岗斑岩	正长斑岩	闪长玢岩	辉绿岩	少见
深成岩	花岗岩	正长岩	闪长岩	辉长岩	辉岩 橄榄岩

表1-4 主要岩浆岩结构构造一览表

	岩　类	酸　性	中　性	基　性	超基性
结构	喷出岩	玻璃质、隐晶质、斑状			少见
	浅成岩	斑状、细粒			少见
	深成岩	似斑状、中粗粒			
构造	喷出岩	气孔构造、杏仁构造、流纹构造、块状构造			
	浅成岩	块状构造			
	深成岩				

2. 主要岩浆岩

（1）超基性岩类。SiO_2 含量小于45％，几乎全部由铁、镁等深色矿物组成，不含或含很少量长石（主要是斜长石），颜色很深。超基性岩的相对密度较大，后期没有风化的相对密度可达3.27。超基性岩位于侵入体的最深部位，浅成岩和喷出岩很少见，地表分布很少。超基性岩类的典型岩石有橄榄岩和辉岩。

1）橄榄岩。其主要矿物为橄榄石和少量辉石，岩石呈橄榄绿色，全晶质粒状结构，块状构造。矿物全部为橄榄石时，称为纯橄榄岩。因橄榄石容易转化为蛇纹石和绿泥石，原生的新鲜橄榄岩较少见。

2）辉岩。其主要矿物为各种类型的辉石，常含有少量橄榄石，岩石呈灰黑或黑绿色，全晶质粒状结构，块状构造。

（2）基性岩类。SiO_2 含量为45％～52％，主要矿物是辉石和斜长石，次要矿物是角闪石、黑云母和橄榄石，有时含有蛇纹石、绿泥石、滑石等次生矿物。基性岩是比较常见的岩浆岩，常见的基性岩有辉长岩、辉绿岩和玄武岩，特别是玄武岩在地表分布很广泛，玄武岩的分布面积约为所有其他喷出岩分布面积总和的5倍。

1）辉长岩。深成基性岩，主要矿物为斜长石和辉石，次要矿物为橄榄石、角闪石、黑云母，按照次要矿物成分可以把辉长岩进一步划分为橄榄辉长岩、角闪辉长岩等。辉长岩的颜色为深灰、黑绿至黑色，多为中粒、全晶质结构，块状构造，有时可见到由深色的辉石和浅色的斜长石条带相间而成的条带状构造。辉长岩的产状多为小型侵入体，往往与超基性和中性岩等共生。

2）辉绿岩。浅成基性岩，主要矿物为数量相近的辉石和斜长石，颜色多为暗绿或绿黑，具有典型的辉绿结构，所谓辉绿结构，就是粒状的微晶辉石等暗色矿物充填于由微晶斜长石组成的孔隙中。产状多为岩床、岩墙等小型侵入体。

3）玄武岩。喷出的基性岩，灰绿、绿黑或暗紫色，常有气孔构造和杏仁状构造，结构多为斑状或致密状隐晶结构，斑晶为斜长石、辉石和橄榄石。按照斑晶矿物成分，可将玄武岩划分为橄榄玄武岩、辉石玄武岩和斜长玄武岩3种类型。有时也根据玄武岩的构造特征定名，如气孔状玄武岩等。

（3）中性岩类。SiO_2含量为52%～65%，本类岩石有向基性岩或酸性岩过渡的性质，进一步划分为向基性岩过渡的闪长岩—安山岩类和向酸性岩过渡的正长岩—粗面岩类两大类型岩石。

1）闪长岩—安山岩类。SiO_2含量比基性岩类高，矿物成分以角闪石和斜长石为主，常见的有闪长岩、闪长玢岩和安山岩。

闪长岩：灰色或灰绿色，全晶中、细粒结构，块状构造。其主要矿物为角闪石和斜长石，次要矿物较为复杂，向基性岩过渡的闪长岩的次要矿物以辉石为主，故称辉石闪长岩；向酸性岩过渡的闪长岩的次要矿物以黑云母为主，故称黑云母闪长岩。闪长岩的产状一般为岩株、岩床等较小型的侵入岩体。

闪长玢岩：灰绿至灰褐色，斑状结构，斑晶多为灰白色的板状斜长石，有时为黑色的柱状角闪石；基质为细晶或隐晶质，块状构造。闪长玢岩是闪长岩类的浅成岩，其矿物成分与闪长岩相同。

安山岩：常表现为灰、灰棕、灰绿等颜色。斑状结构，斑晶一般为斜长石，有时为角闪石，基质为隐晶质、半晶质或玻璃质，块状构造，有时气孔、杏仁状构造也很明显。安山岩与玄武岩在结构和形态上很相似，较难区别。手标本鉴定时主要是看它们的细小斑晶，如果斑晶中有一些是绿色的橄榄石时，可定为玄武岩；另外斑晶的形态也不相同，安山岩的斜长石斑晶多为宽板状，玄武岩的斜长石斑晶多为长板状，安山岩的颜色一般较浅，多呈灰至灰绿色，玄武岩的色调较重，多为深褐至黑色，有时有土红色斑点。

2）正长岩—粗面岩类。SiO_2含量略高于闪长岩—安山岩类，主要矿物是正长石、斜长石，浅色的硅铝酸矿物多于深色的铁镁矿物，岩石颜色较浅。常见的有正长岩、正长斑岩和粗面岩。

正长岩：主要矿物为正长石、斜长石，次要矿物为角闪石、黑云母、辉石等。一般为肉红色或浅灰色，块状构造，中粗粒结构，有时也以较大的正长石为斑晶的似斑状结构。正长岩的产状多为小型侵入体，有时也在花岗岩或闪长岩的边缘部位出现，分布面积较小。

正长斑岩：块状构造、斑状结构，斑晶主要是正长石，有时也有斜长石斑晶。有的为无斑晶的微晶粒结构，称为微晶正长岩。

粗面岩：由于断裂面多粗糙不平，故名粗面岩，浅红、灰白色，有时有气孔构造，斑状结构，正长石、斜长石等斑晶散布在隐晶质基质中。

（4）酸性岩类。SiO_2 含量大于 65%，含有较多的石英、正长石、酸性斜长石等浅色矿物，一般约占 90%，黑云母、角闪石等深色矿物约占 10%。酸性岩的侵入岩远多于喷出岩，多为巨大的深成侵入体。由于结晶时岩浆冷却缓慢，有利于矿物结晶，多为晶粒粗大的显晶结构，常见的酸性岩有花岗岩、花岗斑岩和流纹岩。

1）花岗岩。为灰白、肉红等色，主要矿物为石英、正长石、斜长石，次要矿物为黑云母、角闪石等，全晶质粒状结构，典型的块状构造。花岗岩在我国分布很广泛，出露面积逾 80 万 km^2，是最常见的岩浆岩之一。

2）花岗斑岩。一般为灰红、浅红色，矿物成分与花岗岩相同，具有斑状结构，斑晶多为正长石和石英，基质为全晶质或隐晶质矿物。花岗斑岩的产状多为小型岩体，或在其他岩体的边缘部位出现。

3）流纹岩。颜色多数为浅红或浅灰色，少数为深灰或砖红色。隐晶或斑状结构，斑晶主要是石英和透长石，基质由细粒石英、长石或玻璃质组成，有时具明显的流纹和气孔状构造。常见的产状有锥状岩钟和范围不大的岩流。我国的流纹岩多分布在东南沿海地区，并经常与安山岩体同时存在。

（5）黑曜岩。这是一种几乎全部由玻璃质组成的岩石，贝壳状断口，颜色由浅红、灰褐至黑色，相对密度较小，为 2.13～2.42。

（6）脉岩类。脉岩是一种形态特殊的小型侵入岩，经常呈脉状充填于岩体裂隙中，由于岩体窄小又接近于地表，所以一般多为细粒、微晶或斑状结构。但当岩浆中富含挥发性物质时，往往形成粗粒或巨粒的伟晶结构，常见的脉岩有煌斑岩、细晶岩和伟晶岩。

1）煌斑岩。SiO_2 含量约 40%，主要矿物为辉石、角闪石、黑云母等深色矿物，含少量斜长石、正长石和石英等浅色矿物。煌斑岩多为全晶质结构或斑状结构，当斑晶几乎全部由自形程度较高的暗色矿物组成时，称煌斑结构，是煌斑岩的特征结构。

2）细晶岩。细晶岩的主要矿物是正长石、斜长石和石英等浅色矿物，含量达 90% 以上，少量深色矿物有黑云母、角闪石和辉石等。细晶岩具有典型的均匀细粒他形晶结构，外貌酷似砂糖，不同于细粒花岗岩的结构。

3）伟晶岩。伟晶岩是由富含挥发性组分的岩浆凝结而成的岩石，晶粒一般在 2cm 以上，个别可达几米至十几米。矿物成分相当于花岗岩的伟晶岩，称伟晶花岗岩，是常见的一种伟晶岩。

（7）火山碎屑岩类。火山碎屑岩是由火山喷发的碎屑物质经胶结或熔结而成的岩石。火山碎屑岩多分布在火山口附近，宏观上有成层构造，常见的火山碎屑岩有凝灰岩、火山角砾岩和集块岩。

1）凝灰岩。凝灰岩是火山碎屑岩中分布最多的一种岩石。粒径小于 2mm 的火山碎屑占 90% 以上。颜色较杂，多为灰白、灰绿、灰紫、褐黑等色，凝灰岩的碎屑呈角砾状，一般胶熔得不紧密，宏观上具有不规则层状构造。易风化成蒙脱石黏土。

2）火山角砾岩。粒径在2～100mm的角砾状火山碎屑，经压密胶结而成的岩石。根据成分可以分为玄武质火山角砾岩、安山质火山角砾岩或流纹质火山角砾岩。

3）集块岩。这是火山爆发时降落在火山口附近的岩块，经压密、熔胶而成的岩石。大部分碎屑粒径大于100mm；根据岩块的成分，可划分为玄武质集块岩、安山质集块岩和流纹质集块岩等。集块岩与火山角砾岩均是较少见的岩类。

1.3.5 岩浆岩的肉眼鉴定

岩浆岩的特征表现在颜色、矿物成分、结构和构造等方面，它们是区别各种岩石的依据，岩浆岩的手标本观察步骤如下：

（1）观察岩石的颜色。岩浆岩的颜色在很大程度上反映了它们的化学成分和矿物成分。岩浆岩根据SiO_2含量分为超基性岩、基性岩、中性岩和酸性岩，SiO_2含量肉眼是无法看出来的，但其含量多少可以表现在矿物成分上。一般情况下，岩石的SiO_2含量高，浅色矿物多，暗色矿物少；SiO_2含量低，浅色矿物减少，暗色矿物相对增多。组成岩石的矿物的颜色构成了岩石的颜色，所以颜色可以作为肉眼鉴定岩浆岩的特征之一。一般超基性岩呈黑色—绿黑色—暗绿色；基性岩呈灰黑色—灰绿色；中性岩呈灰色—灰白色；酸性岩呈肉红色—淡红色—白色。

（2）观察矿物成分。认识矿物时，可先借助颜色，若岩石颜色深可先看深色矿物，如橄榄石、辉石、角闪石、黑云母等；若岩石颜色浅时，可先看浅色矿物，如石英、长石等。在鉴定时，经常是先观察岩石中有无石英及其数量，其次是观察有无长石及属于正长石还是斜长石，再就是看有无橄榄石存在。这些矿物都是判别不同类别岩石的指示矿物。此外，尚须注意黑云母，它经常与酸性岩有关。在野外观察时，还应注意矿物的次生变化，如黑云母容易变为绿泥石或蛭石、长石容易变为高岭石等，这对已风化岩石的鉴别非常重要。

（3）观察岩石的结构构造。岩石的结构构造是决定该类岩石属于喷出岩、浅成岩或深成岩的依据之一。一般喷出岩具隐晶质结构、玻璃质结构、斑状结构、流纹构造、气孔或杏仁构造。浅成岩具细粒状、隐晶状、斑状结构、块状构造。深成岩具等粒结构、块状构造。

综合上述几方面特征，即可区别不同类型的岩浆岩。这里介绍的只是肉眼鉴定和一般命名方法。应当指出，肉眼或借助于简单工具（放大镜、小刀和三角板等）只能对岩石作宏观的鉴定和给予粗略的名称。而精确的鉴定和命名则需经过显微镜下的研究、化学分析和一些特殊方法才能得出。

1.4 沉 积 岩

1.4.1 沉积岩的形成过程

沉积岩的形成，大体上可以分为沉积物的形成、沉积物的搬运与沉积及沉积物转化成沉积岩3个过程。

1. 沉积物的物质来源

组成沉积岩的物质来源，主要是先期岩石的风化产物，其次是生物堆积。生物堆积指生物活动中产生的以及由生物遗体中分解出来的有机物质的堆积。单纯的生物遗体堆积数量很少，仅在特殊环境中才能集中堆积形成岩石。先期岩石的风化产物，可以分为碎屑物质和非碎屑物质两类。碎屑物质是先期岩石机械破碎的产物，如玄武岩、花岗岩等岩石碎屑和石英、长石、白云母等矿物碎屑，碎屑物质是碎屑岩的主要成分。非碎屑物质包括真溶液和胶凝体两部分。先期岩石在化学风化过程中，较活泼的元素如 K、Na、Ca、Mg 等溶解于水中，构成真溶液；当溶液的物理和化学条件改变时，就会使溶解物质结晶形成新的沉积物。Al、Fe、Si 等元素的氧化物虽然较难溶于水，但当它分散成细小的质点后，能与水构成胶体溶液，在适当的条件下形成胶凝体沉积物，如蛋白石（二氧化硅的胶凝体）、褐铁矿（氢氧化铁的胶凝体）。非碎屑物质是黏土岩和化学岩的主要成分。

2. 风化产物的搬运和沉积

先期岩石的风化产物，除一小部分残留在原地形成残积物外，绝大部分在空气、水等动力作用下被搬运到另外的地方，重新沉积形成新的沉积物。在搬运过程中，碎屑物质相互磨蚀使棱角逐渐消失，形成浑圆状的颗粒，这种颗粒的浑圆化程度称为磨圆度。由磨圆度可以了解沉积物的形成条件。在搬运介质流速降低时，由于碎屑物的形体、大小、相对密度差异，流体携带的颗粒就会有次序地沉积下来，使沉积物具有一定的均一性，称为颗粒的分选性，如图 1-11 所示。除了常见的流水、风的搬运外，还有重力搬运、冰川搬运等。风化产物受自身重力的作用，由高处向低处移动，就是重力搬运。重力搬运的碎屑物，因搬运距离短，形成无分选性的棱角状堆积物。冰川在向下运动时，把冰川谷底及两侧谷坡的风化产物，以及坍落在冰川上的碎屑物，挟带着向山坡下搬运，到达冰川前缘，因冰川融化而沉积下来，形成冰碛物，冰碛物的分选性和磨圆度极差。

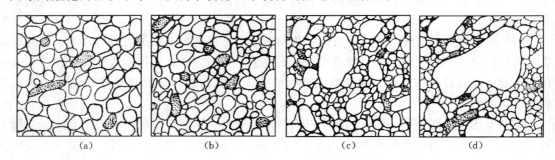

(a)	(b)	(c)	(d)

图 1-11 沉积岩中不同分选性的碎屑物质素描

(a) 分选很好；(b) 分选好；(c) 分选中等；(d) 分选差

3. 成岩作用

风化作用形成的碎屑物质被搬运到地表低凹的地方沉积下来，沉积后的碎屑物处在一个新的物理、化学环境中，经过一系列的变化，最后固结成坚硬的沉积岩，这个变化改造过程称为成岩作用。沉积物在固结成岩过程中的变化是很复杂的，主要有压固脱水作用、胶结作用、重结晶作用、形成新矿物作用等几种作用。

（1）压固脱水作用。早先沉积在下部的沉积物，在上覆沉积物重量的均匀压力下发生的排水固结现象称为固结脱水作用。强大的压力除了能使沉积物发生减少孔隙、增大密实度等物理变化外，在颗粒紧密接触处还能产生压溶现象等化学变化。

（2）胶结作用。胶结作用就是将松散的碎屑颗粒通过胶结物连接起来固结成岩石的过程，是碎屑岩成岩过程中的重要一环。碎屑岩类岩石物理、力学性质的好坏，与其胶结物和胶结类型有密切关系。常见的胶结物有以下几种：硅质（胶结成分为石英及其他二氧化硅，颜色浅，强度高）、铁质（胶结成分为铁的氧化物及氢氧化物，颜色呈红色，强度仅次于硅质胶结）、钙质（胶结成分为碳酸钙一类的物质，颜色浅，强度比较低，具有可溶性）、泥质（胶结成分为黏土，多呈黄褐色，胶结松散，强度低，易湿软、风化）。同一种胶结物胶结的岩石，若胶结方式（胶结类型）不同时，岩石强度差异也很大。所谓胶结类型指胶结物与碎屑颗粒之间的连接形式，常见的胶结方式有基底型胶结、孔隙型胶结和接触型胶结3种类型。基底型胶结，碎屑颗粒散布在胶结物中；孔隙型胶结碎屑颗粒相互接触，胶结物充填在孔隙中；接触型胶结，胶结物较少，仅存在于颗粒接触的地方，如图1-12所示。

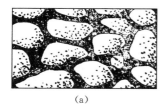
(a)

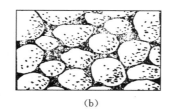
(b)

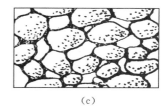
(c)

图1-12 碎屑岩胶结类型示意图
(a) 基底式胶结；(b) 孔隙式胶结；(c) 接触式胶结

（3）重结晶作用。在一定的条件下，沉积物中的非晶质物质能够陈化脱水转化成晶体，细微晶质颗粒能够长成粗大的晶粒，这种转化称为重结晶作用。

（4）形成新矿物的作用。沉积物在向沉积岩转化的过程中，同时会形成与新环境相适应的稳定矿物。在成岩过程中形成的新矿物，常见的有石英、黄铁矿、海绿石、方解石、白云石、黏土矿物、磷灰石、石膏和重晶石等。

1.4.2 沉积岩的成分、结构与构造

1. 沉积岩的物质组成

（1）碎屑物质。先成岩石经物理风化作用产生的碎屑物质，其中大部分是化学性质比较稳定、难溶于水的原生矿物的碎屑，如石英、长石、白云母等；少部分是岩石的碎屑。此外，还有其他方式生成的一些物质，如火山喷发产生的火山碎屑等。

（2）黏土矿物。其主要是一些由含铝硅酸盐类矿物的岩石经化学风化作用形成的次生矿物，如高岭石、微晶高岭石及水云母等。这类矿物的颗粒极细（≤0.005mm），具有很大的亲水性、可塑性及膨胀性。

（3）化学沉积矿物。这是由纯化学作用或生物化学作用从溶液中沉淀结晶产生的沉积矿物，如方解石、白云石、石膏、石盐、铁和锰的氧化物或氢氧化物等。

（4）有机质及生物残骸。由生物残骸或有机化学变化而成的物质，如贝壳及其他有机质等。

上述沉积岩组成物质中，黏土矿物、方解石、白云石、有机质等是沉积岩所特有的，是沉积岩在物质组成上区别于岩浆岩的一个重要特征。在沉积岩的组成物质中还有胶结物，这些胶结物或是通过矿化水的运动带到沉积物中，或是来自原始沉积物矿物组分的溶解和再沉淀。

2. 沉积岩的结构

沉积岩的结构，按组成物质的种类、颗粒大小及形状等方面的特点，一般分为碎屑结构、泥质结构、结晶结构及生物结构 4 种。

（1）碎屑结构。由碎屑物质被胶结物胶结而成，是沉积岩所特有的结构。按碎屑粒径的大小可分为以下几种：

1）砾状结构。碎屑粒径大于 2mm。碎屑形成后未经搬运或搬运不远而留有棱角者，称为角砾状结构；碎屑经过搬运呈浑圆状或具有一定磨圆度者，称为砾状结构。

2）砂质结构。碎屑粒径介于 2～0.05mm 之间。其中，2～0.5mm 的为粗粒结构，如粗粒砂岩，0.5～0.25mm 的为中粒结构，如中粒砂岩，0.25～0.05mm 的为细粒结构，如细粒砂岩。

3）粉砂质结构。碎屑粒径由 0.05～0.005mm，如粉砂岩。

（2）泥质结构。其由粒径小于 0.005mm 的黏土矿物颗粒组成，是泥岩、页岩等黏土岩的主要结构。

（3）结晶结构。由溶液中沉淀或经重结晶所形成的结构。结晶结构为石灰岩与白云岩等化学岩的主要结构。

（4）生物结构。由生物遗体或碎片所组成，如贝壳结构、珊瑚结构等，是生物化学岩所具有的结构。

3. 沉积岩的构造

沉积岩的构造指其各组成部分的空间分布及其相互间的排列关系。沉积岩最主要的构造是层理构造、层面构造、化石与结核。

（1）层理构造。沉积岩在形成过程中由于沉积环境的改变，使先后沉积的物质在颗粒大小、形状、颜色和成分上发生变化，从而显示出明显的成层现象。成层现象是沉积岩最显著的特征之一，在特征上与相邻层不同的沉积层称为岩层。层与层之间的界面，称为层面，层面的形成标志着沉积作用的短暂停顿或间断，层面上往往分布有少量的黏土矿物或白云母等碎片，因而岩体容易沿层面劈开，构成了岩体在强度上的弱面，水体也比较容易沿层面活动。上、下两个层面间连续不断沉积所形成的岩石，称为岩层。一个岩层上下层面之间的垂直距离，称为岩层的厚度。岩层按厚度可分为块状（大于 1m）、厚层（1～0.5m）、中厚层（0.5～0.1m）和薄层（小于 0.1m）。大厚度岩层中所夹的薄层，称为夹层；岩层一端较厚，另一端逐渐变薄以至消失，称为尖灭层；岩层两端在不大的距离内都尖灭而中间较厚，称为透镜体，如图 1-13 所示。

岩层中成分和结构不同的层交替时产生的纹理称为层理构造。由于沉积环境和条件不同，层理构造有各种不同的形态和特征，常见的类型有水平层理、单斜层理、交错层理、

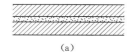 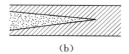 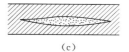

图 1-13 岩层的几种形态

(a) 夹层；(b) 尖灭层；(c) 透镜体

波状层理等，如图 1-14 所示。水平层理是在稳定的流体中或流速很小的流体中缓慢沉积而成的，岩层的细层界面平直，与层面一致并相互接近平行 [图 1-14 (a)]；单斜层理的细层界面向同一方向倾斜，它是在流体定向运动时，使底部沉积物波纹沿流体运动方向移动，形成一系列平行陡坡的细层构造 [图 1-14 (b)]；交错层理的层系界面相互交切，形成一定的角度，在各个层系中细层界面的倾斜方向不同，呈交错状，它是在流体的运动方向交替变更，使底部沉积物细层作相应的改变而形成的 [图 1-14 (c)]；波状层理的细层界面呈波状起伏，但总的方向与层面接近平行，波状层理是在流体摆动情况下形成的 [图 1-14 (d)]。

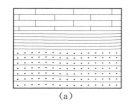 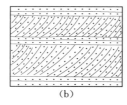 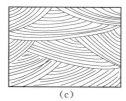 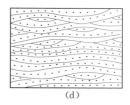

图 1-14 沉积岩的层理类型

(a) 平行层理；(b) 单斜层理；(c) 交错层理；(d) 波状层理

（2）层面构造。层面上有时还保留有反映沉积岩形成时的某些特征，如波痕、泥裂等，称为层面构造。波痕指沉积物由于受风力或水流的波浪作用，在沉积层面上遗留下来的波浪痕迹（图 1-15）。泥裂指黏土沉积物表面，由于失水收缩而形成不规则的多边形裂缝（图 1-16）。

图 1-15 波痕素描

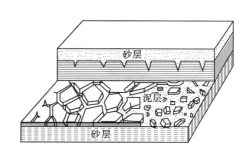

图 1-16 泥裂素描

（3）化石。在沉积岩中常可见到化石，它们是经石化作用保存下来的动植物的遗骸或遗迹，如蚌壳、三叶虫、树叶等（图 1-17），常沿层理面平行分布。根据化石可以推断岩石形成的地理环境和确定岩层的地质年代。

（4）结核。结核是包裹在岩体中的某些矿物集合体的团块，一般是在地下水的交代作用下形成的（图1-18）。常见的结核有硅质的、碳酸盐质的、磷酸盐质的、锰质的、金属硫化物和石膏等。结核在岩石中的分布多呈球状或断断续续的带状。

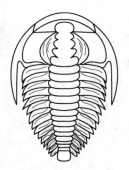

| 图1-17 三叶虫化石素描 | 图1-18 钙质结核素描 |

沉积岩的上述构造特征，特别是层理构造、层面特征和化石，是沉积岩在构造上区别于岩浆岩的重要特征，也是野外现场区分岩浆岩和沉积岩的重要依据。

1.4.3 沉积岩的分类及常见的沉积岩

根据沉积岩的沉积方式、结构和组成成分，将沉积岩划分为碎屑岩、黏土岩和化学岩及生物化学岩3种类型（见表1-5）。

表1-5　　　　　　　　　　　　沉积岩分类

分类	结构特征		岩石名称	岩石亚类
碎屑岩类	碎屑结构	砾状结构（$d>2.0$mm）	砾岩	砾岩（磨圆度高、砾石浑圆），角砾岩（磨圆度低、棱角状）
		砂状结构（$d=2.0\sim0.05$mm）	砂岩	石英砂岩（颗粒成分中，石英>90%）
				长石砂岩（颗粒成分中，长石>25%）
				杂砂岩［石英（25%～50%），长石（15%～25%）及暗色碎屑］
		粉砂状结构（$d=0.05\sim0.005$mm）	粉砂岩	粉砂岩（石英、长石及黏土矿物）
黏土岩类	泥质结构（$d<0.005$mm）		黏土	高岭石黏土
				蒙脱石黏土
				水云母黏土
			泥岩	碳质泥岩、钙质泥岩、硅质泥岩
			页岩	碳质页岩、钙质页岩、硅质页岩
化学岩及生物化学岩类	结晶结构或生物结构		硅质岩	燧石（岩），燧石结核，条带状燧石层
			碳酸盐岩	石灰岩（方解石90%～100%）
				白云岩（白云石90%～100%）
				泥灰岩（黏土25%～50%），泥质白云岩（黏土25%～50%）

1. 碎屑岩类

碎屑岩是由碎屑颗粒和胶结物两部分物质组成的岩石。一般按照碎屑颗粒粒级分成 3 种碎屑结构（砾状结构、砂状结构、粉砂状结构），分别对应 3 类碎屑岩（砾岩、砂岩、粉砂岩）。

（1）砾岩和角砾岩。粒径大于 2mm 的碎屑含量占 50% 以上，若砾石的磨圆度好则称为砾岩，若砾石的磨圆度差则称为角砾岩。砾岩和角砾岩的产状多为层理构造不发育的厚层，有时具有斜层理和粒序层理。

（2）砂岩。粒径在 2.0～0.05mm 范围内的颗粒占 50% 以上，颗粒成分主要是石英，其次是长石（正长石居多数）、白云母和少量其他岩屑，胶结物常见的有钙质、硅质和铁质等。层理构造较发育，特别是交错层理极为常见。根据颗粒的粒度常将砂岩分为粗砂岩（粒径为 1～2mm）、中砂岩（粒径为 0.5～1mm）、细砂岩（粒径为 0.05～0.5mm）3 种，按照组成成分又可将砂岩分为石英砂岩、长石砂岩和杂砂岩 3 种。

石英砂岩中石英颗粒占 90% 以上，一般大于 95%，长石含量和岩屑含量小于 5%。石英砂岩的颗粒较细，多为中、细粒结构，颗粒的磨圆度高，分选性好。石英砂岩的颜色一般多随胶结物的成分不同而不同，常见的有灰白、灰褐等色。

长石砂岩主要由石英和长石颗粒组成。石英含量小于 50%，而长石含量大于 25%，其他碎屑含量小于 25%。长石砂岩由于长石含量大，故多为浅灰红色、灰褐色，有时也随胶结物的成分而改变颜色。中～粗粒结构较多，分选性和磨圆度中等。

杂砂岩的主要特征是它的结构和成分的不均一性。颗粒成分除石英（25%～50%）和长石（15%～25%）外，暗色矿屑及各种类型岩屑含量较高，颗粒的粒度和形态变化较大，分选性和磨圆度也较差，有时含有较多的角砾状颗粒。颜色多样，由浅灰、浅红、褐红、深灰直至褐黑等色；层理构造明显，并常与其他砂岩或黏土岩成互层。

（3）粉砂岩。粒径为 0.05～0.005mm 的粉砂颗粒含量大于 50% 以上，成分以石英颗粒为主，其次是长石、白云母等矿物颗粒及其他少量岩屑颗粒，胶结物多为钙质和铁质，钙质和铁质胶结物又常与泥质基质混杂在一起，故一般的粉砂岩强度较低。粉砂岩的产状多为层理发育的薄层。粉砂岩实质上是砂岩和黏土岩中间的过渡型碎屑岩，由于粉砂岩的颗粒细小，且含有泥质，所以肉眼鉴定手标本时不易与黏土岩相区别。粉砂岩的断裂面比黏土岩的断裂面粗糙且无滑感，粉砂岩饱水后无塑性，易崩解；而黏土岩浸水后，软化变形大且有塑性。

2. 黏土岩类

黏土岩是由小于 0.005mm 的黏土颗粒和少量粉砂颗粒组成的质地细腻的岩石。绝大多数黏土岩是由母岩分解后产生的黏土矿物经机械沉积或从胶溶体中胶凝而成。黏土岩中除了黏土矿物外，还有少量的细颗粒碎屑和在成岩过程中形成的自生矿物。黏土矿物是一大类成分和岩性都非常复杂的微晶矿物，常见的黏土矿物有高岭石、水云母和蒙脱石等。碎屑主要是石英、云母等微小颗粒。自生矿物常见的有褐铁矿、赤铁矿、方解石、白云石、石膏等。黏土岩的基本上都是泥状结构，偶见有粉砂泥状结构和特殊形态的鲕状或豆状结构。黏土岩层理构造较为发育，但层的厚度出入很大，层厚小于 1cm 的称为页理，具有页理构造并已经固结的黏土岩称为页岩，无页理或页理极不明显的称为泥岩。黏土岩由于黏土矿物成分复杂，颗粒细微而表面积大，吸水及脱水后变形显著，往往给工程建筑造成严重事故。通常，根据固结程度和页理发育情况，将黏土岩分为以下 3 类：

（1）黏土。未经固结或弱固结的黏土岩，多为第四纪沉积物。黏土饱水软化后变形较大，并具有可塑性。一般根据所含主要黏土矿物成分划分成不同类型，常见的有高岭石黏土、蒙脱石黏土和水云母黏土 3 种。高岭石黏土主要由黏土矿物高岭石组成，颜色多灰白或灰黄色，泥状或豆状结构，有滑感，断口呈贝壳状，干燥时吸水性强，饱水后软化但不急剧膨胀，高岭石黏土多用作瓷器原料。蒙脱石黏土主要成分为黏土矿物蒙脱石及少量细颗粒石英等矿物，泥状至粉砂状结构，颜色一般多灰白及灰红、灰黄色，吸湿性很强，饱水后由于体积急剧膨胀，能对围岩或建筑物施加较大的膨胀压力，工业上常用作漂白剂或石油净化剂。水云母黏土又称伊利石黏土，组成成分较复杂，除主要黏土矿物为水云母外，常有其他多种黏土矿物及石英、长石、云母等细颗粒矿物，结构多呈粉砂状，吸水后具塑性，但体积膨胀不明显，颜色多灰白、灰黄色。

（2）泥岩和页岩。泥岩和页岩的区别在于页岩有明显的页理构造，而泥岩呈块状构造。它们的成分基本相似，由黏土矿物（水云母和高岭石为主）与部分自生矿物以及粉砂质岩屑和有机物组成。当粉砂质含量较高并具有粉砂状结构时，可称为粉砂质泥岩或粉砂质页岩。泥岩和页岩，一般多根据它的颜色、有机质成分和矿物作进一步的分类。

3. 化学岩和生物化学岩类

化学岩是先期岩石分解后溶于溶液中的物质被搬运到沉积盆地后，再经化学或生物化学作用后沉淀而成的岩石；也有部分岩石是由生物骨骼或甲壳构成的。按照化学成分，可将化学岩及生物化学岩分为硅质岩类、碳酸盐岩类、铝质岩类、铁质岩类、磷质岩类、蒸发岩类（如石膏、岩盐等）及有机岩类（如煤岩）等 7 类，土木工程中经常遇到的是硅质岩中的燧石岩和碳酸盐岩中的石灰岩、白云岩和泥灰岩。

（1）燧石岩。这是一种比较常见的硅质岩，多以结核状、透镜状或条带状分布于碳酸盐岩或泥页岩岩层中。颜色多为灰黑色，主要成分是蛋白石、玉髓和石英，隐晶结构或呈鲕状和团粒结构，质地致密脆硬，易产生贝壳状断口。

（2）石灰岩。方解石含量为 90%～100%，只混有少量白云石、粉砂颗粒和黏土等。纯石灰岩的颜色为浅灰白色，当含有其它染色杂质时，颜色可能表现为灰红、灰褐或灰黑色。硬度为 3.5，性脆，遇稀盐酸时猛烈发泡。

石灰岩有碎屑结构和非碎屑结构两种类型。碎屑成分为 $CaCO_3$，碎屑来源有的是由已沉积的碳酸钙沉积物，被激流滚搓而成的内碎屑；有的是生物碎屑；有的是由水中的碳酸钙凝聚而成的鲕状或粒状集合体。碎屑间的填隙物质也是碳酸钙，它相当于胶结物。由内碎屑构成的石灰岩称为内碎屑灰岩，如竹叶状灰岩；由生物碎屑构成的石灰岩称为生物碎屑灰岩；由鲕状结构或豆状结构构成的石灰岩称为鲕状灰岩或豆状灰岩。如果碎屑细小，肉眼看不清时，可用水润湿岩石表面或用稀盐酸腐蚀岩石表面，则碎屑特征便能显露出来。非碎屑结构的石灰岩种类也很多，常见的有由小于 0.05mm 的方解石晶粒组成的微晶石灰岩和由大于 0.05mm 的方解石晶粒组成的结晶石灰岩两种。

（3）白云岩。白云石矿物的含量为 $90\%\sim100\%$，仅含有少量的方解石和其他混杂物。白云岩的颜色一般比石灰岩浅，多为灰白或浅灰色，断口呈粒状，硬度略大于石灰岩，遇冷稀盐酸不起泡或发泡极微。

白云岩与石灰岩的化学成分相近，形成条件也有密切关系，所以白云岩和石灰岩之间存在着过渡类型岩石。当石灰岩中白云石含量达到 $10\%\sim50\%$ 时，称为白云质灰岩，与此相反，若白云岩中方解石的含量为 $10\%\sim50\%$ 时，称为灰质白云岩。

（4）泥灰岩。碳酸盐岩石中常含有少量的细粒岩屑和黏土矿物，当黏土含量达到 $25\%\sim50\%$ 时，则称为泥灰岩或泥质白云岩；它们是黏土岩和石灰岩或白云岩之间的过渡类型岩石。

1.4.4　沉积岩的肉眼鉴定

由于沉积岩是经沉积作用形成的，所以沉积岩都具有成层现象，这是沉积岩的共性，也是它们最主要的特征，在鉴定时应予以充分注意。在考虑共性的同时，还需抓住它们自身的特点，以便区别不同类型的沉积岩。

在鉴定碎屑岩时，除观察颜色、碎屑成分及含量外，还须特别注意观察碎屑的形状和大小及胶结物的成分。

在鉴定泥质岩时，则需仔细观察它们的构造特征，看有无页理。

在鉴定化学岩时，除观察其物质成分外，还需判别其结构、构造，并辅以简单的化学试验，如用冷稀盐酸滴试，检验其是否起泡。在野外工作遇到化学岩类时，如何区分石灰岩、白云岩和泥灰岩呢？一般可用 $5\%\sim10\%$ 的稀盐酸进行简单的试验，并结合岩石特征来区分。石灰岩加盐酸时剧烈发泡，并"吱吱"作响，颜色一般较深，多为深灰～灰黑色；白云质灰岩加盐酸也产生气泡，但响声很小，颜色灰黄，质地致密，常有贝壳状断口；灰质白云岩加盐酸微微发泡，放在耳边微微作响，颜色较浅，多为浅灰～浅灰黄色；白云岩加盐酸不发泡或发泡极微，将标本磨成粉末后加盐酸略发泡，断口粗糙，呈粒状；泥灰岩由于含泥量较大，加盐酸后在侵蚀面上能留下黄色泥质条带或泥膜。

根据对上述特征的观察分析后，即可给不同沉积岩以恰当的命名。沉积岩的命名方法，以主要矿物为准，定出基本名称，然后再结合岩石的颜色、层理规模、结构及次要矿物的含量等，定出附加名称，如灰白色中粒钙质长石石英砂岩、深灰色中厚层鲕状灰岩等。

1.5　变　　质　　岩

1.5.1　变质岩的形成

1. 变质作用

在地壳演化过程中，埋藏在地下一定深处的岩石所处的地质环境在不断地改变着。为了适应新的地质环境和物理、化学条件，岩石的结构、构造和矿物成分也将产生一系列的改变，这种由地球内力作用引起岩石产生结构、构造及矿物成分改变的地质作用，称为变质作用，在变质作用下形成的岩石称为变质岩。由于变质岩的结构、构造、矿物成分较为复杂，裂隙也多，所以变质岩分布地区往往是工程地质条件恶劣地段。

2. 变质作用的因素

促进岩石变质的物理、化学条件，称为变质作用因素，主要包括高温、高压和化学性质活泼的流体。

(1) 温度。高温是变质作用中最主要和最积极的因素，大多数的变质作用是在高温条件下进行的。高温可以增强元素的活力，促进矿物间的反应，加大结晶程度，从而改变原来岩石的结构，如隐晶质结构的石灰岩经高温变质后可转变成显晶质的大理岩。高温也可以改造矿物的结晶格架构造形成新矿物。例如，黏土矿物高岭石，经高温脱水后变质成红柱石和石英。

(2) 压力。压力作用往往是伴随温度同时进行的，根据作用在岩体上的压力性质，可以分为静压力和动压力两种形式。静压力即均向压力，是由上覆岩体的重量引起的，随深度的增加而加大。地壳深处的巨大压力能压缩岩体，使之变得密实坚硬，也可以使矿物中的原子、离子、分子间的距离缩小，改变矿物的结晶格架，形成体积小、密度大的新矿物，如钠长石在高压环境下可以形成硬玉和石英。动压力即作用于岩体的定向压力，多与区域性构造作用和岩浆活动有关，其性质和强度有区域性。动压力作用下，在与压力平行方向上，晶体停止生长或出现溶解现象，在与压力垂直方向上，晶体继续生长。导致在岩体中出现鳞片状矿物（绿泥石、云母，长柱状角闪石、阳起石等）的定向生长、排列现象，即使是刚性较大的石英、长石等粒状矿物，有时也出现晶体歪曲、拉裂、移动及或多或少的定向拉长等变形现象。

(3) 化学性质活泼的流体。化学性质活泼的流体在岩石变质过程中起着溶剂的作用。它们一方面能促进岩石中某些成分的溶解和迁移；另一方面，它们与围岩接触后，流体的成分与矿物中的化学成分发生交替分解，导致岩石中的全部或一部分原来的矿物被新形成的矿物所代替，这个变化过程称为交代作用，如方解石受含有硫酸的水作用后被石膏所交代。

$$CaCO_3 + H_2O + H_2SO_4 \rightarrow CaSO_4 \cdot 2H_2O + CO_2$$

3. 变质作用类型

根据起主要作用的变质因素的不同，可将变质作用划分为接触变质作用、气化热液变质作用和动力变质作用3种基本类型。

(1) 接触变质作用。围岩受岩浆侵入体高温影响产生的变质作用，称为接触变质作用。由于接触变质的主要变质因素是高温，所以又称为热力变质作用。接触变质的主要作用是促使矿物重结晶，从而改变岩石的结构，如隐晶质结构的纯质石灰岩经接触变质后形成显晶结构的大理岩；接触变质作用也可以产生新的矿物，例如含有 MgO、FeO、Al_2O_3 等杂质的石灰岩中，经接触变质作用后变成含有石榴子石、硅灰石、橄榄石等接触变质矿物的深色大理岩。

(2) 气化热液变质作用。化学性质活泼的流体与围岩发生交代作用而使岩石产生变质，称为气化热液变质作用或接触交代变质作用。气化热液变质作用的特征是新产生的矿物取代原来的矿物，如花岗岩浆与石灰岩接触交代后能产生含 Ca，Fe、Al 等硅酸盐的矽卡岩。如果气化热液物质来自地壳深处，并广泛与各种岩石进行交代作用，则称之为交代蚀变作用。交代蚀变不但能产生新矿物，而且也能改变岩石的结构、构造及化学成分。例如，花岗岩被交代蚀变后，石英和白云母取代长石，成为细粒云英岩。

（3）动力变质作用。在地壳构造运动中产生的定向压力下所产生的变质作用。动力变质过程中，不同性质的岩石会产生不同的效应。刚性岩石往往产生晶格变形、歪曲或滑动以至破碎等现象。柔性岩石或在高温下的刚性岩石易发生流塑性变形或产生流劈理、片理及复杂的小型褶曲。动力变质带的分布往往与区域断裂破碎带有一定关系。它们可能是大断裂带的局部，往往是工程地质条件恶劣地段。

接触变质、交代变质和动力变质，它们都是在某一种变质因素起主导作用的情况下发生的地质作用。它们的平面分布和涉及的深度都局限在一定的范围内。岩体在强大压力和高温并伴有化学成分加入的情况下发生的变质，称为区域变质作用。区域变质作用不但涉及范围广，而且是在地下较深的部位产生的，所以也叫深成变质作用。深成变质的岩石，结晶度高，片理发育，岩石类型复杂，深部位变质带中往往有混合岩化现象。

1.5.2　变质岩的矿物成分、结构和构造

变质岩除了能在变质过程中形成新的矿物、结构和构造特征外，往往还保留有部分原岩的残余矿物、结构和构造特征，所以变质岩的矿物成分、结构和构造特征比岩浆岩、沉积岩复杂得多。

1. 变质岩的矿物成分

组成变质岩的矿物，大致可以分为两部分。一部分是与岩浆岩或沉积岩共有的矿物，主要有石英、长石、云母、角闪石、辉石、方解石和白云石等。另一部分是在变质过程中形成的变质岩所特有的矿物，如红柱石、硅灰石、石榴子石、滑石、十字石、阳起石、蛇纹石、绿泥石、石墨等，它们是变质岩区别于岩浆岩和沉积岩的特殊矿物，又称特征变质矿物，是鉴别变质岩的标志。特征变质矿物在矿物形态上也有特征：一类是受定向压力影响形成的纤维状、鳞片状、针状和长柱状矿物，如阳起石、绢云母等；另一类是受均向压力影响形成的分子体积小、相对密度大的矿物，如石榴子石等。

2. 变质岩的结构

变质岩的结构可归纳为变余结构、变晶结构和压碎结构 3 种类型。

（1）变余结构。变质程度较浅的变质岩中往往残留有原岩的部分结构，称为变余结构或残余结构。具有斑状结构的岩浆岩变质后常呈现出变余斑状结构，其基质部分已基本变为石英、绢云母、绿泥石等，但原岩中的石英斑晶，虽有变形或碎裂的现象，但仍然较好地保留着原有轮廓。原岩为沉积岩的变余结构，常呈现出变余砾状结构、变余砂状结构，胶结物大部分已变成绢云母、绿泥石等矿物，但砾石或砂粒往往还保留有原来的外形轮廓。

（2）变晶结构。岩石在固体状态下，经重结晶或变质结晶作用形成的结构。变晶结构是变质岩的特征性结构，大多数变质岩都有不同深浅程度的变晶结构。变晶结构和岩浆岩的结晶结构有时用肉眼很难区别，需要观察岩石中有无变余结构或其他特征来

鉴别。

（3）压碎结构。岩体在承受定向压力或在剪切过程中，虽然多数矿物已发生碎裂变形，但基本还保有原来的形态，这种结构称为碎裂结构。碎裂结构中的矿物，大部分在边缘部位已变形成锯齿状、角状或发生挠曲变形。若应力非常大，所有矿物都被碾成微粒状，则称为糜棱结构。糜棱结构中的矿物微粒，往往具有一定的方向性，多与区域构造应力有一定关系。

3. 变质岩的构造

变质岩的构造特征是划分变质岩类型和鉴定变质岩的重要标志，常见的变质岩构造有下列几种类型：

（1）板状构造。泥质岩等承受定向压力后，产生一组密集且平坦的破裂面，岩石易沿此裂面剥成薄板，故称板状构造。剥离面上常出现重结晶的片状显微矿物。板状岩石变质程度轻微。

（2）千枚状构造。黏土基本上由重结晶矿物组成，并有定向排列现象。矿物颗粒细小，肉眼不能分辨，但在自然剥离面上能清晰地看出强烈的片状矿物及纤维状矿物的丝绢光泽。具有千枚状构造的岩体，常发育有细小岩层挠曲现象，有时在手标上也可以看到。

（3）片状构造。片状矿物和柱状矿物都有定向性，基本上近于平行排列。这是岩体在承受定向压力时，由于矿物产生变形、挠曲、转动及压溶结晶而成的。片状构造发育的岩石，一般情况下都以某一种矿物为主，而且矿物颗粒都比较粗大，肉眼可以鉴定。片状构造是最常见的变质岩构造之一。

（4）片麻状构造。岩石呈显晶质变晶结构。主要成分是石英、长石等粒状矿物，其矿物成分一般均为两种以上。深色片状矿物及长柱状矿物数量较少，呈不连续的条带状近于平行排列，中间被浅色粒状矿物隔开。片麻构造也是最常见的变质岩构造之一。

板状构造、千枚状构造、片状构造和片麻状构造，它们在成因、形态和性质上是相似的，统称为片理构造。

（5）条带状构造和眼球状构造。条带状构造指岩石中的矿物成分、颜色、颗粒或其他特征不同的组分，形成彼此相间、近于平行排列的条带，故称条带状构造。眼球状构造则是在定向排列的片状及长柱状矿物中，局部夹杂有刚性较大的矿物（如石英、长石等）块体呈凸镜状或扁豆状，形似眼球，故名眼球状构造。条带状构造和眼球状构造，是在变质程度很深的变质岩中或在混合岩化作用（介于岩浆作用和变质作用之间的一种地质造岩作用）下形成的混合岩中常见的一种构造形态。

（6）块状构造。矿物在岩体中均匀分布，构无定向排列现象或定向排列很不明显，这种较均匀的构造形态称为块状构造。

1.5.3　变质岩的分类及主要变质岩

变质岩的结构、构造和矿物成分都与岩浆岩或沉积岩不同，特别是构造特征和特征性变质矿物最为明显，它们是鉴定变质岩的重要根据。根据构造、结构和矿物成分特征，变质岩分类如表 1-6 所示。

表 1-6 常 见 变 质 岩 分 类

岩石名称	构造	结构	主要矿物成分	变质类型
板岩	板状	变余结构 部分变晶结构	黏土矿物、云母、绿泥石、石英、长石等	区域变质 （由板岩至片麻岩变质程度逐渐加深）
千枚岩	千枚状	显微鳞片 变晶结构	绢云母、石英、长石、绿泥石、方解石等	
片岩	片状	显晶质鳞片 状变晶结构	云母、角闪石、绿泥石、石墨、滑石、石榴子石等	
片麻岩	片麻状	粒状变晶结构	石英、长石、云母、角闪石、辉石等	
大理岩	块状	粒状变晶结构	方解石、白云石	接触变质或区域变质
石英岩		粒状变晶结构	石英	
矽卡岩		不等粒变晶结构	石榴子石、辉石、硅灰石（钙质矽卡岩）	接触变质
蛇纹岩		隐晶质结构	蛇纹石	交代变质
云英岩		粒状变晶结构 花岗变晶结构	白云母、石英	
断层角砾岩		角砾状结构 碎裂结构	岩石碎屑、矿物碎屑	动力变质
糜棱岩		糜棱结构	长石、石英、绢云母、绿泥石	

（1）板岩。泥质岩或中酸性凝灰岩经轻微变质而成的岩石，由于原岩矿物基本上没有重结晶，故变余结构明显。有时部分有重结晶现象而呈显微鳞片状变晶结构。板岩具板状构造，可沿板理剥成薄板。板面上有时能看到微细的云母及绿泥石等新生矿物。板岩的分类，一般是按照颜色及所含杂质来划分，如灰色钙质板岩、黑色炭质板岩等。

（2）千枚岩。变质程度比板岩深，原岩矿物已基本上重结晶，呈显微鳞片状变晶结构，具有千枚状构造，主要矿物为小于0.1mm的绢云母、绿泥石、角闪石、石英等新生矿物。片理面常呈挠曲状并有清晰的丝绢光泽。千枚岩一般按照所含主要矿物和颜色进一步划分，如灰色钙质千枚岩、灰绿色绿泥石千枚岩等。

（3）片岩。具有明显的片状构造，常见的结构为鳞片状、纤维状和粒状变晶结构，矿物成分较为复杂，多由片状矿物（云母、绿泥石等）、柱状矿物（阳起石、普通角闪石等）和少量粒状矿物（长石、石英等）组成，有时也含有石榴子石、十字石等特征性变质矿物。片岩一般根据主要矿物或特征性矿物进一步划分，常见的有云母片岩、绿泥石片岩、角闪石片岩、滑石片岩、蛇纹石片岩和石墨片岩等。

（4）片麻岩。具有片麻构造，中、粗粒（一般大于1mm）粒状变晶结构，主要矿物为长石、石英、黑云母、角闪石等，不连续的深、浅矿物相间排列形成片麻状构造。长石和石英含量大于50%，而长石含量又大于25%，若长石含量减少，石英含量增加，则过渡为片岩。片麻岩有时含有石榴子石等特征性变质矿物。

（5）混合岩。地下深处重熔高温带的岩石，经大量热液和熔浆及其携带物质渗透、交代、贯入、混合等复杂的混合岩化作用后形成的岩石。混合岩的最大特征是在岩石中有局部重熔和流体相的出现。较易熔融的浅色长英矿物组合（脉体）和残留的难熔深色变质矿物组分（基质）混融在一体，形成典型的眼球状构造和条带状构造。混合岩中常见的有眼球状混合岩、条带状混合岩和肠状混合岩。

（6）大理岩。由石灰岩、白云岩等碳酸盐类岩石，经区域变质或接触变质作用形成的岩石。块状构造，粒状变晶结构，主要矿物为方解石、白云石等碳酸盐矿物。大理岩中有时含有少量的蛇纹石、金云母、镁橄榄石等特征性变质矿物，岩石磨光后有美丽的花纹。质地致密、结构均匀的细粒白色大理岩一般称为汉白玉，是常用的装饰和雕刻石料。

（7）石英岩。由石英砂岩及其他硅质岩经区域变质或接触变质作用形成的岩石，石英含量大于 85%，硬度高，油脂光泽，块状构造，粒状变晶结构。除石英外，石英岩有时含有少量的长石、绿泥石、云母及角闪石等矿物。

（8）蛇纹岩。由富含镁质的超基性岩经气化热液交代变质作用形成的岩石，矿物成分绝大部分是蛇纹石，仅有少量的滑石、石棉、磁铁矿等其他矿物。暗绿色，块状构造、隐晶质结构，新鲜断裂面呈蜡状光泽。

（9）构造角砾岩。断层错动带中的岩石，在地壳构造运动（或动力变质作用）中，被挤碾成角砾状的碎块，后经胶结而成的岩石。胶结物一般是细颗粒岩屑，有时也有由溶液中的沉淀物胶结而成，具有角砾状或碎裂结构，块状构造。

（10）糜棱岩。断层错动带中的岩石，在强大的压扭应力作用下，被研磨成粉状的岩屑，经高压结合而成的岩石。具有典型的糜棱结构。多具有带状构造和定向性构造，这是由于长时间在强大的应力作用下，产生流、塑性变形以及新生的或重结晶的矿物定向排列的结果。糜棱岩中常见的矿物除石英、长石外，还有绢云母、绿泥石、滑石等新生变质矿物。

构造角砾岩和糜棱岩一般分布在区域地质构造复杂的断裂带中，由于工程地质条件恶劣，往往给土木建筑物的施工带来困难。构造角砾岩和糜棱岩多数分布在数厘米至数米宽的狭长带中，个别地区分布宽广。例如，云南哀牢山红河断裂带中，糜棱岩宽度竟达 1km 以上。

1.5.4　变质岩的肉眼鉴定

肉眼鉴定变质岩的主要依据是构造和矿物成分。在矿物成分中，应特别注意那些变质岩所特有的矿物，如石榴子石、十字石、红柱石、硅灰石等矿物。

根据变质岩所具有的构造，可将变质岩划分为两类：一类是具有片理构造的岩石，包括片麻岩、片岩、千枚岩和板岩；另一类是不具片理构造的块状岩石，主要包括石英岩、大理岩和矽卡岩等。

鉴定具片理状构造的岩石时，首先根据片理构造的类型将岩石区分开，然后根据变质矿物进一步给所要鉴定的岩石定名，如片岩中有石榴石呈变斑晶出现时，则可定名为石榴子石片岩；若滑石、绿泥石出现较多时，则称为绿泥石或滑石片岩。

对块状岩石，则结合其结构和成分特征来鉴别，如石榴子石占多数的矽卡岩，则称为石榴子石矽卡岩；如结合较多硅灰石的大理岩则可称为硅灰石大理岩。

第2章 地 质 构 造

2.1 构 造 运 动

随着地球科学研究的进展，人们清楚地了解到，固体地球各部分的运动变化一刻也没有停止过。在地球的外部圈层（地壳）中，由于地球内部热能、重力能和地球旋转能等的影响，组成地壳的岩石产生机械运动，主要表现在岩石的变形、变位，同时也引起了地表形态的改变，这种在地壳中产生的运动变化过程称为地壳运动。在地壳运动的作用下，地壳中的岩石发生变形、变位，形成新的形迹，这些在岩石中保留下来的形迹称为地质构造，如单斜构造、褶皱构造和断裂构造等。地壳运动是地质构造形成的动力，地质构造是地壳运动使岩石变形的结果，所以地壳运动又称构造运动。

2.1.1 岩石的变形

在构造运动中，岩石之所以出现变形、变位，是因为岩石所承受的应力在三维空间的各个方向上出现了大小不等的差异，这种应力状态被称为差应力或构造应力。对地壳内部不同地质历史时期的差应力值的估算表明，地壳内部差应力值最大的部位，集中分布在表层，越向地球深部，压力越趋向均衡，差应力越来越小，因此岩石的变形、变位主要发生在地球的上部表层内。当岩石受到应力作用时，如差应力值小，一般只发生弹性变形；从差应力值大于极限强度的 1/2 时开始，岩石内部常先出现微裂隙，体积微微增大，继而发生弯曲变形；当差应力值大于岩石的极限强度时，岩石即发生断裂变形（或称破裂）。弯曲变形与断裂变形是岩石变形的两种基本类型，都属于塑性变形，不可恢复原状，最终在岩石中保留下来的形态分别称为褶皱构造和断裂构造。

2.1.2 岩石的变位

地壳岩石的变位，按运动方向的不同，可分为垂直运动与水平运动两类。

1. 地壳的垂直运动

垂直运动指地壳物质在垂直方向上的运动，即沿地球半径方向发生的位移。垂直运动具有波状运动特点，一个地区上升，升高为高地或山岭，则相邻地区相对下降，下沉为盆地或凹陷。垂直运动的运动速度比较缓慢，运动范围较广阔，常形成大型的构造隆起或下陷，引起海陆变迁或地势高低的改变。在我国的天津附近，打钻到 700～800m 深的地下，发现有第四纪的河流沉积物，说明在近 200 多万年内，该地区地壳下降了 800m 以上。又如我国广东沿海中山、台山、茂名、潮汕等地，在狭长的滨海平原沉积物中可以见到海生贝壳。这些曾一度是被淹没的浅海，现在抬升变成陆地，正所谓沧海桑田。垂直运动最典型的例子是意大利那不勒斯湾海岸线的变动。在公元前 2 世纪古罗马时代建立的一座塞拉比斯庙，庙内有 3 根高约 12m 的大理石柱，在柱子座以上 3.6～6.3m 处，已被海生动物钻成许多小孔。根据历史记载,公元79年因附近维苏威火山爆发,石柱被火山灰掩埋了3.6m。以后该地区渐渐下沉,到公元15世纪时石柱被淹没了6m以上。此后地壳又开始上升,到18世纪石柱又重新回到海平面以上。19世纪初期开始,该区再度下降,1955年石柱被海水淹没2.5m。可见这座古城的历史中曾经几度沧桑,如图2-1所示。

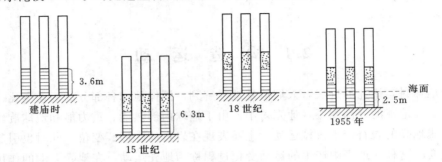

图2-1 3根大理石柱升降变化

2. 地壳的水平运动

水平运动指地壳物质在水平方向上的运动,这种运动使地壳受到挤压、拉伸或剪切,水平的拉张运动可形成裂谷(如东非大裂谷),水平的挤压运动可形成山脉。岩石圈的水平移动已通过地质、地球物理方法及仪器测量得到证实。通过大洋中脊两侧磁异常条带宽度测量,探知大西洋洋中脊海底扩张速度东侧是13.4mm/a,西侧是7mm/a,太平洋洋中脊在赤道附近的扩张速度是50mm/a。早在20世纪初期,有人曾测出格陵兰岛和欧洲的距离不断增大,在不到50年的时间里,共移动了420m之多,平均达到9m/a。在四川茂县岷江江岸的河流阶地上,有两屋门户相对,在1898~1933年的35年间,两屋错开了7.7m。水平运动不只是直线的移动,也有水平的扭转。

最早发现岩石圈存在大幅度水平变位的是德国气象学家魏格纳。魏格纳起初从大西洋两岸海岸线弯曲形状的相似性中得到启发,后来他进一步发现美洲、欧洲与非洲在地层、古生物化石和地质构造上都有着惊人的相似性。他于1912年发表了"大陆漂移学说"的观点。虽然在1928年专为"大陆漂移学说"召开的一次学术讨论会上,该学说受到地质学、古生物学、地球物理学几方面学术权威的一致反对,但到20世纪中期,由于古地磁研究的成功,海洋调查与全球地震台网的建立,以及古生物、古气候、古地理研究的进展,证明大陆岩石圈确实可以发生数百万米的水平位移,大陆漂移说才重新受到重视,在此基础上诞生了目前得到广泛认可的板块构造学说。

地壳的水平运动与垂直运动有着密切的联系。一个地区的水平运动可引起另一个地区垂直运动,相反,一个地区的垂直运动也可引起另一地区的水平运动。在同一地区,某一时期以水平运动为主,另一时期则以垂直运动为主,或者是水平运动与垂直运动兼而有之,以某种方向的运动为主,而以另一种方向的运动为辅。

2.2 岩层及岩层产状

沉积岩是在比较广阔而平坦的沉积盆地(如海洋、湖泊)中一层一层堆积起来的,它们的原始产状大都是水平的，仅在盆地边缘层面稍有倾斜象。岩层形成后，受到构造运动的影响，原始的水平产状会发生变化，除少数仍保持水平产状外，大部分岩层呈现出与水平面之间存在不同角度的倾斜状态，形成倾斜岩层。

2.2.1 岩层产状

岩层在空间的产出状态，可以用走向、倾向、倾角 3 个数据定量地表示，走向、倾向、倾角称为岩层产状要素。

（1）走向。岩层面在空间的水平延伸方向。岩层面与水平面的交线叫走向线，走向线两端延伸的方向就是岩层的走向，如图 2-2 中的 AB。岩层走向可以用走向线的任意一端的方向来表示，两者相差 $180°$。

（2）倾向。岩层面在空间的倾斜方向。岩层面上，垂直于走向线，沿岩层面向下倾斜的射线叫倾斜线，又称真倾斜；它在水平方向上的投影线所指的方向为倾向，又称真倾向，如图 2-2 中的 OD'。沿着岩层面向下倾斜但不垂直走向线的射线为视倾向线，其在水平面上的投影线所指的方向称为视倾向。

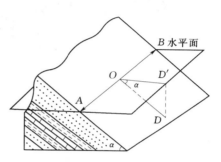

图 2-2 岩层产状要素示意图

（3）倾角。真倾斜线与它在水平面上投影线的夹角叫倾角，又称真倾角，如图 2-2 中的 $α$。视倾斜线与其投影线的夹角为视倾角。真倾角（$α$）和视倾角（$β$）之间满足以下关系，即

$$\tanβ = \tanα\sinθ$$

其中，$θ$ 为视倾向与岩层走向线所夹锐角。由此公式可以得出结论：视倾角小于真倾角。

产状要素的具体数据是在野外用罗盘仪测得的，测量方法如图 2-3 所示。测得的产状可以直接用文字描述，如某岩层的倾向为 $200°$，倾角为 $30°$；在正规的地质资料中，一般只记倾向和倾角，记录为 $200°∠30°$；在图上用 $↙$ $25°$ 表示岩层的产状，长线表示走向，短线表示倾向，数字表示倾角。

根据产状，地壳中的岩层有 3 种情况：岩层与水平面平行的（倾角近似等于零），叫水平岩层；与水平面垂直的（倾角近似等于 $90°$），叫直立岩层；与水平面斜交的叫倾斜岩层。一般水平岩层与直立岩层不多见，而倾斜岩层则广泛发育，研究地质构造都是从研究倾斜岩层开始的。

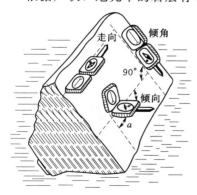

图 2-3 岩层产状测量示意图

2.2.2 水平岩层

岩层形成后受构造运动影响轻微，仍保持原始水平产状的岩层称为水平岩层。一般倾角不超过 $5°$ 的岩层，均可称为水平岩层。

水平岩层具有以下特征：

（1）时代新的岩层盖在老岩层之上。地形平坦地

区，地表只见到同一岩层；地形起伏很大的地区，新岩层分布在山顶或分水岭上；低洼的河谷、沟底才见到老岩层。即岩层时代越老出露位置越低，越新则分布的位置越高。

（2）水平岩层的地质界线（即岩层面与地面的交线）与地形等高线平行或重合，呈不规则的同心圈状或条带状。在沟、谷中呈锯齿状条带延伸，地质界线的转折尖端指向上游，如图 2 - 4 所示。

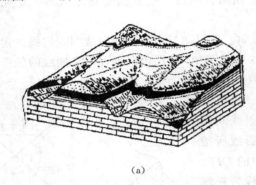
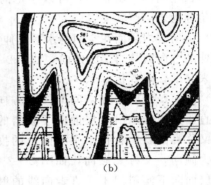

（a）　　　　　　　　　　　　　　　　　（b）

图 2 - 4　水平岩层露头线形态

（a）立体图；（b）平面图

（3）水平岩层顶面与底面的高程差就是岩层的厚度。

（4）水平岩层的露头宽度（即岩层顶面和底面地质界线间的水平距离）与地面坡度、岩层厚度有关。地面坡度相同时，岩层厚度大，露头宽度也大；反之，露头宽度小。而岩层厚度一样时，地面坡度平缓，露头宽度大；反之，则宽度小。

2.2.3　倾斜岩层

岩层层序正常，上层为新岩层，下层为老岩层，层面与水平面有一定交角的岩层称为倾斜岩层。如果在一定地区内一系列岩层的倾斜方向及倾斜角度基本一致，又称单斜岩层。倾斜岩层往往是其他构造的一部分，可以是褶曲的一翼或断层的一盘。倾斜岩层具有以下特征：

（1）一套倾斜岩层，当岩层顺序正常时，沿着倾向岩层的时代由老到新。

（2）倾斜岩层的地表出露宽度变化情况较为复杂，它取决于岩层厚度、倾角、地面坡度及倾向与坡向的关系。当地面坡向与岩层面倾向相同，倾角与坡角越接近，地表出露宽度越大，如图 2 - 5（a）所示。当两者倾向相反，彼此越接近垂直时，出露宽度越小，如图 2 - 5（b）所示。

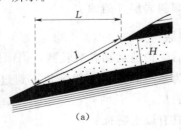
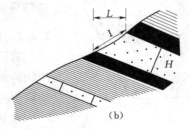

（a）　　　　　　　　　　　　　　　　　（b）

图 2 - 5　倾斜岩层地表出露宽度示意图

（3）倾斜岩层的地质界线一般是弯曲的，穿越不同的高程，在地质图上表现为与地形等高线相交。产状不同，地形迥异，其形态也不一样。地质界线的弯曲方向有一定规律可循，这个规律又称 V 形法则。V 形法则是研究倾斜岩层在不同角度的坡面上出露特征的法则，具体内容如下：当岩层倾向与地面坡向相同，但岩层倾角小于地面坡度时，岩层界线与等高线弯曲方向相同，但弯曲程度较等高线大，如图 2-6（a）所示；当岩层倾向与地面坡向相反时，岩层界线的 V 形与地形等高线弯曲的 V 形方向相同，但岩层界线弯曲程度较小，等高线弯曲程度较大，如图 2-6（b）所示；当岩层倾向与地面坡向相同，但岩层倾角大于地面坡度时，岩层界线与等高线弯曲方向相反，在沟谷中地质界线的 V 形尖端指向下游，在山坡上，地质界限的 V 形尖端指向山坡上方，如图 2-6（c）所示。

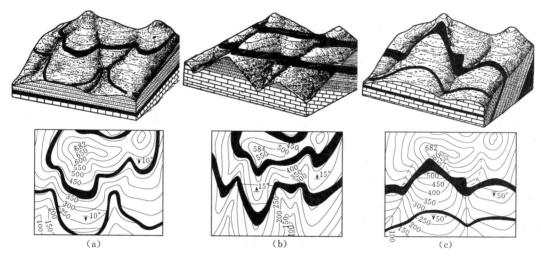

图 2-6 V 形法则示意图

2.2.4 直立岩层

直立岩层的地质界线不受地形的影响，沿岩层的走向呈直线延伸。它的地表出露宽度与岩层厚度相等。

2.2.5 岩层产状与土木工程建设的关系

岩层产状对路堑边坡稳定性有很大影响，岩层产状与岩石路堑边坡坡向间的关系在很大程度上控制着边坡的稳定性。当岩层倾向与边坡坡向一致，岩层倾角不小于边坡坡角时，边坡一般是稳定的，如图 2-7（a）、（b）所示。若坡角大于岩层倾角，则岩层因失去支撑而产生滑动的趋势，此时如果岩层层间结合较弱或有软弱夹层时，易发生滑动，如图 2-7（c）所示。当岩层倾向与边坡坡向相反时，若岩层完整、层间结合好，边坡是稳定的；若岩层内有倾向坡外的节理，层间结合差，岩层倾角又很陡，岩层多成细高柱状，容易发生倾倒破坏，如图 2-7（d）所示。开挖在水平岩层或直立岩层中的路堑边坡，一般是稳定的，如图 2-7（e）、（f）所示。

隧道稳定情况与岩层产状关系密切。隧道通过水平岩层时，应尽可能选择在岩性较好的岩层中通过，在石灰岩或砂岩中通过比在泥岩或页岩中通过稳定性好，如图 2-8（a）

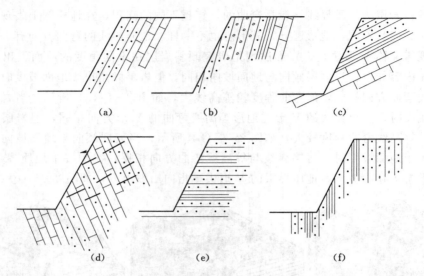

图 2-7　岩层产状与路堑边坡稳定性的关系

所示；在软、硬岩层相间的情况下，隧道拱部应当尽量设置在硬岩中，设置在软岩中有可能发生坍塌，如图 2-8（b）所示。当隧道轴向垂直岩层走向，穿超不同岩层，应注意不同岩层之间结合牢固程度问题，尤其是软、硬岩层相间的情况下，由于软岩层间结合差，在软岩部位隧道拱顶常发生顺层坍方，如图 2-8（c）所示。当隧道轴向平行岩层走向，倾向洞内的一侧岩层易发生顺层坍滑，边墙承受偏压，如图 2-8（d）所示。隧道与一套倾斜岩层走向斜交时，为了提高隧道稳定性，尽可能使隧道方向与岩层走向的交角大些，从而减小横断面上岩层视倾角，这是实践中遇到较多的一种情况。

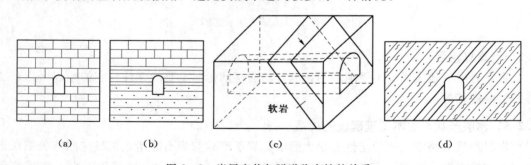

图 2-8　岩层产状与隧道稳定性的关系

2.3　褶　皱　构　造

　　组成地壳的岩层，受构造应力的强烈作用，有时会在未丧失连续性的情况下形成一系列的波状弯曲，这种由岩石中原来接近平直的面变成曲面而表现出来的形迹，称为褶皱构造。褶皱是地壳中极为普遍的地质构造，形成褶皱的变形面绝大多数是层理面，变质岩的片理面及岩浆岩的原生构造面也可成为褶皱面。褶皱的规模差别极大，从巨大的褶皱系到手标本上的褶皱以至显微褶皱构造都会出现；褶皱的形态也是千姿百态、复杂多变。褶皱构造会不同程度地影响建筑场地的工程地质条件，褶皱构造的研究在工程地质学上具有重要意义。

2.3.1 褶曲的基本形式

褶曲就是褶皱构造中的单个弯曲，是褶皱构造的基本单位，研究褶皱构造都是从对褶曲的研究开始的。褶曲的基本形态是背斜和向斜。从剖面看，背斜形态一般为向上拱起的弯曲，老岩层在核心，两侧依次出现新岩层；向斜形态一般是向下凹陷的弯曲，新岩层在核心，两侧依次出现老岩层。经风化、剥蚀后，在地表平面上，背斜表现为老地层在中间，新地层在两侧，对称出现；向斜表现为新地层在中间，老地层在两侧，对称出现，如图 2 - 9 所示。自然界中的背斜和向斜常常相互连接，相间排列，多个连续出现。

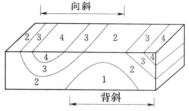

图 2 - 9　背斜和向斜在平面上和剖面上的表征

2.3.2 褶曲要素

为了正确描述和研究褶曲，首先要考察褶曲各个组成部分的特征及其相互关系。为此，需要对褶曲的不同部位赋予统一的名称，即褶曲要素（图 2 - 10）。褶曲要素主要包括以下内容：

核部：指褶曲的中心部位的岩层。

翼部：指褶曲核部两侧的岩层。在横剖面上，构成两翼的同一褶皱面的拐点的切线的夹角称为翼间角。

轴面：通过核部，大致平分两翼的假想平面。

轴线：轴面与水平面的交线。

枢纽：同一岩层面上最大弯曲点的连线。

脊线：褶曲最高点的连线。

槽线：褶曲最低点的连线。

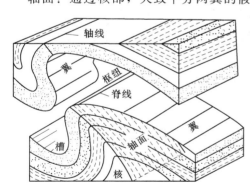

图 2 - 10　褶曲要素示意图

2.3.3 褶曲的形态分类

褶曲的形态多种多样，可以从不同角度进行分类，比较常用的是褶曲的横剖面形态分类和纵剖面形态分类。

（1）根据轴面的产状和两翼岩层的产状，可以将褶曲的横剖面形态分为以下几种：

直立褶曲：轴面近乎直立，两翼岩层倾向相反，倾角近乎相等，如图 2 - 11（a）所示。

斜歪褶曲：轴面倾斜，两翼岩层倾向相反，倾角不等，如图 2 - 11（b）所示。

倒转褶曲：轴面倾斜，两翼岩层向同一方向倾斜，一翼的地层倒转，如图 2 - 11（c）所示。

平卧褶曲：轴面近水平，一翼地层正常，另一翼地层倒转，如图 2 - 11（d）所示。

翻卷褶曲：轴面弯曲的平卧褶皱，如图 2 - 11（e）所示。

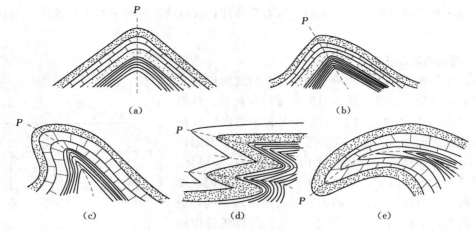

图 2-11　褶曲的横剖面形态分类

（2）根据枢纽的产状，可以将褶曲的纵剖面形态分为以下几种：

水平褶曲：枢纽产状水平，在地表平面上，地质界线平行延伸，如图 2-12（a）所示。

倾伏褶曲：枢纽产状倾伏，一端向下倾没，另一端向上延伸，在地表平面上，岩层露头呈 S 形，地质界线向一端弯曲封闭，如图 2-12（b）所示。

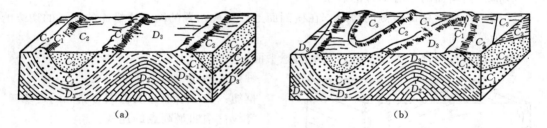

图 2-12　褶曲的纵剖面形态分类

2.3.4　褶曲的组合类型

褶皱构造是由若干个背斜和向斜相间排列组合而成的，由于褶皱构造形成过程的不同，褶曲可以表现出不同的组合类型。

（1）复背斜与复向斜。规模较大的背斜或向斜构造，在受到剧烈的构造运动以后，使其两翼岩层重遭褶皱，形成次一级的小褶皱，其轴向与大褶曲的一致，这种翼部被次一级褶曲复杂化的背斜和向斜，分别叫做复背斜和复向斜，如图 2-13 所示。

图 2-13　复背斜和复向斜示意图

（a）复背斜；（b）复向斜

（2）隔档式和隔槽式褶皱。一系列轴面平行的背斜和向斜相间排列，如果背斜是窄而紧闭，背斜之间的向斜开阔平缓，即为隔档式褶皱；如果向斜狭窄而背斜平缓开阔，则为隔槽式褶皱。四川盆地东部的一系列北北东向的褶皱就是隔档式褶皱，黔北—湘西一带的褶皱是隔槽式褶皱，如图2-14所示。

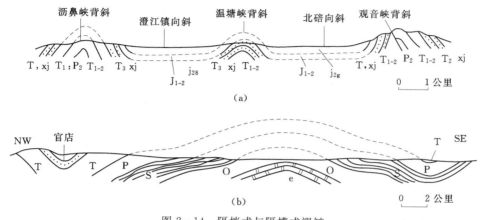

图2-14　隔档式与隔槽式褶皱
（a）重庆某地的隔档式褶皱；（b）黔北某地的隔槽式褶皱

2.3.5　褶皱构造的观察和研究

研究一个地区的褶皱构造，首先应该对研究区的地质图及其他地质资料进行分析，了解研究区地层层序及地质构造总体特征；然后选择岩石出露良好的地带，沿着横穿区域构造走向的路线进行观察，系统地进行地层研究，根据古生物和岩石沉积特征查明地层层序，测量岩层的产状；然后根据地层对称重复的分布关系，判断背斜和向斜的存在；最后根据褶曲各部位岩层的产状及枢纽的产状确定褶皱的几何形态。

由于风化剥蚀作用的破坏和土层覆盖，野外出现的褶曲露头常残缺不全，为了恢复褶皱构造的全貌，必须对岩层的层序、岩性和各露头的产状进行测量和全面分析，才能正确认识褶皱构造。轴面和枢纽产状是确定褶皱形态的基本依据，对于露头良好的小型褶皱有时可以从露头上直接量得该褶皱的轴面和枢纽产状；但对露头不完整、规模较大的褶皱来说，往往需要系统地测量两翼同一岩层的产状，用几何作图或赤平投影方法才能确定其轴面和枢纽产状。褶曲存在的根本标志是在垂直岩层走向的方向上同年代的岩层呈对称式重复排列。如图2-15所示，当横穿地层走向观察时，先后遇到寒武纪（ϵ）、奥陶纪地层（O），地层对称重复分布，可以认为该处必有褶曲存在。再根据岩层的新老关系确定褶曲的基本类型，当核部地层比两侧地层新时为向斜，当核部地层比两翼地层老时为背斜。图2-15中以奥陶纪地层为核的褶曲为向斜，以寒武纪为核的褶曲为背斜。进一步观测两翼岩层的倾向和倾角，确定褶曲的形态和类型。图2-15中两翼地层正常，倾向相反，倾角相等，可确定其为直立向斜或背斜。

2.3.6　褶皱构造与工程建设的关系

褶皱核部岩层由于受强烈的挤压作用，岩层弯曲大，往往会产生许多裂隙，严重影响岩体的完整性和强度，对稳定性不利；向斜的核部往往是地下水汇集的场所，在石灰岩地

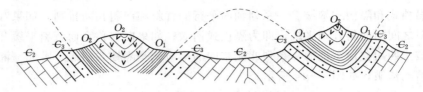

图 2-15　据岩层分布特征确定褶曲存在及褶曲的类型

区会使岩溶较为发育。在核部施工有可能发生岩层的坍落、漏水及涌水问题，所以布置建筑工程时，应尽可能布置在褶皱翼部，尽量避免核部施工。

　　褶皱构造会造成区域内岩层产状变化很大，如上节所述，岩层产状对边坡稳定性有直接影响。如果开挖边坡的走向与褶皱构造的轴向近似平行，且边坡倾向与岩层倾向一致，应选择在合适的一翼施工，避免边坡坡角大于岩层倾角，造成顺层滑动现象。在图 2-16 中，图 2-16（a）的向斜使得山体两侧岩层倾向山体内部，有利于边坡稳定；图 2-16（b）的背斜核使得山体两侧岩层倾向山体外部，不利于边坡稳定；图 2-16（c）的单斜岩层形成的山体，右侧岩层倾向山体内部，有利于边坡稳定，左侧情况相反。

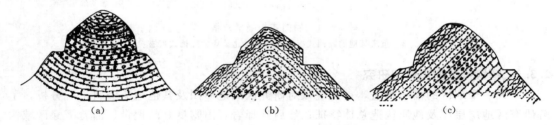

图 2-16　褶皱构造对边坡工程的影响示意图

　　隧道轴线平行于褶皱轴线时，如果在向斜核部通过，易发生拱顶坍方和地下水的涌入；在背斜斜核部通过，岩层产状自拱顶向两侧倾斜，岩层破碎，也能引起局部不稳定（图 2-17）；一般应尽量布置在褶皱翼部，尽量在均一岩层中通过。在条件许可的情况下避免与褶曲轴重合，以垂直穿越褶曲轴为宜，此时应注意隧道所受到岩层压力的变化情况。隧道轴垂直穿过背斜时，隧道中间受到的岩层压力小，两端岩层压力大，向斜则相反，如图 2-18 所示。

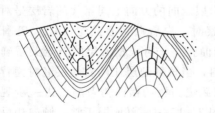
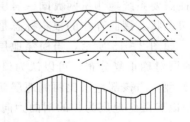

图 2-17　隧道平行通过褶皱示意图　　　　图 2-18　隧道横穿褶皱应力分布示意图

2.4　断　裂　构　造

　　地壳中的岩层受构造应力作用发生变形，当变形达到一定程度后，岩层的连续性和完整性遭到破坏，产生各种大小不一的断裂，称为断裂构造。断裂构造在地壳中广泛发育，它的发育程度与建筑物场地稳定性评价有着直接的关系。根据两侧岩层是否有明显的位移，断裂构造分为节理和断层。岩层受力断开后，沿断裂面无明显相对位移的断裂构造，称为节理；岩层受力断开后，沿断裂面产生明显相对位移的断裂构造，称为断层。

2.4.1 节理

节理，有时称为裂隙，是岩层受力断裂后两侧岩块没有明显位移的小型断裂构造。它分布极广，几乎到处可见。裂开的面称为节理面，和岩层面一样，节理面产状也用走向、倾向和倾角三要素来表示。

2.4.1.1 节理的分类

1. 节理的成因分类

根据节理的成因，可分为原生节理、构造节理和次生节理。原生节理是岩石在形成过程中形成的节理，如沉积岩中的泥裂、玄武岩中的柱状节理等，原生节理比较少见。次生节理指岩石由于受卸荷、风化、地下水等次生作用而产生的裂隙，其中最常见的是风化节理，其特点是产状极不稳定，与其他地质构造没有联系，发育深度有限，自地表向地下，无论是数量上还是规模上，越来越小。

构造节理是岩石受构造应力作用产生的节理，其特点是产状稳定，发育特征符合力学规律，规模和发育深度一般都很可观，对工程活动影响大。根据节理形成时的受力性质，可将构造节理分为剪节理和张节理。张节理产状不很稳定，在平面上和剖面上的延展均不远；节理面擦痕不发育，节理面粗糙，开口大，节理常有充填；节理面绕过矿物或碎屑；一般发育稀疏，节理间距较大，分布不均匀。剪节理产状稳定，在平面和剖面上的延续均较长；节理面光滑，常有擦痕、镜面等现象，节理两壁闭合；切穿矿物或碎屑（图2-19）；一般发育较密，且常等间距分布；成对出现，呈两组共轭剪节理（图2-20）。

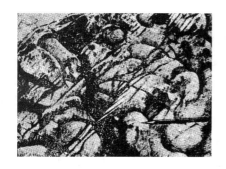

图2-19 剪节理切穿砾岩中的砾石

图2-20 砂岩层中发育的共轭剪节理

2. 节理与其他构造的几何关系分类

节理总是发育于其他构造之上，节理的产状与其他构造的产状之间往往存在一定的几何关系。根据节理产状与所发育的岩层产状的关系，节理分为走向节理（节理走向与所在岩层走向大致平行）、倾向节理（节理走向与所在岩层走向大致直交）、斜向节理（节理走向与所在岩层走向斜交）、顺层节理（节理面与所在岩层的层面大致平行），如图2-21所示；根据节理面与褶皱轴面方位之间的关系，可将节理分为纵节理（节理面与褶皱轴面近似平行)、横节理（节理面与褶皱轴面近似垂直）、斜节理（节理面与褶皱轴面斜交），如图2-22所示。

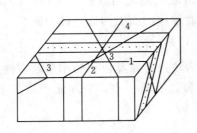

图2-21 节理面与岩层产状关系分类
1—走向节理；2—倾向节理；3—斜向
节理；4—顺层节理

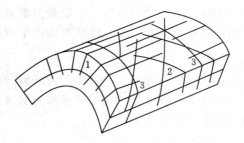

图2-22 节理面与褶面关系分类
1—纵节理；2—斜节理；3—横节理

3. 节理张开程度分类

按照节理缝的张开程度，可以将节理分为宽张节理（节理缝宽大于5mm）、张开节理（节理缝宽为3～5mm）、微张节理（节理缝宽为1～3mm）、闭合节理（节理缝宽小于1mm）。

2.4.1.2 节理组和节理系

节理在岩石中常成群有规律地出现，一次构造作用中形成的节理常常构成一定的组合形式。在一次构造作用中，形成产状基本一致和力学性质相同的一群节理称为节理组；在一次构造作用的统一构造应力场中，形成两组或两组以上不同产状的节理组，有规律地组合在一起则称为节理系，如X形共轭节理系。在野外，一般都是以节理组、系为对象进行观测。

2.4.1.3 节理调查研究

为了弄清工程场地节理分布规律及其对工程岩体稳定性的影响，在进行工程地质勘察时，要对节理进行调查研究。首先是野外观察、测量所研究地区节理的各项必要资料；其次是整理资料，编制各种节理统计分析图表；最后根据所得资料结合工程建筑物的情况作出评价。节理的野外观察、测量工作必须选择在充分反映节理特征的岩层出露点上进行，节理野外调查内容包括以下几点。

（1）测量节理产状。测量方法与测岩层产状相同。

（2）观察节理面张开程度和充填情况。张开节理，其中有充填物的，应观察描述充填物的成分、特征、数量、胶结情况及性质等。对后期重新胶结的节理，应描述胶结物成分、胶结程度等。

（3）描述节理壁粗糙程度。节理壁粗糙程度影响节理面两侧岩块滑移，对评价岩石稳定性有很大关系，粗糙度包含起伏度和粗糙度两层意义。起伏度指节理面较大范围内的凹凸程度，可分为平面形、波浪形、台阶形等数种类型；粗糙度指节理表面的光滑程度，有光滑的、平坦的、粗糙的几种不同情况。

（4）观察节理充水情况。如干燥的、滴水的、流水的、饱水的等。水在节理面中犹如润滑剂，使岩块更易滑动。

（5）根据节理发育特征，确定节理成因。

（6）统计节理的密度、间距、数量，确定节理发育程度和节理的主导方向。最简单的统计节理密度的方法是在垂直节理走向方向上取单位长度计算节理条数，以"条/m"表示，间距等于密度的倒数。

在节理十分发育的岩层露头，可以观察到数十条以至数百条节理，它们的产状多变，为了确定它们的主导方向，必须对节理产状逐条进行测量统计，编制节理图，通过图件确定节理的密集程度及主导方向。节理图类型很多，主要有玫瑰花图、极点图和等密图等，也可以用计算机处理节理测量结果。节理玫瑰花图编制简便，反映节理性质和方位比较明显，是统计节理的一种常用图式。节理玫瑰花图分为两类：走向玫瑰花图和倾向倾角玫瑰花图。节理走向玫瑰花图主要反映节理的走向方位，图 2-23 所示为某研究区的节理走向玫瑰花图，图中明显地显示出有 3 组最发育的节理，走向分别为 N10°～20°E、N40°～50°W、N70°～80°E。由于节理走向玫瑰花图不能反映各组节理的倾角，因此走向玫瑰花图多用于统计产状直立或近直立的节理。节理倾向倾角玫瑰花图是根据节理的倾向和倾角编制的，以整圆代替半圆，如图 2-24 所示。

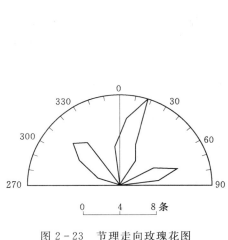

图 2-23　节理走向玫瑰花图

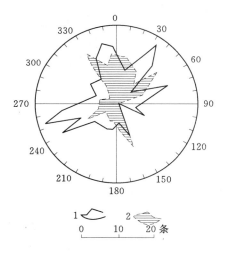

图 2-24　节理倾向倾角玫瑰花图
1—倾向；2—倾角

绘制节理走向玫瑰花图包括以下几个步骤：

（1）资料整理。将节理走向方位角换算成北东和北西方向，按一定间隔分组。分组间隔大小依作图要求及地质情况而定，一般采用 5°或 10°为一间隔，如分成 0°～9°、10°～19°…。习惯上把 0°归入 0°～9°组内，10°归入 10°～19°组内，以此类推。然后统计每组的节理数目，计算出每组节理平均走向，如 0°～9°组内，有走向为 6°、5°、4°3 条节理，则其平均走向为 5°。把统计整理好的数值填入表中，统计表应有方位间隔、平均走向、节理数目等栏目。

（2）确定作图比例尺。根据作图的大小和各组节理数目，选取一定长度的线段代表一条节理，以等于或稍大于按比例尺表示数目最多的一组节理的线段的长度为半径，作半圆，过圆心作南北线及东西线，在圆周上标明方位角。

（3）找点连线。从 0°～9°一组开始，按各组平均走向方位角在半圆周上作一记号，再从圆心向圆周该点的半径方向，按该组节理数目和所定比例尺定出一点，此点即代表该组节理平均走向和节理数目。各组的点确定后，顺次将相邻组的点连线。如果其中某组节理为零，则连线回到圆心，然后再从圆心引出与下一组相连。

（4）图件整理。将作图过程中的辅助线条擦掉，注明图名和比例尺。

2.4.2　断层

岩层破裂后断裂面两侧岩块产生显著相对位移的断裂构造，称为断层。断层是节理进一步发展的结果，地壳中断层的规模差别很大，有的位移只有几厘米，有的错动距离达上百公里。断层对工程岩体的稳定有显著的影响。

2.4.2.1　断层要素

观察研究断层的空间形态，首先要明确断层要素，断层要素主要有断层面、断盘、断距，如图 2 - 25 所示。

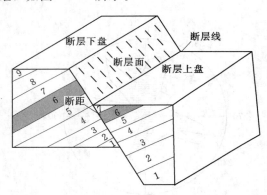

图 2 - 25　断层要素示意图

（1）断层面。断层面是一个将岩层断开成两部分、断开的岩层顺着它滑动的破裂面。断层面的空间状态由其走向、倾向和倾角确定。断层面往往不是一个简单平直的面，可能是走向或倾向都会发生变化的曲面，也可能是一系列断裂面和次级破裂面组成的断层带。断层线是断层面与地面的交线，即断裂构造在地面的出露线，断层线的弯曲形态取决于断层面的弯曲程度、断层面的产状及地面的起伏程度。

（2）断盘。断盘是断层面两侧沿断层面发生位移的岩块。如果断层面是倾斜的，位于断层面上侧的一盘为上盘，位于断层面下侧的为下盘；如果断层面直立，则按断盘相对于断层走向的方位描述，如东盘、西盘或南盘、北盘。根据两盘的相对滑动，相对上升的一盘称为上升盘，相对下降的一盘称为下降盘。

（3）断距。断距指断层两盘相对位移，即断层面上错动前的一点，错动后分成两个对应点之间的实际距离。两个对应点之间的真正位移距离称为总断距，总断距在断层面走向线上的分量称为走向断距，总断距在断层面倾斜线上的分量称为倾斜断距，总断距在断层面水平面上的投影长度称为水平断距。

2.4.2.2　断层分类

1. 按断层与其他构造的几何关系分类

根据断层面走向与所切割岩层走向的方位关系，断层可以分为走向断层（断层走向与岩层走向基本一致）、倾向断层（断层走向与岩层走向基本直交）、斜向断层（断层走向与岩层走向斜交)、顺层断层（断层面与岩层层理等原生地质界面基本一致）；根据断层走向和褶皱的轴向或区域构造线之间的几何关系，断层可以分为纵断层（断层面与褶皱轴面走向一致或断层走向与区域构造线基本一致）、横断层（断层面与褶皱轴面走向直交或断层走向与区域构造线基本直交）、斜断层（断层面与褶皱轴面走向斜交或断层走向与区域构造线斜交）。

2. 按断层两盘相对运动分类

根据断层两盘相对运动，可以将断层分为正断层、逆断层、平移断层，如图 2-26 所示。

正断层是上盘相对于下盘向下滑动的断层。正断层的断层面产状一般较陡，倾角大多数在 45°以上，而以 60°～70°最为常见。断层带内岩石破碎相对不太强烈，角砾岩多带棱角。正断层可以是单条发育，也可在一定范围内和一定地质背景上，以阶梯状、地堑或地垒的组合形式出现。阶梯状断层是由数条产状相近的正断层组成的依次断落的阶梯状断层带，如图 2-27（a）所示；地堑是两组断层之间的岩块下降，两侧岩块上升的正断层组合，如图 2-27（b）所示；地垒是两组断层之间的岩块上升，两侧岩块下降的正断层组合，如图 2-27（c）所示。

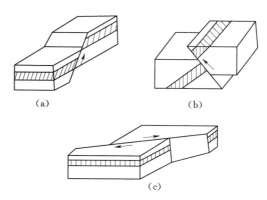

图 2-26 按两盘相对运动的断层分类
（a）正断层；（b）逆断层；（c）平移断层

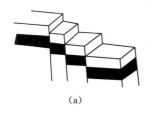 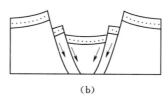 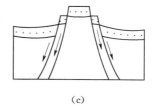

（a） （b） （c）

图 2-27 正断层组合形式

逆断层是上盘相对于下盘向上滑动的断层。逆断层的断层面产状一般较为平缓，大多数在 45°以下，而以 30°～35°最为常见。断层带内岩石破碎十分强烈，角砾岩、碎裂岩、糜棱岩发育，通常发育强烈挤压形成的复杂小褶皱、劈理化、片理化、剪切带等现象。断层面产状大于 45°的逆断层称为逆冲断层，野外现场很少见到；断层面倾角小于 45°的逆断层称为逆掩断层，以 30°左右的逆掩断层最为常见；断层面倾角较小，两盘相对水平位移很大的断层，称辗掩构造或推覆构造。飞来峰和构造窗就是由推覆构造形成的。断层面倾角越平缓，断层规模越大，推移距离就越远。由于强烈的剥蚀，断层上盘大片剥蚀后，在原岩块上残留小片孤零零的岩块，称飞来峰；局部强烈剥蚀，切穿断层上盘后，露出原岩，称构造窗，如图 2-28 所示。逆断层的组合形式按照逆断层的产状和倾向的不同，常常分为叠瓦式、对冲式等组合形式。

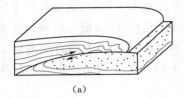
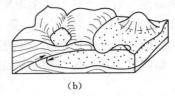
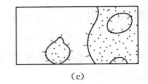

图 2-28 飞来峰与构造窗形成示意图

平移断层是两盘基本上顺断层的走向相对滑动的断层。平移断层面一般较陡以至于直立，以 80°～85°最为常见。断层带内岩石破碎十分强烈，发育有密集剪切带，角砾岩化带、靡棱岩化带十分发育，与上两种断层带相比较，剪裂破碎现象更加强烈。

2.4.2.3 断层的观察和研究

野外观测是断层研究的主要方式，观测的内容包括：首先判断是否存在断层；然后剖析断层的性质；最后要分析断层对土木工程建设的影响。

1. 断层存在的判断依据

断层活动会使产出地段在地貌、构造和地层排列等方面表现出一些特征，形成所谓的断层标志，这些标志是识别断层的主要依据。

（1）地貌标志。

断层活动常常在地貌上有明显表现，这些由断层引起的地貌现象就成为识别断层的直观标志，为观察和确定断层存在提供重要线索。

1）断层崖与断层三角面。由于断层两盘的相对滑动，常常促使断层的上升盘形成陡崖，这种陡崖称为断层崖。如山西西南部高峻险拔的西中条山与山前平原之间就是一条高角度正断层所造成的陡崖。断层崖受到与崖面垂直方向的水流侵蚀切割，形成沿断层走向分布的一系列三角形陡崖，即断层三角面。断层崖受到地面流水切割时，先沿垂直于断层面方向发育一些冲沟，沟坡陡峻，成为 V 形，V 形沟谷继续下切，将断层崖分割成许多梯形面，如图 2-29（a）所示；以后，流水进一步侵蚀下切，V 形谷不断扩大，沟坡后退，由于两相邻的 V 形谷进一步扩展，梯形面就演化成三角面，如图 2-29（b）所示，三角面仍沿断层走向作直线分布，在三角面前常有相连的冲积扇地形；长时间的流水侵蚀作用及风化作用的影响，最终会使三角面逐渐消失，进化为侵蚀平原，如图 2-29（c）所示。断层崖和三角面的构造地形，只有在坚硬的岩石上发育比较明显，如块状岩浆岩、

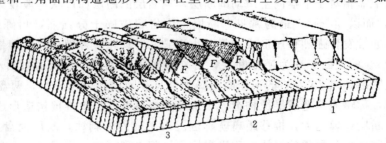

图 2-29 断层崖与三角面发展示意图

1—含有梯形面的断层崖；2—冲沟扩大导致三角面

形成；3—长时间侵蚀使三角面消失

砂岩、石灰岩或深变质岩等，它们的抗风化和抗侵蚀能力比较强，发生断层后，能保留完整。相反，柔软的岩石，如泥灰岩、页岩、未固结的沉积物，它们的抗风化和抗侵蚀能力较弱，断层面也很快被侵蚀或被沉积物覆盖，显示不出断层崖或三角面地形。

2）断层谷。断层带是岩层受构造应力后形成的破碎带，容易遭受风化和流水侵蚀而形成谷地，这种因断层而发育形成的谷地地形，叫断层谷，如图2－30所示。断层谷地形比断层崖更为普遍，所以在有些地方有"逢沟必断"的说法。断层谷控制地表水系，急转的河流可能受断层控制，串珠状分布的湖泊洼地可能是由断层引起的。

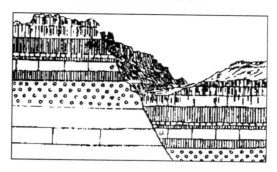

图2－30 断层谷示意图

3）泉水的带状分布。泉水呈带状分布往往也是断层存在的标志。湖北京山县宋河地堑盆地的两侧顺着边缘断层出露了两串泉水，西藏念青唐古拉南麓从黑河到当雄一带散布着一串高温温泉，也是现代活动断层直接控制的结果。

4）错断的山脊。错断的山脊往往是由于断层两盘相对平移错动的结果。

（2）构造标志。

断层活动往往留下或形成许多构造现象，这些现象也成为在野外判别断层存在的最主要依据。任何线状或面状地质体，如地层、矿层、岩脉、侵入体与围岩的接触面等，如果这些线状或面状地质体在平面上或剖面上突然中断、错开、不再连续，说明有断层存在。被切断的部分，往往在相当的距离内又可以找到同一地质体的露头。为了确定断层的存在和测定错开的距离，在野外应尽可能查明错断的对应部分的出露位置。

（3）地层标志。

断层的存在可能会使一套顺序排列的地层出现缺失或重复现象，由于断层性质的不同（正断层或逆断层）、断层与岩层倾向方向的不同及二者倾角相对大小的不同，地层的重复和缺失有不同表现，如图2－31所示。

2. 断层性质分析

根据上述断层标志判断研究区域存在断层以后，需要进一步分析断层的性质。首先要确定断层面（断层带）的位置，然后根据断层面的产状正确区分上、下盘，最后根据两盘相对移动的位移确定断层性质。其中确定断层两盘相对运动方向是核心工作，上述构造线的错断、岩层的缺失或重复可以在一定程度上反映两盘相对运动方向，但是更直接的、更方便的依据是断层两盘相对运动时在断层面（断层带）上保留下的痕迹，如擦痕、阶步、牵引褶曲、构造岩等。

（1）擦痕和阶步。

擦痕是两盘相对错动时在断层面上因摩擦留下来的痕迹，表现为一组比较均匀的平行细纹，在硬而脆的岩石中，擦面常被磨光，以至光滑如镜，称为摩擦镜面。擦痕有时表现为一端粗而深，另一端细而浅。由粗而深端向细而浅端一般指示对盘运动方向。用手指顺

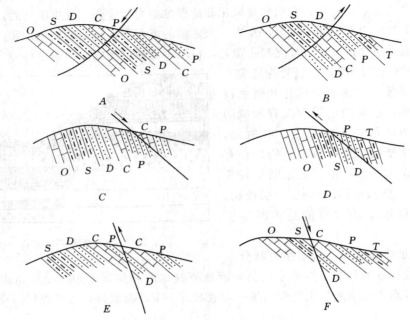

图 2-31　断层造成岩层重复（A、C、E）与缺失（B、D、F）

擦痕轻轻抚摸，常常可以感觉到顺一个方向比较光滑，而相反方向比较粗糙，感觉光滑的方向指示对盘运动方向。在断层滑动面上常有与擦痕正交的微细陡坎，称为阶步，阶步的陡坎一般面向对盘运动方向，如 2-32 所示。

（2）牵引褶曲。

断层两盘紧邻断层面的岩层，由于两盘相对错动时岩层拖拽的结果，常常发生明显的弧形弯曲，这种弯曲叫做牵引褶曲。褶曲的弧形弯曲的突出方向指示本盘的运动方向，如图

图 2-32　擦痕和阶步素描

2-33 所示。牵引褶皱的弯曲方位，不仅决定于断层两盘的错动，而且还决定于断层的产状及断层在地面上的表现。

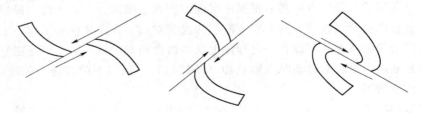

图 2-33　牵引褶曲指示的两盘滑动方向

（3）构造岩。

断层面附近岩石因断裂而破碎，碎块经胶结形成的岩石叫构造岩。若碎块大小不一、

呈明显棱角状、无定向排列，称为断层角砾岩，常见于正断层；若碎块有不同程度圆化、略具定向排列者，称为磨砾岩，常见于逆断层和平移断层；若碎块由于强烈研磨成粉状和重结晶微粒组成的构造岩，称为糜棱岩，它多见于大规模逆掩断层和平移断层的断层带内；若断层两侧岩石因断层摩擦而形成泥状物质，称为断层泥。构造岩的存在是确定断层面（断层带）位置的有力证据，有时也能有助于确定两盘相对移动方向。

以上讨论了野外观察研究断层的各种标志，需要指出的是，断层运动是复杂多变的，常常是多期多次的，先期活动留下的各种现象，常被后期活动所磨失、破坏、叠加、改造，在实际工作中需要认真研究。

2.4.3　断裂构造与土木工程建设的关系

断裂构造的存在，破坏了岩体的完整性，加速了风化作用、地下水的活动及岩溶的发育，降低了岩体的强度和稳定性。岩体中的节理，除了有利于开挖外，还常常影响地下水的渗透及岩石的含水性，可能诱发崩塌、滑坡，大量发育的节理常常给土木工程建设带来隐患。在断层影响范围内进行工程建设，可能会造成建筑物地基的不均匀沉降及地下工程围岩坍塌，断裂带在新的地壳运动影响下可能发生新的移动，给建筑物的长期稳定留下很大隐患。工程建筑物的位置应尽力避开断层，特别是较大的断层。应把工程建筑物位置选择在断层破碎带以外，必须通过断层带时，线路方向与断层走向尽量垂直。

2.5　地　质　年　代

地质科学中，用来说明地球历史的纪年和标定地球历史事件的时间顺序，称为地质年代。要充分了解一个地区的各种地质构造及地层间的相互关系，必须具备地质年代的知识。地质年代的表示方法有两种：相对地质年代和绝对地质年代。

2.5.1　相对地质年代确定方法

组成地壳的岩石及其构造形迹是地质历史发展的遗迹，成层的岩石就像一页页的史册，忠实地记录着地球的演化规律。根据地层岩石特征及所含的化石特征，分析其成岩环境，就能确定地层的新、老关系，说明地层形成的年代顺序，探讨整个地质历史时期的演变规律，最终建立一个地质年代系统。这种年代系统说明了地层相对新、老关系，但并不能说明地质事件的具体年代值，因此叫相对地质年代。确定相对地质年代主要根据地层层序律、生物层序律及地层间的接触关系3方面依据。

2.5.1.1　地层层序律

地质学中把某一地质时代形成的一套岩层称为那个时代的地层，广义的地层概念包含由沉积作用、变质作用、岩浆作用形成的各种岩层，但是大多数时候地层主要指由沉积作用形成的岩层。第1章中曾经讲过，由两个平行或近于平行的界面（岩层面）所限制的同一岩性组成的层状岩石称为岩层，岩层是沉积岩的基本单位而没有时代含义；而地层和岩层不同，它有时间含义。岩层本来是一层层依先后次序沉积的，时代老的岩层先沉积，埋藏在下面，较新的岩层覆盖在它的上面。由这些岩层组成的地层就有了先后顺序，只要它们未经过强烈的构造变动，地层总是上新下老；若由于强烈的构造变动使地层发生褶皱，乃至倒转，地层的正常层序就会被颠倒，形成倒转的地层顺序，这就是地层层序律的基本思想。实际工作中，可以通过分析层面构造来判断岩层新、老关系，对于正常沉积的岩层，老地层在下，新地层在上；岩层倒转时关系相反。也可以利用标准剖面法，将某地区的地层按新老关系排列的剖面叫该地区的标准剖面，用标准剖面对比研究区的地层，也可以快速、准确地确定该研究区地层新、老关系。

2.5.1.2　生物层序律

沉积岩中常含有生物的遗体或遗迹经石化作用形成的化石，这些地层中的古生物在判断地层的时代归属时起着十分重要的作用。现代科学认为，生物具有由低级到高级、由简单到复杂的不可逆的进化规律。因此在不同时代的地层中应该含有不同的化石群，时代相同的地层应该含有相同或相近似的化石群；一般说来年代越老的地层中所含化石的构造越简单、越低级，和现代生物差别越大；年代越新的地层所含化石的构造越复杂、越高级，和现代生物越接近。根据地层中化石的进化程度来确定地层的相对年代，这就是生物层序律的基本思想。由于构造运动和大规模的岩浆活动引起自然环境的巨大变化，导致有些不适应环境的生物绝灭，一些新的生物产生，生物进化呈现阶段性，因此可以利用生物演化的不同阶段来划分地壳发展的自然分期。有些生物分布广泛，数量多，从出现到绝灭时间短，这样的化石称为标准化石，根据标准化石可以进行全球地层划分与对比。例如，在早古生代出现的三叶虫、笔石到晚古生代几乎灭绝，那么三叶虫和笔石化石就可以作为早古生代的标准化石。

2.5.1.3　地层接触关系

地壳中存在着在不同地质时期、由不同地质作用形成的各种地层，这些地层相互接触在一起，它们之间的接触关系，也可以帮助分析地层形成的先后顺序，确定相对年代。

1. 沉积岩之间的接触关系

沉积岩之间的接触关系有整合、平行不整合、角度不整合 3 种情况。

（1）整合接触。当一个沉积区处于长期持续相对下降的状态，沉积物不断堆积，层层叠置，地层之间没有明显的间断，呈现整合接触关系。其特征是各地层之间时代连续，产状平行。

（2）平行不整合接触。初期沉积区处在稳定下降状态，连续沉积了一套或多套沉积岩层，地层间呈整合接触；然后岩石圈发生显著上升，原来的沉积环境变为陆地剥蚀环境，经过较长期的风化、剥蚀后在地面上形成凹凸不平的风化剥蚀面；当该区域重新下降到水面以下接受沉积时，形成新的上覆沉积岩层，上、下两套地层之间就会有一个间断面，这种接触关系称为不整合；如果沉积区仅发生整体上升或下降，上、下两套地层的产状仍然基本上保持一致，相互平行，称为平行不整合，如图 2 - 34 （a）所示。平行不整合的特征是地层之间时代不连续，但产状平行，又叫假整合。

（3）角度不整合接触。初期沉积区处在稳定下降状态，在沉积盆地中形成一定厚度的沉积岩层；然后地壳发生强烈变形，岩层受水平挤压作用而发生褶皱、断裂，并可伴随岩浆侵入活动与变质作用，在垂直方向上不断隆升，以至成为山地而遭受风化、剥蚀，形成凹凸不平的剥蚀面；当该区重新下降成为水下沉积环境时，在剥蚀面上形成新的水平沉积岩层;风化剥蚀面与其上覆地层的产状基本协调一致,而与其下伏的岩层呈明显的角度相交,称为角度不整合,如图 2-34(b)所示。角度不整合的特征是地层之间时代不连续,产状不平行。

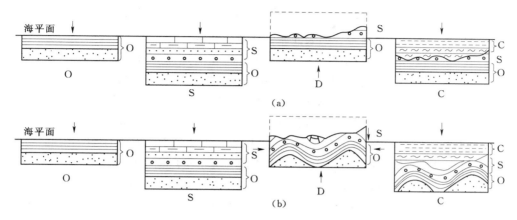

图 2-34 平行不整合和角度不整合的形成过程示意图(箭头指地壳运动方向)

不整合接触的界面称为不整合面,不整合面不仅是一个沉积间断面,而且还是一个侵蚀面,其底部有时形成砾石堆积,称为底砾岩,底砾岩是在野外现场确定不整合面的重要依据。利用假整合或不整合,可以大致确定构造事件的年代。构造事件必定发生在不整合面之下最年轻的岩石(沉积岩、岩浆岩或变质岩)形成之后,而在不整合面之上最老地层形成时代之前。这是确定构造事件形成年代的一条基本原则。

2. 沉积岩与岩浆岩之间的接触关系

岩浆岩与沉积岩接触在一起时,按两者形成的先后关系,有两种接触关系。

(1)侵入接触。沉积岩先形成,岩浆侵入到沉积岩裂隙中冷凝形成岩浆岩。由于岩浆的高温,使附近的沉积岩产生变质,在岩浆岩和沉积岩接触面附近形成变质带。侵入接触关系说明岩浆体形成年代晚于沉积岩层的形成年代,如图 2-35 所示。

(2)沉积接触。岩浆岩形成后经过长期风化剥蚀,然后在剥蚀面上形成新的沉积岩层,剥蚀面上的沉积岩层无变质现象,而是出现一层底砾岩。沉积接触关系说明岩浆体形成年代早于沉积岩层的形成年代,如图 2-36 所示。

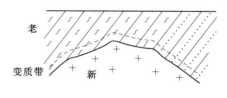

图 2-35 侵入接触关系示意图

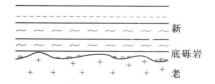

图 2-36 沉积接触关系示意图

3. 岩浆岩之间的接触关系

在岩浆岩广泛发育的地区,往往有多期侵入形成的复杂岩浆岩,各岩体之间存在穿插和包含接触现象,据此可确定岩体的多期侵入顺序。如果一种岩浆岩体中包含另一种相邻岩浆岩的捕房体,则捕房体岩性所代表的岩浆岩为早期形成的岩体;如果一种岩浆岩体整

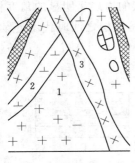

图 2-37　岩浆岩接触
关系示意图

体上被另一种岩浆岩体所包围，则被包围的岩体形成的时代晚；如果一个岩脉穿插到另一个岩体内，则切穿岩脉的形成时代较晚。在图 2-37 中，各岩浆岩体的形成先后顺序为：1 号岩浆岩体最先形成，然后 2 号岩浆岩体形成，3 号岩浆岩体最后形成。

2.5.2　绝对地质年代确定方法

　　根据上述方法确定的相对地质年代，只能确定地层的相对新、老顺序，无法确切地说明某种岩石形成的年龄。绝对地质年代是以绝对的天文单位"年"来表达地质时间的方法，绝对地质年代学可以用来确定地质事件发生、延续和结束的时间。

　　在人类找到合适的定年方法之前，对地球的年龄和地质事件发生的时间更多含有估计的成分。历史上曾有研究人员采用季节气候法、沉积法、古生物法、海水含盐度法等来估算地球的年龄，利用这些方法得到的不同结果，与目前公认的地球的实际年龄有很大差别。近代物理学发现，某些放射性元素，不管环境条件如何变化，均以稳定的速率蜕变。地质学家利用放射性同位素蜕变规律来计算矿物和岩石的形成年龄，这种方法测得的年龄称为同位素地质年龄，通常以百万年为单位表示。目前，利用放射性同位素所获得的地球上最大的岩石年龄为 45 亿年，月岩年龄为 46 亿～47 亿年，陨石年龄在 46 亿～47 亿年。因此，地球的年龄应在 46 亿年以上。

　　用岩石中放射性同位素蜕变规律来确定岩石形成时间，是根据岩石中所含的放射性同位素和它的蜕变产物的相对含量来测定的。放射性元素自形成之日起，就稳定地放射出 α（粒子）、β（电子）、γ（电磁辐射量子）射线，并形成稳定的新元素。例如，$U^{238} \rightarrow Pb^{207}$，1g 铀一年蜕变出 7.4×10^{-9}g 铅，根据铅铀比率就可以确定岩石绝对年龄，蜕变时间可用下式确定，即

$$t = \frac{1}{\lambda} \ln \left(1 + \frac{D}{P} \right)$$

式中：λ 为蜕变常数；P 为放射性同位素重量；D 为蜕变后新元素重量。

2.5.3　地质年代单位和年代地层单位

　　地质年代单位指地质时期中的时间划分单位，又称为"地质时间单位"，按级别大小分为宙、代、纪、世、期等阶段。年代地层单位是地质学上对地层划分的一种单位，在大范围内，同一年代形成的地层，不论其性质异同，即归入同一单位中，年代地层单位分宇、界、系、统、阶 5 级，分别对应地质时代宙、代、纪、世、期，如古生代形成的地层称古生界、太古代形成的地层称太古界。

　　自 19 世纪以来，人们在长期实践中进行了地层的划分和对比工作，并按时代早晚顺序把地质年代进行编年、列制成表，经过长期的实践检验和历届国际地质学会议的研讨，形成了目前国际通用的地质年代表（见表 2-1）。隐生宙划分为太古代和元古代，即古生代、中生代、新生代合称为显生宙，古生代再划分为 6 个纪，中生代再分为 3 个纪，新生代划分为 2 个纪。

表 2－1 　　　　　　　　　地 质 年 代 表 简 表

相 对 年 代				绝对年龄 （百万年）
宙（宇）	代（界）	纪（系）		世（统）	
显生宙（宇）	新生代（界）Kz	第四纪（系）Q		$Q_{1-5} Q_1$	2
		第三纪（系）R	晚 N	$N_1 N_2$	15
			早 E	$E_1 E_2 E_3$	37
	中生代（界）Mz	白垩纪（系）K		$K_1 K_2$	67
		侏罗纪（系）J		$J_1 J_2 J_3$	137
		三叠纪（系）T		$T_1 T_2 T_3$	195
	古生代（界）	晚 Pz^2	二叠纪（系）P		$P_1 P_2$	230
			石炭纪（系）C		$C_1 C_2 C_3$	285
			泥盆纪（系）D		$D_1 D_2 D_3$	350
		早 Pz^1	志留纪（系）S		$S_1 S_2 S_3$	405
			奥陶纪（系）O		$O_1 O_2 O_3$	440
			寒武纪（系）$\in$		$\in_1 \in_2 \in_3$	500
隐生宙（宇）	元古代（界）Pt	震旦纪（系）Z		$Z_1 Z_2$	570
					2500
	太古代（界）Ar				4000
地球发展初期					4600

宇（宙）：宇是最大的年代地层单位，是宙的时期内形成的地层。整个地质时代包括 2 个宙：隐生宙和显生宙；相应的 3 个最大年代地层单位为隐生宇和显生宇。

界（代）：界是小于宇、大于系的年代地层单位；形成界全部地层的时间间隔称代。按生物界演化的巨大阶段，显生宇（宙）再划分为古生界（代）、中生界（代）和新生界（代）。

系（纪）：系（纪）是界（代）的一部分，级别小于界（代）、大于统（世），如寒武系（纪）、泥盆系（纪）、侏罗系（纪）、第三系（纪）等。

统（世）：统（世）是级别小于系（纪）的单位。一个系（纪）分成两个或更多的统（世）。比如寒武系（纪）分 3 个统（世）：下统（早世）、中统（中世）和上统（晚世），二叠系（纪）分两个统（世）：下统（早世）和上统（晚世）。

组（期）：组（期）比统（世）低一级，一般说来，组（期）是统的再分。如我国上（晚）寒武统（世）由下（早）到上（晚）划分为崮山组（期）、长山组（期）和凤山组（期）。

2.6 地 质 图

地质图是反映一个地区各种地质条件的图件。它是把一个地区的各种地质现象，如地层、地质构造等，按一定比例缩小，用规定的符号、颜色、花纹、线条表示在地形图上的一种图件。一幅完整的地质图，包括平面图、剖面图和综合地层柱状图，并标明图名、比例尺、图例和接图等。平面图反映地表相应位置分布的地质现象，一般是通过野外地质勘测工作，直接填绘到地形图上编制出来的；剖面图反映沿某方位地表以下的地质特征，可以通过野外测绘或勘探工作编制，也可以在室内根据地质平面图来编制；综合地层柱状图反映测区内所有出露地层的顺序、厚度、岩性和接触关系等。地质平面图全面地反映了一个地区的地质条件，是最基本的图件；地质剖面图配合平面图，反映一些重要部位的地质条件，它对地层层序和地质构造现象的反映比平面图更清晰、更直观，因此，一般地质平面图都附有剖面图。

要清楚地了解一个地区的地质情况，需要花费不少的时间和精力。通过对已有地质图的分析和阅读，可以帮助尽快地了解一个地区的地质情况。这对研究路线的布局、确定野外工程地质工作的重点等，都可以提供很好的帮助。因此，学会分析和阅读地质图是十分必要的。

2.6.1　地质图的类型

由于工作目的不同，绘制的地质图也不同，常见的地质图有以下几种：

（1）普通地质图。主要表示地层分布、岩性和地质构造等基本地质内容的图件。一幅完整的普通地质图包括地质平面图、地质剖面图和综合柱状图。

（2）构造地质图。用线条和符号，专门反映褶皱、断层等地质构造的图件。

（3）第四纪地质图。只反映第四纪松散沉积物的成因、年代、成分和分布情况的图件。

（4）基岩地质图。假想把第四纪松散沉积物"剥掉"，只反映第四纪以前基岩的时代、岩性和分布的图件。

（5）水文地质图。反映水文地质资料的图件。可分为岩层含水性图、地下水化学成分图、潜水等水位线图、综合水文地质图等类型。

（6）工程地质图。各种工程建筑专用的地质图。如房屋建筑工程地质图、水库坝址工程地质图、矿山工程地质图、铁路工程地质图、公路工程地质图、港口工程地质图、机场工程地质图等，还可根据具体工程项目细分。如铁路工程地质图还可分为线路工程地质图、工点工程地质图。工点工程地质图又可分为桥梁工程地质图、隧道工程地质图、站场工程地质图等。各工程地质图有自己的平面图、纵剖面图和横剖面图等。工程地质图一般是在普通地质图的基础上，增加各种与工程建筑有关的工程地质内容而成。如在隧道工程地质纵剖面图上，表示出围岩类别、地下水位和水量、岩石风化界线、节理产状、影响隧道稳定性的各项地质因素等；在线路工程地质平面图上，绘出滑坡、泥石流、崩塌、落石等不良地质现象的分布情况。

2.6.2　地质图的规格和符号

地质平面图应有图名、图例、比例尺、编制单位和编制日期等。在地质图的图例中，从新地层到老地层，严格要求自上而下或自左到右顺次排列。比例尺的大小反映了图的精细程度，比例尺越大，图的精度越高，对地质条件的反映也越详细、越准确。

地质图是根据野外地质勘测资料在地形图上填绘编制而成的。它除了应用地形图的轮廓和等高线外，还需要用各种地质符号来表明地层的岩性、地质年代和地质构造情况。所以，要分析和阅读地质图，了解地质图所表达的具体内容，就需要了解和认识常用的各种地质符号。

在小于 1：100000 的地质图上，沉积地层的年代采用国际通用的标准色来表示，在彩色的底子上，再加注地层年代和岩性符号。在每一系中，又用淡色表示新地层，深色表示老地层。岩浆岩的分布一般用不同的颜色加注岩性符号表示；在大比例的地质图上，多用单色线条或岩石花纹符号再加注地质年代符号的方法表示。当基岩被第四纪松散沉积层覆盖时，在大比例的地质图上，一般根据沉积层的成因类型，用第四纪沉积成因分类符号表示。

岩石符号是用来表示岩浆岩、沉积岩和变质岩的符号，由反映岩石成因特征的花纹及点线组成。在地质图上，这些符号画在什么地方，表示这些岩石分布到什么地方。地质构造符号，是用来说明地质构造的。组成地壳的岩层，经构造变动形成各种地质构造，这就不仅要用岩层产状符号表明岩层变动后的空间形态，而且要用褶曲轴、断层线、不整合面等符号说明这些构造的具体位置和空间分布情况。

2.6.3 阅读地质平面图

1. 阅读地质平面图的步骤

地质平面图上内容多，线条、符号复杂，阅读时应遵循由浅入深、循序渐进的原则，步骤如下：

（1）看图名和比例尺。了解图幅的地理位置、图幅类别、制图精度。图上方位一般用箭头指北表示，或用经纬线表示。若图上无方位标志，则以图正上方为正北方。

（2）阅读图例。图例自上而下，按一定规律列出了图中出露的所有地层的符号和地质构造的符号。通过阅读图例，可以概括了解图中出现的地质情况。在看图例时，要注意地层之间的地质年代是否连续，分析是否存在地层缺失现象。

（3）分析地形。通过地形等高线的分布特点，了解地区的山川形势和地形起伏情况。在具体分析地质图所反映的地质条件之前，对地质图所反映地区的地形有一个比较完整的了解。

（4）阅读地质内容。首先查看各种岩层的分布范围及产状，分析它们之间的新、老关系，然后按照一定步骤分析地质构造。地质构造有两种不同的分析方法，一种是从总体到局部，根据图例和各种地质构造所表现的形式，先了解地区总体构造的基本特点，明确局部构造相互间的关系，然后对单个构造进行具体分析；另一种是从局部到总体，先研究单个构造，然后对单个构造之间的相互关系进行综合分析，最后得出整个地区地质构造的结论。两者并无实质性的区别，可以得出相同的分析结论。图上如有几种不同类型的构造时，一般先分析各年代地层的接触关系，再分析褶皱构造，然后分析断层构造。

分析不整合接触时，首先看上下两套岩层的产状是否大体一致，区分平行不整合与角度不整合；然后根据不整合面上部的最老岩层和下伏的最新岩层，确定不整合形成的年代。

分析褶皱构造时，首先根据褶曲轴部及两翼岩层的新、老关系，分析是背斜还是向斜；其次根据岩层产状，推测轴面产状，根据轴面及两翼岩层的产状，可将直立、倾斜、倒转和平卧等不同形态类别的褶曲加以区别；然后看两翼岩层是大体平行延伸还是向一端闭合，分析是水平褶曲还是倾伏褶曲；最后，可以根据未受褶皱影响的最老岩层和受到褶皱影响的最新岩层，判断褶曲形成的年代。

　　在水平构造、单斜构造、褶曲和岩浆侵入体中都会发生断层。不同的构造条件及断层与岩层产状的不同关系，都会使断层露头在地质平面图上的表现形式具有不同的特点。因此，在分析断层时，应首先了解发生断层前的构造类型；进而根据断层面的产状，分析断层线两侧哪一盘是上盘，哪一盘是下盘；然后根据两盘岩层的新、老关系和岩层露头的变化情况，再分析哪一盘是上升盘，哪一盘是下降盘，确定断层的性质；最后判断断层形成的年代，断层发生的年代，早于覆盖于断层之上的最老岩层，晚于被错断的最新岩层。

　　需要注意的是，长期风化剥蚀能够破坏出露地面的构造形态，使基岩在地面出露的情况变得更为复杂，因此在地质平面图上可能不容易一下看清地质现象的本来面目。所以，在读平面图时要注意与地质剖面图配合分析，这样会更好地加深对地质图内容的理解。

　　按以上步骤对地质平面图进行详细分析，能使我们对所研究地区的地质条件有一个清晰的认识。这样，就可以根据自然地质条件的客观情况，结合工程的具体要求，进行正确的工程设计和施工。

　　2. 阅读地质平面图实例

　　阅读资治地区地质图（如图 2 - 38 所示），可以得到以下信息。

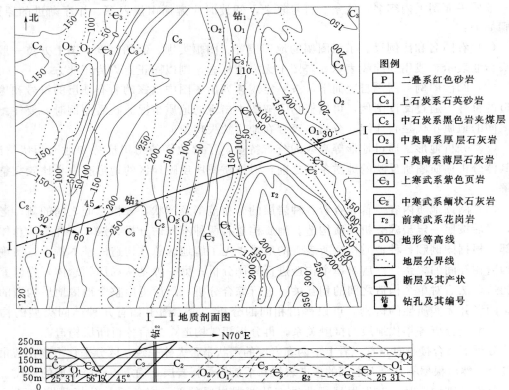

图 2 - 38　资治地区地质图（比例尺 1∶10000）

（1）图名。资治地区地质图。比例尺为 1：10000；图幅实际范围为 1.8km×2.05km；图幅正上方为正北方。

（2）地形与水系。本区有 3 条南北向山脉，其中东侧山脉被支沟截断。相对高差 350m 左右，最高点在图幅东南侧山峰，海拔 350m 左右；最低点在图幅西北侧山沟，海拔 0m 以下。区内有两条流向东北的山沟，其中东侧山沟上游有一条支沟及其分支沟，向北西方向汇入主沟；西侧山沟沿断层发育。

（3）图例。由图例可见，本区出露的沉积岩由新到老依次为二叠系红色砂岩、上石炭统石英砂岩、中石炭统黑色页岩夹煤层、中奥陶统厚层石灰岩、下奥陶统薄层石灰岩、上寒武统紫色页岩。中寒武统鲕状灰岩。岩浆岩方面，有前寒武系花岗岩出露。地质构造方面，有断层通过本区。

（4）地质内容。

1）地层分布与接触关系。前寒武系花岗岩岩性较好，分布在本区东南侧山头一带；年代较新、岩性坚硬的上石炭统石英砂岩，分布在中部南北向山梁顶部和东北角高处；年代较老、岩性较弱的上寒武统紫色页岩，分布在山沟底部；其余地层均位于山坡上。从接触关系上看，花岗岩没有切割沉积岩的界线，且花岗岩形成年代老于沉积岩，其接触关系为沉积接触；中寒武统、上寒武统、下奥陶统、中奥陶统沉积时间连续，地层界线彼此平行，岩层产状彼此平行，是整合接触；中奥陶统与中石炭统之间缺失了上奥陶统至下石炭统的地层，沉积时间不连续，但地层界线平行、岩层产状平行，是平行不整合接触；中石炭统至二叠系又为整合接触关系。本区最老地层为前寒武系花岗岩，最新地层为二叠系红色石英砂岩。

2）褶皱构造。图中以前寒武系花岗岩为中心，两侧依次对称出现中寒武统至二叠系地层，其年代越来越新，故为一背斜构造。背斜轴线从南到北由北西转向正北。顺轴线方向观察，地层界线封闭弯曲，沿弯曲方向凸出，所以这是一个轴线近南北，并向北倾伏的背斜，此倾伏背斜两翼岩层倾向相反，倾角不等，东侧和东北侧岩层倾角较缓（30°），西侧岩层倾角较陡（45°），故为一倾斜倾伏背斜，轴面倾向北东东。

3）断层构造。本区西部有一条北北东向断层，断层走向与褶曲轴线及岩层界线大致平行，属纵向断层。断层面倾向东，东侧为上盘，西侧为下盘。比较断层线两侧的地层，东侧地层新，为下降盘；西侧地层老，为上升盘。因此该断层上盘下降，下盘上升，为正断层。从断层切割的地层界线看，断层生成年代应在二叠系后。断层带岩层破碎，沿断层形成沟谷。

（5）演化历史。本地区在中寒武世至中奥陶世之间地壳下降，为接受沉积环境，沉积基底为前寒武系花岗岩。上奥陶世至下石炭世之间地壳上升，长期遭受风化剥蚀，没有沉积，缺失大量地层。中石炭世至二叠纪之间地壳再次下降，接受沉积。这两次地壳升降运动并没有造成强烈褶曲及断层。中寒武世至中奥陶世期间以海相沉积为主，中石炭世至二叠纪期间以陆相沉积为主。二叠纪以后至今，地壳再次上升，长期遭受风化剥蚀，没有沉积，并且二叠纪后先遭受东西向挤压力，形成倾斜倾伏背斜，后又遭受东西向拉张应力，形成纵向正断层。此后至今，本区域相对稳定。

2.6.4 地质剖面图的制作

为了能够更加清晰地反映地表以下的地质特征，通常需要在地质平面图的基础上制作剖面图，具体步骤如下：

（1）选择剖面方位。剖面图主要反映图区内地表以下的地层分布情况及构造形态。作剖面图前，首先要选定剖面线方向。剖面线方向应尽量垂直岩层走向和构造线，这样才能表现出图区内的主要构造形态。选定剖面线后，应标在平面图上，如图 2-38 中的 I—I′即为选定的剖面线。

（2）确定剖面图比例尺。剖面图的水平比例尺一般与平面图一致，这样便于作图。剖面图的垂直比例尺可以与平面图相同，也可以不同。当平面图比例尺较小时，剖面图垂直比例尺常大于平面图比例尺。

（3）作地形剖面图。按确定的比例尺作好水平坐标轴和垂直坐标轴。将剖面线与地形等高线的交点，按水平比例尺铅直投影到水平坐标轴上，然后根据各交点高程，按垂直比例尺将各投影点定位到剖面图相应高程位置，最后圆滑地连接各高程点，形成地形剖面图。

（4）作地质剖面图。将剖面线与各地层界线和断层线的交点，按水平比例尺垂直投影到水平轴上，再将各界线投影点铅直定位在地形剖面图的剖面线上。如有覆盖层，下伏基岩的地层界线也应按比例标在地形剖面图上的相应位置。

按平面图中所标注的产状换算各地层界线和断层线在剖面图上的视倾角。当剖面图垂直比例尺与水平比例尺相同时，按式（1-1）计算；当垂直比例尺与水平比例尺不同时，还要按式（1-2）再换算，其中 n 为垂直比例尺放大倍数，即

$$\tan\beta = \tan\alpha\sin\theta \tag{1-1}$$

$$\tan\beta' = n\tan\beta \tag{1-2}$$

按视倾角的角度，并综合考虑地质构造形态，延伸地形剖面线上各地层界线和断层线，并在下方标明其原始产状和视倾角。一般先画断层线，后画地层界线。在各地层分界线内，按各套地层出露的岩性及厚度，根据统一规定的岩性花纹符号，画出各地层的岩性图案。

（5）最后进行修饰。在剖面图上用虚线将断层线延伸，并在延伸线上用箭头标出上、下盘运动方向。遇到褶曲时，用虚线按褶曲形态将各地层界线弯曲连接起来，以恢复褶曲形态。在作出的地质剖面上，还要写上图名、比例尺剖面方向和各地层年代符号，绘出图例，即成一幅完整的地质剖面图，如图 2-38 中的 I—I 地质剖面图。

时代	代号	柱状剖面图	层序	厚度(m)	岩层描述	备 注
白垩纪	K	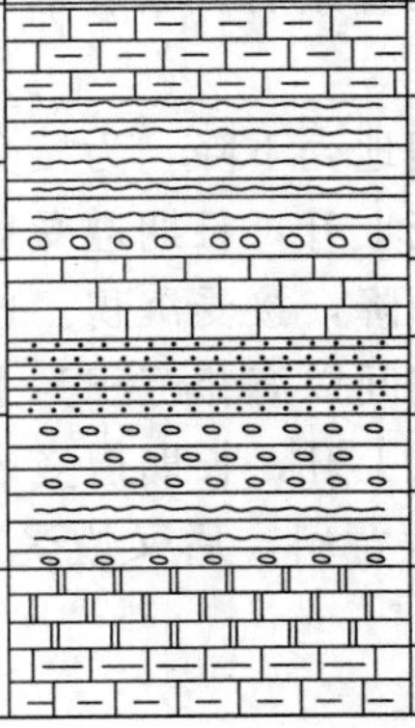	9	8.5	黄褐色泥质石灰岩	
			8	7.0	暗灰色黏土质页岩	
侏罗纪	J		7	11.5	暗灰色泥质页岩,底部为砾岩	不整合
二叠纪	P		6	12.5	灰色硅质灰岩	
			5	5.0	白色致密砂岩	
石炭纪	C		4	15.0	淡红色厚层砾岩	
			3	10.0	薄层页岩、砂岩夹煤层,底部为砾岩	不整合
奥陶纪	O		2	12.0	灰色致密白云岩	
			1	4.5	淡黄色泥质石灰岩	

图 2-39　地层综合柱状图

2.6.5 地层综合柱状图

地层综合柱状图，是根据地质勘察资料（主要是根据地质平面图和钻孔柱状图资料），把地区出露的所有地层的岩性、厚度、接触关系等按时代新老顺序编制而成。一般有地层时代及符号、岩性花纹、地层接触类型、地层厚度、岩性描述等，见图 2 - 39。作为地质平面图的补充和说明，地层综合柱状图和地质剖面图通常与地质平面图编绘在一起，构成一幅完整的地质图。

第3章　与工程活动有关的地质作用

3.1　概　　述

1.1节中，阐述了地质作用的定义及分类。地质作用种类很多，而且绝大多数都可能对工程建设产生不良影响甚至造成破坏。例如，地震作用会造成大量工程建筑的破坏；洪水时地表流水对路面及桥梁强烈的剥蚀作用，可能影响到交通运营安全；地下水的潜蚀作用使岩石中溶洞发育，对工程建筑有很大危害。因此，从对工程建设的影响角度讲，地质作用可分为一般地质作用和不良地质作用。《岩土工程勘察规范》（GB 50021—2001）中规定，不良地质作用是由地球内力或外力产生的对工程可能造成危害的地质作用，不良地质作用是影响工程建设场地稳定性的主要因素，因此，对工程建设场地及其周围进行不良地质作用的勘察与评价，是岩土工程勘察的重要内容。《铁路工程不良地质勘察规程》（TB 10027—2001）中规定，不良地质是由各种地质作用和人类活动而造成的工程地质条件不良现象的总称，铁路修建与运营过程中常见的不良地质现象有滑坡、错落、危岩、崩塌、岩堆、泥石流、风沙、岩溶、人为坑洞、水库坍岸、地震区、放射性和有害气体。尽管由于不同种类的工程建设对地质条件的要求不同，导致在不同的规范中对不良地质作用概念的外延描述略有区别，但是在工程地质学领域，对所有的工程建设而言，不良地质作用概念的内涵是一致的，即指对人类工程活动可能产生危害的地质作用。

不良地质作用一旦发生，就可能产生一些严重后果。由不良地质作用引发的，危及人身、财产、工程或环境安全的事件，称为地质灾害。地质灾害的研究目前已形成一个专门的地质学研究领域，有广泛的研究内容。进入21世纪后，灾害防治工作成为实施可持续发展战略的核心组成部分，有关部门制定了相关规范指导这方面工作。这些规范进一步明确了地质灾害的概念。《地质灾害勘查规范》规定，地质灾害是由自然或人为作用，多数情况下是二者协同作用下引起的，在地球表层比较强烈地破坏人类生命财产和生存环境的岩土体移动事件，主要指崩塌（含危岩体）、滑坡、泥石流、岩溶地面塌陷和地裂缝等突发性地质事件。《地质灾害危险性评估技术要求》中，地质灾害指包括自然或人为活动引发的危害人民生命和财产安全的山体崩塌、滑坡、泥石流、地面塌陷、地裂缝、地面沉降等与地质作用有关的灾害。由于地震、洪水、区域性地面沉降等地质灾害的研究已经自成体系，有专门的规范，在上述规范中没有包括这些灾害。

地质灾害是不良地质作用的结果，例如滑坡是坡体重力地质作用的结果、地震灾害是地震作用的结果。为预防和治理地质灾害，有必要对不良地质作用进行研究，包括对不良地质作用的形式、规模、发生机理、发展过程进行研究。人类虽然无力改变地质作用的规律，但可以认识和运用这些规律，使之向有利于人类的方向发展，防患于未然，就有可能降低灾害发生的可能性，减轻损失。

本章介绍几种与人类工程活动密切相关的地质作用。这些地质作用可能影响工程活动过程中的施工安全，也可能影响工程建筑物的正常使用，总之都有可能对工程活动产生不利影响。从这个角度讲，这些地质作用都可以称为不良地质作用，尽管有些地质作用并没有被包含在规范中。例如，风化作用进展较慢，不会像滑坡的发生一样造成巨大损失，但也会影响土木工程施工安全及建筑物运营安全，本章也作简要介绍。这些地质作用虽然不是在每个建筑场地都会发生，但在有些场地是有可能发生的，一旦发生就会对工程活动的安全和建筑物的正常使用起到不同程度的不良影响，甚至危害巨大。对于工程地质工作者来说，对这些不良地质现象应查明其类型、范围、活动性、影响因素、发生机理，分析其对工程的影响，提出为改善场地的地质条件而应采取的防治措施。

3.2 风 化 作 用

地壳表层的岩石，在大气、水的联合作用以及温度变化、生物活动等的影响下，产生物理或化学变化，发生崩解，在原地形成松散堆积物的过程，称为风化作用。岩石经过风化作用后，残留在原地的堆积物称为残积物，被风化的岩石圈表层称为风化壳。风化作用是自然界非常普遍的一种地质现象，风化作用促使岩石的原有裂隙进一步扩大，并产生新的风化裂隙，使岩石的整体性遭到破坏，导致强度和稳定性大大降低，带来一系列的工程地质问题。

3.2.1 风化作用的类型

根据不同的自然因素对岩石进行不同的作用，可以把风化作用分为物理风化作用、化学风化作用和生物风化作用3类。

1. 物理风化作用

岩石在自然因素作用下发生机械破碎，而无明显的成分改变，又称机械风化作用。使岩石产生物理风化的自然因素主要有温度变化、冰劈作用和盐类结晶膨胀作用等。

由气温变化引起的物理风化是普遍存在的物理风化方式。岩石表面受热膨胀，内部由于温度低，相对膨胀很小，使表层和内层之间产生破裂；岩石表面受冷收缩时，内部温度比表层高，收缩小或不收缩，使表层岩石中产生许多与表面接近垂直的裂隙；长期反复的气温变化，使岩石从表面向内部一层层剥落、破碎（图3-1）。这种风化作用的强弱不是由气温的绝对高低决定的，主要取决于气温变化的速度和幅度。变化速度大，热胀冷缩交替频率高；变化幅度大，胀缩幅度大。气温变化在不同的气候区有所不同，大陆性气候区最显著。以我国西北干旱沙漠地区为例，夏季白天气温高，岩石表面温度高达47℃，夜间气温下降，岩石表面温度降到−30℃，岩石昼夜温差达50℃。

冰劈作用也是由于气温变化的影响而产生的风化作用，它是通过水的结冰膨胀来进行的。岩石裂隙中的水，当气温降到冰点时，水变成冰，体积膨胀约1/11，当周围岩石限制其膨胀时，它能产生96MPa的压力，使岩石中裂隙发展，造成更密更深的裂隙网，岩石更破碎。

盐类结晶膨胀作用指岩石裂隙中的水含有各种可溶盐，当含盐量不断增加达到饱和，或气温增加水分蒸发达到饱和，或气温降低溶解度变小达到饱和，盐类就由溶液中结晶析

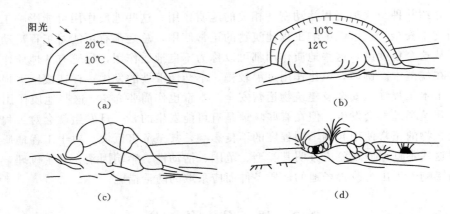

图 3-1 温度变化引起的物理风化示意图

(a) 阳光照射时岩石表层的温差；(b) 夜间降温时的逆温差；(c)、(d) 岩石逐渐发生崩解

出，其体积也要膨胀，使岩石胀裂。

2. 化学风化作用

长期暴露在地表及接近地表的岩石，受到空气和水中各种化学成分的作用，以及受到生物活动的影响，使原有岩石的矿物成分不断发生变化，原有成分被破坏，产生新成分。产生化学风化的自然因素主要是水和空气中所含的各种化学成分，如 O_2、CO_2 等，常见的化学作用有以下几种：

（1）溶解作用。岩石中某些矿物成分可以被水溶解以溶液的形式流失。当水中含有一定量 CO_2 或其他成分时，水的溶解能力加强。例如，石灰岩中的方解石，遇含 CO_2 的水生成重碳酸钙，溶解于水而流失，使石灰岩中形成溶蚀裂隙和空洞。

（2）水化作用。岩石中某些矿物成分与定量的水分子化合成新的成分，在此过程中，新成分产生膨胀，使岩石胀裂。例如，硬石膏（$CaSO_4$）水化成石膏（$CaSO_4 \cdot 2H_2O$）后，体积增大了 1.5 倍。一般情况下，新形成的含水矿物强度低于原来的无水矿物，对工程施工不利。

（3）氧化作用。岩石中某些矿物成分可以与空气或水中的氧化合形成新成分矿物。新形成的矿物有的可以被水带走，有的对建筑物或岩石造成新的侵蚀。例如，黄铁矿（FeS_2）氧化为褐铁矿（$Fe_2O_3 \cdot 3H_2O$），同时生成硫酸，硫酸又能促进其他矿物风化。

（4）碳酸化作用。水中的 CO_2 从矿物中夺走盐基，破坏原有岩石中的矿物，生成新的碳酸盐。最常见的是花岗岩中的正长石（$KAlSi_3O_8$）经过碳酸化作用生成易溶于水而流失的碳酸钾（K_2CO_3）、胶体二氧化硅（$4SiO_2 \cdot H_2O$）及高岭土 $[Al_2Si_2O_5(OH)_4]$，使花岗岩破坏成为石英及高岭土颗粒，残留原地，其余成分流失。

3. 生物风化作用

在地壳表面的各个角落中甚至在一定深度以下的岩石裂缝里都有生物在生存着、活动着，由生物活动而引起的岩石破坏作用称为生物风化作用。从生物风化的方式看，可以分为生物物理风化作用和生物化学风化作用两种基本形式。

生物物理风化作用指由于生物产生的机械力造成的岩石破碎。例如，生长在岩石裂缝中的植物，特别是某些高等植物，其根系可深达数米乃至十余米，随着根部膨胀，可对围岩产生压力，足以使岩石裂缝加大。此外，动物的挖掘洞穴、筑巢翻土都会引起岩石的破坏。当然，人类的生产活动比上述动物的活动的规模要大得多，尤其是在科学技术迅猛发展的今天，人类活动特别是大规模的工程建设对岩石的破坏更不能忽视。

生物化学风化作用指由于生物产生的化学成分造成岩石成分改变的过程。生物化学作用主要由生物在新陈代谢过程中分泌的物质以及生物在遗体腐烂或分解的过程中产生的物质引起的。在这些物质当中相当一部分是有机酸，植物或细菌通过分泌有机酸去分解岩石或土壤中的矿物，吸收某些化学成分作为养分。研究人员曾观察到一种藻类植物的菌丝可以结晶出有机酸晶体，有机酸晶体分解时产生的氢离子与矿物表面接触，可以置换矿物的金属阳离子作为养分。较高级植物的根部带负电荷，使氢离子等阳离子聚集在附近，造成酸性环境，加上植物根部能释放 CO_2（使土壤中 CO_2 含量加大，比空气中的含量大 $10\sim$ 100 倍），更有利于硅酸盐等矿物分解。生物遗体的腐烂和分解，除了使部分元素能在地下大量聚集（煤的生成与此有关），还会形成大量腐植质。腐植质中含有相当数量的有机酸，能对岩石起分解作用。

总之，岩石风化的基本类型以物理风化和化学风化为主，一般情况下，这两种风化方式同时进行，互相促进。但在不同的地区，不同的自然条件下，两种风化作用又会有主次之分。例如，在我国西北干旱大陆性气候为主的地区，水很缺乏，气温变化剧烈，一般以物理风化作用为主；反之，在我国东南沿海地区，气候潮湿，雨量充沛，化学风化作用占据主导地位。

3.2.2 风化作用的工程地质问题

岩石遭受风化后，其工程性质有不同程度的变坏，这主要是由于风化作用使岩石完整性进一步破坏、孔隙度增大、透水性增强、强度大大降低、变形性大为增加所致；此外，风化作用生成的某些新矿物，如黏土矿物、在生成时发生膨胀的矿物及某些有害成分如硫酸等，常引起一些特殊的工程病害。因此，对于工程建筑来说，不论作为建筑物的地基、边坡和围岩，还是用作建筑材料，风化岩石的工程性质都远不如未风化的新鲜岩石好。由于地表岩石都遭受不同程度的风化，因此必须认真研究由于岩石风化而产生的几个重要的工程地质问题：风化程度问题、风化深度问题和风化速度问题，在此基础上，为工程建筑的合理设计和施工提供依据资料。

1. 风化程度的判别

岩石的成因、矿物成分、结构、构造不同，对风化的抵抗能力也不同。如果岩石生成条件与目前岩石所处地表位置的环境条件越接近，岩石抵抗风化能力越强；反之，抗风化能力弱。岩石风化程度的大小直接决定着岩石工程性质变坏的程度。为了确定风化程度的大小，应从以下 4 个方面对风化岩石进行观测：

（1）岩石颜色变化。岩石中矿物成分的变化会反映到其颜色的改变上。未风化矿物的颜色都是新鲜的，光泽明显可见，风化越重颜色越暗淡，甚至改变颜色。野外观察时要注意岩石表面与内部颜色对比，要区别干燥和潮湿时颜色的差异。

（2）岩石矿物成分变化。要特别注意那些易于风化矿物的变化及是否有风化生成的新次生矿物。风化越重，原有深色矿物和片状、针状矿物越少，次生黏土矿物、石膏及褐铁矿越多。

（3）岩石破碎程度。破碎程度是岩石风化程度的重要标志之一，岩石风化破碎是由于大量风化裂隙造成的，因此，要重点观测风化裂隙的长度、宽度、密度、形状及次生充填物质。

（4）岩石力学性质。风化越严重，岩石的完整性、强度及坚硬程度越低。野外观察时，可用手锤敲击、小刀刻划、用手折断等简易方法进行试验，必要时可采取岩样进行室内强度试验或野外原地试验。

综合以上各方面的情况，工程地质有关的技术规范中规定了岩体风化程度分带方法，《工程岩体分级标准》（GB 50218—94）中划分为未风化、微风化、弱风化、强风化、全分化五个风化程度不同的带，《水利水电工程地质勘察规范》（GB 50287—99）中划分为新鲜、微风化、中等风化（弱风化）、强风化、全分化五个风化程度不同的带。不同规范的规定略有不同，但基本上都是五级分带，各风化带的特征见表 3-1。

表 3-1　　　　　　　　　　　　风 化 程 度 分 带

风化程度分带	野 外 鉴 定 特 征				参考指标
	岩石矿物颜色	结构	破碎程度	坚硬程度	压强比 R_w/R_f
未经风化带（未风化）	颜色新鲜，保持原有颜色	保持岩体原有结构	除构造裂隙外，肉眼见不到其他裂隙，整体性好	除泥质岩类可用大锤击碎，其余岩类不易击开，放炮才能掘进	>0.9
风化轻微带（微风化）	颜色较暗淡，解理面附近有部分矿物变色	岩体结构未破坏，仅沿节理面稍有风化现象或有水锈	有少量风化裂隙，裂隙间距多数大于40cm，整体性较好	要用大锤和楔子才能剖开，泥质岩类用大锤可以击碎，放炮才能掘进	0.9~0.65
风化颇重带（弱风化）	失去光泽，颜色暗淡。部分易风化矿物已经变色，黑云母失去弹性变为黄褐色	结构已部分破坏，裂隙可能出现风化夹层，一般呈块状或球状结构	风化裂隙发育，裂隙间距多数为20~40cm，整体性差	可用大锤击碎，用手锤不易击碎，大部分需放炮掘进	0.65~0.4
风化严重带（强风化）	大部分矿物变色，形成次生矿物，如斜长石风化成高岭土，黑云母呈棕色	结构已大部分破坏，形成碎块状或球状结构	风化裂隙很发育，岩体破碎，裂隙间距为2~20cm，完整性很差	用手锤即可击碎，用镐就可掘进，用锹则很困难	
风化极严重带（全风化）	已完全变色，大部分矿物发生变异，长石变成高岭土、叶腊石、绢云母；角闪石绿泥石化，黑云母变为蛭石	结构已完全破坏，仅外观保持了原来的岩体形态，矿物晶体失去连接，石英松散呈砂粒	风化破碎呈碎屑状或土状	用手可捏碎，用锹就可掘进	

2. 风化深度确定

风化作用的程度除了受气候、岩石类别的控制外，还受地形、岩石裂隙发育程度等因素的影响。随着深度逐渐向下增加，其影响力迅速减弱，到达一定深度后，风化作用的影响基本消失。地表以下风化作用所能影响的深度称风化深度或风化层厚度。由于从地表风化极严重带向地下至未经风化带是个连续的、逐渐的变化过程，要准确地定出风化深度是困难的。通常，对于重要工程，把地表至风化轻微带作为风化深度；对于一般工程，则把地表至风化颇重带作为风化深度。据有关资料，物理风化为主地区风化深度一般不超过 $10\sim30m$，最多为 $60m$；以化学风化为主的地区，风化深度一般不超过 $30\sim50m$，最多为 $100m$。如果在风化深度以内进行工程建筑，必须按风化程度降低岩石的各项力学性质指标，直到把风化极严重带岩石作为碎石土处理。对于危及建筑物安全的风化严重的岩层采取挖除措施，挖除深度根据风化岩石的风化程度、风化岩石的物理力学性质和工程要求等来确定。挖除风化岩石是一个困难而耗费时间的过程，因而宜少挖。当地表观测不能确定整个风化壳深度内的变化情况时，应进行必要的地下勘探或物探工作。

3. 降低风化速度措施

实践证明，某些岩石开挖暴露于空气及水中以后风化速度很快，如在某些水工隧洞中一年的风化深度有的可达 $1m$。基坑或边坡若在风化速度较快的岩石中开挖，开挖后又未进行及时的支撑、衬砌和防护，开挖面可能会迅速风化破碎倒塌。因此，必须根据岩石的风化速度快慢采取适当的防治措施。

岩石风化速度快必须具备两个方面的因素：一是岩石性质及地质构造有利于风化发生；二是自然条件有利于风化。改变其中的一个条件，使其不利于风化作用的发生，就可以大大降低岩石的风化速度，提高岩石的抗风化能力。为此，防止岩石风化的应对措施应从两方面考虑：

（1）提高岩石的完整性和强度，改善岩石的抗风化能力。一般的方法有水泥灌浆、黏土灌浆、沥青灌浆及硅化法等，这些方法效果较好，但成本较高，多用于重要建筑物或加固范围不大的情况。

（2）以防止各种自然因素对岩石的侵袭为主。方法有利用各种浆液喷摸边坡表面或地下洞室表面、封闭坑底等，以防止岩石表面与空气和水直接接触。还可以采取拦截、排出地表水和降低地下水的方法，降低水对岩石的风化作用。

3.3　地表流水的地质作用

地表流水是陆地表面非常普遍、非常活跃的一种外力，根据存在时间的长短，地表水可以分为暂时性流水和经常性流水两种。暂时性流水是一种季节性、间歇性流水，如大气降水后沿山坡面或山间沟谷流动的水，它主要以大气降水为水源，一年中有时有水、有时干枯。经常性流水在一年中流水不断，如通常所说的河水、江水；它的水量虽然也随季节发生变化，但一般不会干枯无水。地表水流动时与地表土石发生相互作用，产生侵蚀、搬运和堆积作用，形成各种地貌和不同的松散沉积层。地表流水对坡面的洗刷作用，对沟谷及河谷的冲刷作用，不断地使原地面遭到破坏，这种破坏被称为侵蚀作用。侵蚀作用造成地面大量水土流失、冲沟发展，引起沟谷斜坡滑塌、河岸坍塌等各种不良地质现象和工程地质问题。地表流水把地面被破坏的破碎物质带走，称为搬运作用。搬运作用使被破碎物质覆盖的新地面暴露出来，为新地面的进一步破坏创造了条件。在搬运过程中，被搬运物质对沿途地面加强了侵蚀。同时，搬运作用为沉积作用准备了物质条件。当地表流水流速降低时，部分物质不能被继续搬运而沉积下来，称为沉积作用。沉积作用是地表流水对于地面的一种建设作用，形成了一些最常见的第四纪沉积物。

3.3.1　暂时性流水的地质作用

暂时性流水是大气降水后在地表形成的短暂时间内存在的流水，雨季是它发挥作用的主要时间，特别是在强烈的集中暴雨后，它的作用特别显著，往往造成较大灾害。

3.3.1.1　淋滤作用

大气降雨或冰雪融化后，在地面上汇成的沿斜坡表面流动的网状细流，叫做片流。片流在流动过程中，一部分水会渗入地下，渗入地下的过程中，渗流水不仅把地表附近细小破碎物质带走，还能把周围岩石中易溶成分溶解带走。经过渗流水的这些物理和化学作用后，地表附近岩石逐渐失去其完整性、致密性，残留在原地的是未被冲走又不易溶解的松散物质，这个过程称为淋滤作用，残留在原地的松散破碎物质称残积层。由其形成过程，可知残积层有下述特征：

（1）残积层是位于地表以下、基岩风化带以上的一层松散破碎物质。其破碎程度地表最大，越向地下越小，逐渐过渡到基岩风化带。基岩风化极严重带，经过淋滤作用后应当包括在残积层之内。

（2）残积层的物质成分与下伏基岩成分密切相关，因为残积层就是下伏原岩经过风化淋滤之后残留下来的物质。

（3）残积层的厚度与当地地形、降水量、水中化学成分等多种因素有关。若地形较陡，被破坏的物质容易冲走，残积层就薄；若降水量大，水中 CO_2 多，则化学风化作用强烈，残积层可能较厚。各地残积层厚度相差很大，厚的可达数十米，薄的只有数十厘米，甚至完全没有残积层。

（4）残积层具有较大的孔隙率及较高的含水量，作为建筑物地基，强度较低。特别是当残积层下伏基岩面倾斜、残积层中有水流动或近于被水饱和时，在残积层内开挖边坡，或把建筑物置于残积层之上，均易发生残积层滑动。

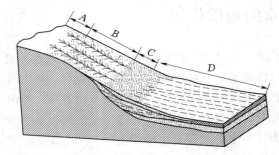

图 3-2　洗刷作用形成坡积层的示意图
A—弱洗刷带；B—强洗刷带；C、D—堆积带

3.3.1.2　洗刷作用

片流沿地表流动的部分，在汇入洼地或沟谷以前，往往沿整个山坡坡面漫流，把覆盖在坡面上的风化破碎物质带到山坡坡脚处，这个过程称洗刷作用，在坡脚处形成的新沉积层称坡积层（图 3-2）。坡积层具有下述特征：

（1）坡积层位于山坡坡脚处，其厚度变化较大，一般是坡脚处最厚，向山坡上部及远离山脚方向均逐渐变薄尖灭。

（2）坡积层多由碎石和黏性土组成，其成分与下伏基岩无关，而与山坡上部基岩成分有关。

（3）由于从山坡上部到坡脚搬运距离较短，故坡积层层理不明显，碎石棱角清楚。

（4）坡积层松散、富水，作为建筑物地基强度很差。坡积层很容易发生滑动，坡积层下原有地面越陡、坡积层中含水越多、坡积层物质粒度越小、黏土含量越高，则越容易发生坡积层滑坡。

3.3.1.3 冲刷作用

集中暴雨或积雪骤然大量融化后，地表流水逐渐向低洼沟槽中汇集，水量逐渐增大，会在短时间内形成巨大的地表暂时流水，一般称为洪流。洪流沿沟谷流动过程中，携带的泥砂石块逐渐增多，侵蚀能力加强，使沟槽向更深处下切，同时使沟槽不断变宽，这个过程称为冲刷作用。冲刷作用使地面进一步遭到破坏，形成很多冲沟；洪流所携带的大量泥砂石块被搬运到一定距离后沉积下来，形成洪积层。

1. 冲沟

如果地表岩石或土比较疏松、裂隙发育、地面坡度较陡，再加上地面缺少植物覆盖，则该地区极易形成冲沟。经常、反复进行的冲刷作用，先在地表低洼处形成小沟，小沟又不断被加深扩宽形成大沟，大沟两侧及上游又形成许多新的小支沟。随着冲沟的形成和不断发展，使当地产生大量水土流失，地表被纵横交错的大小冲沟切割得支离破碎（图 3-3）。黄土地区比较符合上述易于形成冲沟的条件。以陕北绥德韦园沟地区为例，该地区在仅仅 58.2km² 的面积内，大小冲沟总长度就达到 203.9km，平均 1km² 内有冲沟 3.47km 长。使该地区大量水土流失，耕地面积减少，交通运输不便，对工程建设也造成很大困难。冲沟的发展常使线路路基被冲毁，边坡坍塌。

在冲沟发育地区进行工程施工，首先必须查明该地区冲沟形成的各种条件和原因，特别要研究该地区冲沟的活动程度，分清哪些冲沟正处于剧烈发展阶段，哪些已处于衰老休止阶段，要有针对性地进行治理。对处

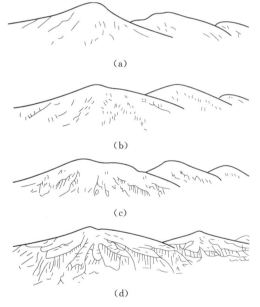

图 3-3 冲沟形成过程示意图
(a) 原始黄土地面；(b) 经雨水冲刷后形成冲槽和凹坑；(c) 凹坑贯连形成冲沟雏形；(d) 暂时流水长期作用形成的密集冲沟网

于剧烈发展阶段的冲沟，必须从上部截断水源，用排水沟将地表水疏导到固定沟槽中；同时在沟头、沟底和沟壁采取加固措施；在大冲沟中筑石堰、修梯田，沿沟铺设固定排水槽，也是有效措施；在缺乏石料的地区，则可改用柴捆堰、篱堰等加固设备，效果也较

好；某些地区采用种植多年生草本植物防止坡面冲刷，效果良好，铁路边坡多已采用。处于衰老阶段的冲沟，在地貌上常表现为山坳，沟壁坡度平缓，沟底宽平且有较厚沉积物，沟壁和沟底都有植物生长，冲沟发展暂时处于休止状态。对这类冲沟应当大量种植草皮和多年生植物加固沟壁，以免支沟重新复活；工程施工应尽量少挖方，新开挖的边坡则应及时采取保护措施。

2. 洪积层

洪流携带大量被剥蚀的泥砂石块沿沟谷流动，当流到山前平原、山间盆地或沟谷进入河流的谷口时，流速显著降低，携带的大量泥砂石块沉积下来，形成洪积层。洪积层有下述特征：

（1）从外貌看洪积层多呈扇形，称洪积扇。扇顶位于较高处的沟谷内，扇缘在陡坡与缓坡交界处成一弧形，如图 3-4 所示。

图 3-4　山前洪积扇示意图

（2）洪积层成分较复杂，由沟谷上游汇水区内的岩石种类决定。

（3）从平面上看，扇顶洪积物较粗大，多为砾石、卵石，向扇缘方向越来越细，由砂至黏砂土、砂黏土直至黏土。从断面上看，地表洪积物颗粒较细，向地下越来越粗。洪积层略具分选性和层理，同时，由于携带物搬运距离较远，沿途受到摩擦、碰撞，使洪积物具有一定磨圆度。

（4）在洪积扇上进行工程建设，首先要注意洪积扇的活动性。正在活动的洪积扇，每当暴雨季节，仍将发生新的洪积物沉积，处理原则在本书泥石流一节中讨论。对于已停止活动的洪积扇，应充分查清其物质成分及分布情况、地表水及地下水情况，以便对洪积扇不同部位的工程地质条件作出评价。

3.3.2　河流的地质作用

1. 侵蚀作用

河流的侵蚀作用按方向可分为下蚀和侧蚀。下蚀也称纵向侵蚀，向下切割河床，破坏河底；侧蚀也称横向侵蚀，向河岸方向侵蚀，使河流变宽、变弯，破坏原有河岸。下蚀和侧蚀是同时进行的，但河流上游以下蚀为主，下游以侧蚀为主。

（1）下蚀作用。河流下蚀切割河底，使河床变深。下蚀的强弱取决于流速、流量的大小，也与组成河床的物质有关。流速、流量越大，下蚀作用越强；组成河床的物质越坚硬、裂隙越少，下蚀作用越弱。一条河流下蚀最强地段由河口开始逐渐向河源方向发展，这个过程称为向源侵蚀。以河口水面为标高的水平面称为该河流的侵蚀基准面，注入海洋的河流以河口海水面为其侵蚀基准面，注入内陆湖泊的河流以湖水面为其侵蚀基准面。河流下蚀不能无止境地进行，而以其侵蚀基准面为下限。实际上，河流绝大部分地段河床都位于其侵蚀基准面之上，最多达到平衡剖面的位置。所谓平衡剖面，指河流将河槽纵剖面由原来的不规则曲线侵蚀成的一个平滑和缓的曲线。在其发展的过程中，通常在上游有下蚀与不断地向源侵蚀，下游则常有堆积（图 3-5）。结果就使这一曲线上游较陡，下游较缓。理论上，河水沿着这一曲线流下来，既不侵蚀也不堆积，刚好达到平衡。

用平衡剖面和侵蚀基准面理论解释河流下蚀作用的发展过程和规律，基本上符合客观事实。但是，河流下蚀作用受岩性、地质构造、植被、气候及人类工程建设活动等多种复杂因素的影响，地壳的不断运动也会造成侵蚀基准面不断随之变化。因此，不可能真正出现平衡剖面这种理想状

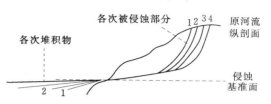

图 3-5　平衡剖面形成过程示意图

态，而是下蚀作用力求向平衡剖面状态发展。通常，一条大河的下游段基本已达到平衡剖面状态，不再下蚀；中游段则接近平衡剖面状态，洪水期能进行下蚀，枯水期则只能搬运甚至沉积；上游段多高出平衡剖面之上，下蚀作用强烈。

（2）侧蚀作用。河流侧蚀冲刷河岸，使河床变弯、变宽。河流产生侧蚀的原因，一是因为原始河床不可能完全笔直，一处微小的弯曲都将使河水主流线不再平行河岸而引起冲刷，致使弯曲程度越来越大；二是河流中的各种障碍物（如浅滩）也能使主流线改变方向冲刷河岸。侧蚀不断进行，受冲刷的河岸逐渐变陡、坍塌，使河岸向外凸出，相对一岸向内凹进，使河流形成连续的左右交替的弯曲，称为河曲。河曲进一步发展，河流弯曲程度越来越大，河流也越来越长，导致河床底坡变缓，流速降低。当流速减小到一定程度，河流只能携带泥砂克服阻力流动，而无力进行侧蚀的时候，河曲不再发展，此时的河曲称为蛇曲。河流的蛇曲地段，弯曲程度很大，某些河湾之间非常接近，只隔一条狭窄地段，到了洪水季节，洪水将能冲决这一狭窄地段，河水经由新冲出的距离短、流速大的河道流动，残余的河曲两端逐渐淤塞，这一现象称为河流的截弯取直现象。原先的部分蛇曲脱离河床而形成特殊形状的牛轭湖，湖中水分逐渐蒸发，将发展成为沼泽。长江下游沙市、汉口等地段，由被遗弃的古河道形成的湖泊、洼地和沼泽

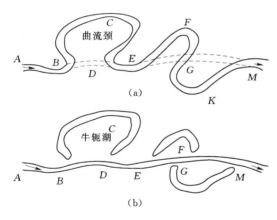

图 3-6　河曲发展过程示意图

星罗密布。河曲的发展过程如图 3-6 所示。

2. 搬运作用

河流具有一定的搬运能力，它能把侵蚀作用生成的各种物质以不同方式向下游搬运，直至搬运到湖海盆地中。河流搬运能力与流速关系最大，当流速增加 1 倍时，被搬运物质的直径可增大到原来的 4 倍，被搬运物质的重量可增大到原来的 64 倍。当流速减小时，就有大量泥砂石块沉积下来。

流水搬运方式可分为物理搬运和化学搬运两大类。物理搬运的物质主要是泥砂石块，化学搬运的物质则是可溶解的盐类和胶体物质。根据流速、流量和泥砂石块的大小不同，物理搬运又可分为悬浮式、跳跃式和滚动式 3 种方式。悬浮式搬运的物质主要是颗粒细小

的砂和黏性土，它们悬浮于水中或水面，顺流而下，如黄河中大量黄土颗粒主要是悬浮式搬运。悬浮式搬运是河流搬运的重要方式之一，它搬运的物质数量最大，黄河每年的悬浮搬运量可达 6.72 亿 t，长江每年是 2.58 亿 t。跳跃式搬运的物质一般为块石、卵石和粗砂，它们有时被急流、涡流卷入水中向前搬运，有时则被缓流推着沿河底滚动。滚动式搬运的主要是巨大的块石、砾石，它们只能在水流强烈冲击下，沿河底缓慢向下游滚动。化学搬运的距离最远，水中各种离子和胶体颗粒多被搬运到湖海盆地中，当条件适合时，在湖海盆地中产生沉积。

河流在搬运过程中，随着流速逐渐减小，被携带物质按其大小和重量陆续沉积在河床中，上游河床中沉积物较粗大，越向下游沉积物颗粒越细小；从河床断面上看，流速逐渐减小时，粗大颗粒先沉积下来，细小颗粒后沉积下来，覆盖在粗大颗粒之上，从而在垂直方向上显示出层理。在河流平面上和断面上，沉积物颗粒大小的这种有规律的变化，称河流的分选作用。另外，在搬运过程中，被搬运物质与河床之间、被搬运物质互相之间，都不断发生摩擦、碰撞，从而使原来有棱角的岩屑、碎石逐渐磨去棱角而呈浑圆形状，浑圆的程度用磨圆度表示，分选性和磨圆度是河流沉积物区别于其他成因沉积物的重要特征。

3. 沉积作用

流速降低使河流携带的物质沉积下来称沉积作用，河流的沉积物称冲积层。由于河流在不同地段流速降低的情况不同，各处形成的沉积层呈现出不同特点。在山区，河流底坡陡、流速大，沉积作用较弱，河床中冲积层多为巨砾、卵石和粗砂。当河流由山区进入平原时，流速骤然有很大降低，大量物质沉积下来，形成冲积扇。冲积扇还常分布在大山的山麓地带，如祁连山北麓、天山北麓和燕山南麓的大量冲积扇。如果山麓地带几个大冲积扇相互连接起来，则形成山前倾斜平原。在河流下游，则由细小颗粒的沉积物组成广大的冲积平原，如黄河、海河及淮河的冲积层构成的华北大平原。大河河口能逐渐积累冲积层，它们在水面以下呈扇形分布，扇顶位于河口，扇缘则伸入海中，冲积层露出水面的部分形如一个其顶角指向河口的倒三角形，称为三角洲。

冲积层分布广，表面坡度比较平缓，多数大、中城市都坐落在冲积层上，线路也多选择在冲积层上通过。作为工程建筑物的地基，砂、卵石的承载力较高，黏性土较低。特别应当注意，冲积层中两种不良沉积物，一种是软弱土层，如牛轭湖、沼泽地中的淤泥、泥炭等，另一种是容易发生流砂现象的粉砂层。遇到它们时应当采取专门的设计和施工措施。冲积层中的砂、卵石、砾石层常被选用为建筑材料，厚度稳定、延续性好的砂或卵石层是丰富的含水层，可以作为良好的供水水源。

4. 河谷地貌

河谷是在流域的地质构造基础上，经过河流长期的侵蚀、搬运和沉积作用后，逐渐形成和发展而来的。典型的河谷一般具有下列组成部分：经常被流水占据的部位为河床；洪水期被淹没、枯水期露出水面的部位为河漫滩；河漫滩以上向两侧延伸的斜坡为河谷斜坡；河谷内河流侵蚀和沉积作用形成的台阶状地形称为河流阶地（图 3-7）。河流阶地用罗马数字编号，自河漫滩以上顺序排列，编号越大，阶地位置越高，生成年代越早。

河谷地貌的形成，受多种因素控制，主要有河流各种地质作用的强弱、地壳升降的幅度、组成河谷的岩石性质及地质构造、气候条件等。在河流的不同地段和不同发展阶段，

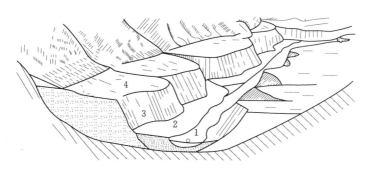

图 3-7　河谷地貌素描

1—河床；2—河漫滩；3—河谷斜坡；4—河流阶地

河谷地貌形态呈现不同特点。在河流上游地段或幼年期河谷，下蚀作用强烈，坡陡流急，河床中沉积物较少，河谷横断面多呈 V 形，只有河床和高陡的河谷斜坡，较少见到河流阶地；在河流中游地段或壮年期河谷，河谷开阔，下蚀作用较弱，以侧蚀为主，河曲较发育，多数有河流阶地，图 3-7 表示这种河谷横断面；在河流下游地段或老年期河谷，侵蚀作用很微弱，主要进行沉积作用，这种地段大多处于平原地带，河床本身也处在冲积层上，河床外就是冲积平原，个别地段沉积作用强烈，河床越淤越高，以致河水面高出两侧平原地面形成地上河。

　　河谷内台阶状地形称为河流阶地，河流阶地是在地壳的构造运动与河流的侵蚀、堆积作用的综合作用下形成的。当河漫滩形成之后，由于地壳上升或侵蚀基准面相对下降，原来的河床或部分河漫滩受到下切，没有受到下切的部分高出洪水位之上，变成阶地。于是河流又在新的水平面上开辟谷地。当地壳构造运动处于相对稳定期或下降期时，河流纵剖面坡度变小，流水动能减弱，河流垂直侵蚀作用变弱或停止，侧向侵蚀和沉积作用增强，于是又重新拓宽河谷，塑造新的河漫滩。在长期的地质历史过程中，如果地壳发生多次升降运动，则会引起河流侵蚀与堆积交替发生，从而在河谷中形成多级阶地。紧邻河漫滩的一级阶地形成时代最晚，依次向上，阶地的形成时代依次变老。阶地面就是阶地平台的表面，它实际上是原来老河谷的谷底，它大多向河谷轴部和河流下游微作倾斜。阶地面并不十分平整，在它的上面，特别是在它的后缘，常常由于崩塌物、坡积物、洪积物的堆积而呈波状起伏。此外，地表径流也对阶地面起着切割破坏作用。若阶地延伸方向与河流方向垂直，称横向阶地；若阶地延伸方向与河流方向平行，称纵向阶地。

　　按照阶地的组成物质与形成过程，可以分为侵蚀阶地、基座阶地、堆积阶地（图 3-8）3 种类型。侵蚀阶地在河流上游或山地河谷中比较常见，阶地主要由基岩构成，阶面上往往没有或只有很少的残余冲积物分布。基座阶地的特点是在阶地的斜坡上可以见到冲积层和基岩底座，即阶地由两种物质构成，上部为河流的冲积物，下部是基岩，反映河流下切深度超过了原来冲积层厚度，已切穿原来河流的谷底。堆积阶地，也叫冲积阶地，主要分布在河流中下游，尤其是平原河谷中较为常见，但山地河谷也可见到。堆积阶地的形成过程是，首先是河流侧向侵蚀，展宽谷底，同时形成较深厚的河流冲积层，塑造出宽广的河漫滩，然后河流强烈下切，形成阶地，但河流下切的深度一般不超过冲积层的厚度，

75

因此，阶地全部由河流冲积物构成。

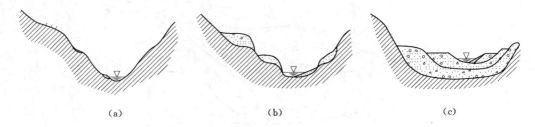

图 3 - 8　河流阶地类型
(a) 侵蚀阶地；(b) 基座阶地；(c) 堆积阶地

3.3.3　与河流地质作用有关的工程地质问题

在河流上兴建拦河工程、跨河桥渡，在河床埋设倒虹吸、输油管、电缆，在邻岸地带兴建道路、进行城镇建设等，必须考虑河流地质作用对工程建筑物安全和正常使用的影响；同时还需考虑因工程的兴建，特别是大型工程的兴建所导致的河流侵淤规律的变化，进而引起大范围内地质环境的变化对人类生活和生产活动所造成的不良后果。

1. 与河流侵蚀作用有关的工程地质问题

在天然河道上修建桥渡工程，墩台的存在使得河流过水断面减少，水的流向和流态复杂，流速在跨河段普遍增大，因而必然产生对桥墩、桥台底部地基的冲刷，这种冲刷主要来自于紊动漩涡的作用。当河床由松散冲积物组成，墩台基础砌置较浅，或未采用特殊的人工基础，在水流作用下墩台基础将失去稳定性，可能造成整座桥梁工程的倾斜破坏。设计墩台时必须对墩台基础砌置地段的冲刷作用进行研究，预测水流对地基的最大冲刷深度，基础应砌置在最大冲刷深度以下，保证墩台的稳定安全。水流最大冲刷深度的确定，是关系到桥渡工程安全稳定和经济合理的重要课题。桥渡工程地基最大冲刷深度为一般冲刷与局部冲刷之和。一般冲刷是由于墩台束窄水流过水断面所引起的桥下河床的普遍冲刷。局部冲刷是由于桥墩阻水使水流结构发生变化，一方面墩前两侧水流收缩使动能有所增加；另一方面冲击桥墩后动能转化为位能。由于垂线流速分布的不均匀性和压力分布的上小下大，大致在垂线最大流速点稍下的位置，形成一个分界面。界面以上水流向上壅起，形成墩前冲击壅高，并与上层水流构成表面逆时针漩流；界面以下水流转而下降，在河床附近形成横轴反向漩涡，并与底部纵向水流集合在一起，产生绕桥墩两侧、靠近河底流向下游的马蹄形漩涡，在这一漩涡的作用下，桥墩头部及其周围河床中的泥沙被冲刷带向下游，形成局部冲刷坑。随着冲刷坑的加深、加大，水流挟沙能力减弱，冲刷过程逐渐停止。

在河流上修建水库后，水库下游河段的来水、来沙条件与建库前相比发生了变化，引起河流平衡条件的破坏，导致下游河床的再造。为各种目的所建的水库多为常年蓄水，水库蓄水拦沙后，坝后所泄水流将使下游河床发生冲刷，这种冲刷所及的范围往往可以达到很长的距离，对沿岸城镇建筑和农田带来新的威胁。例如，丹江口水库自 1968 年蓄水后至 1972 年间冲刷已发展到距坝 465km 的仙桃市；美国科罗拉多河的派克坝，建成后的第二年，冲刷段就达到距坝 140km 处。坝顶溢流条件下的集中水流作用对坝后河床的冲刷及水工建筑物的影响尤为显著；湖南省潇水双牌水电站，其支墩坝坝基为泥盆系板岩、石英砂岩夹 4 条软弱夹层，自 1961 年蓄水以来，经坝顶溢流段多次溢洪，至 1968 年坝后冲刷坑深度远远超过原设计的预测值，已将坝基软弱夹层切断临空，严重影响大坝和渠道的安全稳定。经坝基锚索加固，渠道改为隧洞引水后方能保证正常运行。

处于向宽度发展时期的河流，如果河岸是由松软土层构成，在河曲的凹岸容易遭受冲刷，形成淘蚀现象。如果在凹岸一些地段出现近于直立的高陡边坡，而且在近洪水面附近出现有淘蚀洞穴，则此凹岸段可确定为淘蚀和冲刷地段。此时要进行实际观测，确定河岸淘蚀范围、河流平水位和高水位、河岸破坏和后退的速度，预测河岸淘蚀对邻近建筑物的威胁性。对河岸淘蚀破坏地段的防护措施可分为两类：一类是直接防护边岸不受冲蚀作用，如抛石、铺砌、混凝土块堆砌、混凝土板、护岸挡墙、岸坡绿化等；另一类是调节径流以改变水流方向、流速和流量，如兴建各类导流工程，如丁坝、横墙等。

2. 与河流沉积作用有关的工程地质问题

与河流沉积作用有关的工程地质问题以水库淤积较为典型，其影响也较深远。在河流上筑坝抬高水位，库区形成壅水，使得原来河流的侵蚀基准面抬升，水流入库过程中，水深和过水断面沿流程增大，流速降低，来自上游的泥沙在库区大量落淤，直接影响水库的效益和使用寿命。我国西北、华北地区很多河流泥沙含量很高，建坝后水库淤积速度十分惊人。例如，黄河上游青铜峡水库，1966～1977 年间总淤积量达 $4.85 \times 10^8 \text{m}^3$，占总库容的 78.2%。有的中、小型水库使用数年，甚至一场洪水即被淤满。此外，水库淤积还会改变上下游的环境，在航运、排涝治碱、工程安全和生态平衡等方面，造成一系列的不良影响。

天然河流中的淤积作用，对航运的影响最为严重。为保障正常运输，常常不得不耗费巨资进行航道疏浚和港池的清淤。对于规划待建的航运码头，必须在现场调查的基础上，运用河流侵淤规律，选择在侵淤平衡或侵蚀作用微弱的河段上建设码头港址，最好选择在曲率半径较大的凹岸河段上。

3. 河流地质作用与道路工程

道路工程与河流关系非常密切。道路跨过河流必须架桥，桥梁墩台基础、桥渡位置选择都应充分考虑河流地质作用的影响。道路沿河前进，线路在河谷横断面上所处位置的选择，河谷斜坡和河流阶地上道路路基的稳定，也都与河流地质作用密切相关。

对于桥渡，首先应当选择河流顺直地段过河，以避免在河曲处过河遭受侧蚀而危及一侧桥台安全；应尽量使桥梁中线与河流垂直，以免桥梁长度增大；墩台基础位置应当选择在强度足够、安全稳定的岩层上，对于那些岩性软弱的土层、地质构造不良地带不宜设置墩台；墩台位置确定之后，还必须准确地决定墩台基础的埋置深度，埋置深度太浅会由于河流冲刷河底使基础暴露甚至破坏，埋置过深将大大增加工程费用和工期。

对于沿河线路来说，一段线路位置的选择和路基在河谷横断面上位置的选择，从工程地质观点看，主要取决于边坡稳定和基底稳定两方面。线路沿狭谷行进，路基多置于高陡的河谷斜坡上，经常遇到崩塌、滑坡等边坡不良地质现象；线路沿宽谷或山谷盆地行进，路基多置于河流阶地或较缓的河谷斜坡上，经常遇到各种第四纪沉积层；线路在平原上行进，常把路基置于冲积层上，常见的病害是受河流冲刷或路基基底含有软弱土层等。

沿河线路在选线设计及施工过程中，首先必须经过认真、细致的调查勘探工作，查清该河流地质作用的历史、现状和发展趋势；然后根据工程要求对铁路各种建筑物的位置、结构构造及施工方法作出正确的决定，应该力求避开天然的或由于修筑线路而引起的各种崩塌、滑坡、泥石流、岩溶、软弱土层等不良地质条件；最后，当由于各种原因，局部线路不得不通过某些不良地质地区时，则应在详细调查研究的基础上提出切实可行的预防和整治措施。

3.4　地下水的地质作用

埋藏在地表以下土的孔隙、岩石的孔隙和裂隙中的水，称为地下水。地下水分布很广，与人们的生产、生活关系密切。在工程建设中，地下水常常起着重要作用。一方面，地下水是饮用水和工程用水的重要水源之一；另一方面，地下水活动又是威胁施工安全、造成工程病害的重要因素，它与土石相互作用，会使土体和岩体的强度和稳定性降低，产生各种不良的自然地质现象和工程地质现象，如滑坡、岩溶、潜蚀、地基沉陷、道路冻胀和翻浆等，给工程建筑造成危害；此外，如果地下水的化学成分中侵蚀性 CO_2 或 SO_4^{2-}、Cl^- 含量过多，地下水还会对混凝土产生侵蚀作用，使混凝土结构遭到破坏。工程上对地下水问题向来是很重视的，并常把与地下水有关的问题称为水文地质问题，把与地下水有关的地质条件称为水文地质条件。

3.4.1　水在岩土中的存在状态

水存在于地下岩土的孔隙、裂隙中，根据水与岩土颗粒间的相互关系，可以有以下几种状态：

（1）气态水。即水蒸气，它和空气一起充满在岩土的孔隙、裂隙中。岩土中的气态水可以由大气中的气态水进入地下形成，也可由地下液态水蒸发形成。气态水有极大的活动性，受气流或温度、湿度的影响，由蒸汽压力大的地方向蒸汽压力小的地方移动。在温度降低或湿度增大到足以使气态水凝结时，便变成液态水。

（2）吸着水（强结合水）。岩土中的气态水分子被分子引力吸附到岩土颗粒表面，形成吸着水。岩土颗粒表面具有分子引力，水分子是偶极分子，它们之间吸引力非常大，超过一万个大气压，比水分子所受重力大得多。因此，吸着水不同于一般液态水，它不受重力影响，一般情况下不能移动，只有在受热超过 $105\sim110℃$ 时，才能变为气态水离开颗粒表面。当被吸附在岩土颗粒表面的水分子逐渐增多成为包围颗粒的一层连续的水膜时，水膜厚度等于水分子的直径，吸着水量达到最大值，如图 3-9 所示。

（3）薄膜水（弱结合水）。当孔隙、裂隙中相对湿度较大时，岩土颗粒可以在吸着水膜以外吸附更多的水分子成为几个水分子直径到几百个水分子直径厚的水膜，称为薄膜水（图 3-9）。由于颗粒与水分子间的吸引力离颗粒表面越远越小，当两个颗粒的薄膜水接触后，薄膜水由水膜厚的地方向薄的地方缓慢地移动，直到薄膜厚度接近相等为止。薄膜水仍不能在重力作用下自由流动，也不能传递静水压力。

吸着水和薄膜水都属于分子水，它们在岩土中的含量取决于颗粒的比表面积。颗粒越

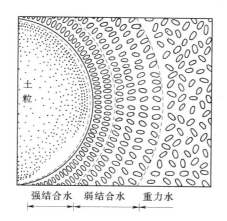

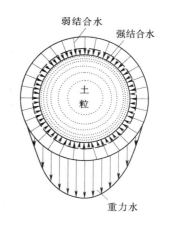

图 3-9 岩土中水的存在状态

细小，比表面积越大，吸着水和薄膜水含量也越多。例如，黏土所含吸着水和薄膜水可分别达 18% 和 45%，而砂土中吸着水和薄膜水含量分别为不到 0.5% 和 2%，对于具有裂隙和溶洞的坚硬岩石来说，所有吸着水和薄膜水都是微不足道的，没有实际意义。

（4）毛细水（非结合水）。存在于岩土毛细孔隙和毛细裂隙中的水，称为毛细水。毛细水同时受重力和毛细力的作用，毛细力大于重力时水就上升，反之则下降，毛细力与重力相等时毛细水的上升达到最大高度。毛细水上升速度及高度，取决于毛细孔隙的大小，而孔隙的大小与颗粒大小有密切关系。通常，在地下水面之上，若岩土中有毛细孔隙，则水沿毛细孔隙上升，在地下水面上形成一个毛细水带。毛细水受重力作用能垂直运动，可以传递静水压力，能被植物吸收，对于土的盐渍化、冻胀等有重大影响。

（5）重力水（非结合水）。当薄膜水厚度逐渐增大，颗粒与水分子间的引力越来越小，以致水分子不再受这种引力控制的时候，这些水分子形成液态水滴，在重力作用下向下移动（图 3-9），形成重力水。重力水在重力作用下可以在岩土孔隙、裂隙中自由流动，又称自由水。重力水是构成地下水的主要部分，通常所说地下水就指重力水。

（6）固态水。主要指岩土孔隙、裂隙中的冰。在我国华北、东北、西北某些地区，地下温度随季节不同有周期性的变化，当温度低于 0℃ 时，液态水变为固态冰；温度高于 0℃ 时，固态冰又变为液态水。在我国东北及某些高山、高原地区，地下温度终年处于 0℃ 以下，地下水也就终年以固态形式存在。

假设从地面向下打一口井，就会看到图 3-10 所示的情况。开始挖出的土看起来像干的，实际上土中已有气态水甚至吸着水和薄膜水存在了。继续向下挖，随着薄膜水逐渐增加，挖出的土逐渐潮湿，颜色加深，这种逐渐的变化直至见到地下水面

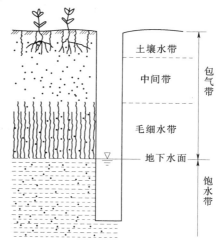

图 3-10 饱气带和饱水带分布

为止。如果在地下水面以上存在一个毛细水带，则上述逐渐变化在到达毛细水位时，能够有一个较明显的变化，在毛细带中挖土时，井壁、井底都不断有水渗出来。地下水面以下是自由流动的重力水，称为饱水带。地下水面以上直到地表统称为包气带，岩土孔隙、裂隙并没有完全被水充满，含有与大气圈相连的空气。

3.4.2　地下水的基本类型

为了对地下水进行深入研究，必须进行地下水的分类。根据研究目的不同，有许多不同的地下水分类方法。工程地质工作中采用的是地下水综合分类方案，该方案尽可能全面地考虑到影响地下水特征的各种因素，如表 3 - 2 所示。

表 3 - 2　　　　　　　　　　　　　　　地 下 水 综 合 分 类

含水层性质分类 埋藏条件分类	孔 隙 水 （疏松岩土孔隙中的水）	裂 隙 水 （坚硬岩石裂隙中的水）	岩 溶 水 （岩溶空洞中的水）
上层滞水	包气带中局部隔水层上的水、土壤水等	基岩风化壳中各种季节性存在的水	岩溶区垂直渗入带中的水
潜水	坡积、洪积、冲积、湖积物中的水，沙漠和滨海砂丘中的水等	基岩上部裂隙中的水或岩层层间裂隙中的无压水	裸露岩溶化岩层中的无压水
承压水 （自流水）	疏松岩土构成的自流盆地、自流斜地中的水	构造盆地和单斜基岩中的裂隙承压水，构造断裂带及不规则裂隙中的深部水	构造盆地和单斜岩溶化岩层中的承压水

3.4.2.1　按埋藏条件分类

按照埋藏条件的不同，地下水分为上层滞水、潜水、承压水 3 种，如图 3 - 11 所示。

1. 上层滞水

埋藏在地面以下包气带中的水，称上层滞水。上层滞水可分为非重力水和重力水两种，非重力水主要指吸着水、薄膜水和毛细水，又称为土壤水；重力水则指包气带中局部隔水层以上的水。上层滞水的特征是：分布于接近地表的包气带内，与大气圈关系密切，主要靠大气降水和地表水下渗补给，以蒸发或逐渐向下渗透到潜水中的方式排泄。季节性明显，雨季水量增加，干旱季节减少甚至重力上层滞水完全消失。由于上层滞水多位于距地表不深的地方，分布区与补给区一致。其分布范围和存在时间取决于隔水层的厚度和面积的大小。隔水层的厚度小、面积小，则上层滞水的分布范围较小，而且存在时间较短；相反，如果隔水层的厚度大、面积大，则上层滞水的分布范围较大，而且存在时间较长。

土壤水虽不能直接被人们取出应用，但对农作物和植物有重要作用；重力上层滞水分布面积小，水量也小，季节变化大，容易受到污染，只能用作小型或暂时性供水水源；从供水角度看意义不大，但从工程地质角度看，上层滞水常常是引起土质边坡滑塌、黄土路基沉陷、路基冻胀等病害的重要因素。

2. 潜水

埋藏在地面以下、第一个稳定隔水层以上的饱水带中的重力水称潜水（图 3 - 11）。

潜水分布极广，它主要埋藏在第四纪松散沉积物中，基岩的裂隙、空洞中也有分布。

潜水有一个无压的自由水面，称为潜水面，潜水面至地面的垂直距离称潜水埋藏深度（T），潜水面至下部隔水层顶面的垂直距离称含水层厚度或潜水层厚度（H_0），潜水面上任意一点的绝对标高称潜水位（H），潜水位＝地面绝对标高－潜水埋藏深度（图3-12）。当潜水面为一水平面时，潜水静止不流动，形成潜水湖。在一般情况下，潜水面是一个倾斜面，潜水在重力作用下，由潜水位高的地方流向潜水位较低之处，形成潜水流。通常，潜水面不是一个延伸很广的平面，从较大范围看，潜水面是一个有起有伏、有陡有缓的面。

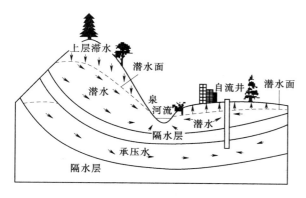

图3-11 地下水按埋藏条件分类

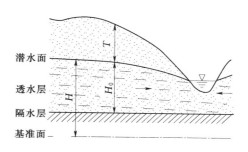

图3-12 潜水埋藏示意图

潜水面的形状可以用潜水等水位线图表示。潜水等水位线图就是潜水面的等高线图，其作图方法和地表地形等高线图作法相似，而且是在地形等高线图的基础上作出来的。由于潜水面是随时间而变化的，在编图时必须在同一时间或较短时间内对测区内潜水水位进行观测，把每个观测点的地面位置准确地绘制在地形图上，并标注该点所测得的潜水埋藏深度及算得的该点潜水水位标高，根据各测点的水位标高画出潜水等水位线图。可以把水井、泉等潜水出露点选作观测点，也可根据需要进行人工钻孔或挖试坑到潜水面，以保证测点有足够的数量和合理的分布。每张潜水等水位线图均应注明观测时间，不同时间可测得同一地区一系列等水位线图，表明该地区潜水面随时间变化的情况。

潜水等水位线图用途很多。例如，①确定任一点的潜水流向：潜水沿垂直等水位线方向由高水位流向低水位，如图3-13中箭头指向；②确定沿潜水流动方向上两点间水力坡度，即两点潜水位高度差与两点间水平距离之比，图3-13中A、B两点潜水位高度差为2m，除以两点间水平距离，即为两点间水力坡度，水力坡度大小直接影响到该两点间潜水的平均流速；③确定任一点潜水埋藏深度：某点地面标高减去该点潜水位即为此点潜水位埋藏深度，图3-13中A点的埋藏深度为2m；④确定潜水与地表水之间的补给关系，图3-13中河流流向的右侧岸坡潜水向河流排泄。

潜水的径流和排泄受含水岩土层性质、潜水面水力坡度、地形切割程度及气候条件的影响。岩土透水性好，潜水面水力坡度大，地面被沟谷切割得深，则潜水径流条件好。在山区和河流中、上游地区，潜水埋藏较深，通过补给河流或以泉的形式流出地表排泄，以水平排泄为主；在平原和河流下游地区，黏性土增多，透水性变差，潜水面平缓，水力坡

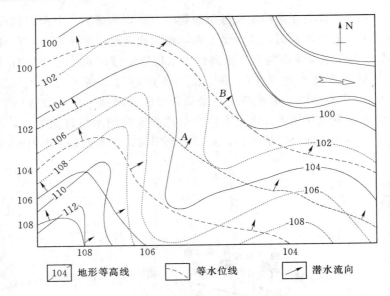

| 104 | 地形等高线 | - - - | 等水位线 | → | 潜水流向 |

图 3 - 13　潜水等水位线图

度减小，潜水埋藏较浅，主要通过潜水面上毛细带向上蒸发进入大气而排泄，以垂直排泄为主。气候条件的影响是明显的，在西北沙漠草原干旱气候区，潜水一般无径流，凝结补给，蒸发排泄；在西南、华南及沿海潮湿气候区，潜水径流条件好，下渗补给，水平排泄。

　　潜水的水质和水量是潜水的补给、径流和排泄方式的综合反映。补给来源丰富、径流条件好、以水平排泄为主的潜水，一般水量较大，水质较好；反之，水量小，水质差。在潜水埋藏浅的地区，若以蒸发排泄为主，随着水分的蒸发，水中所含盐分留在潜水及包气带岩土层内，使潜水矿化度增高，引起包气带土壤的盐渍化。除上述水质、水量的静态特征外，还应注意研究潜水水质、水量随时间的变化，即研究其动态特征。许多与潜水有关的工程病害，都是在显著的潜水动态变化之后不久发生的。

　　3. 承压水

　　埋藏并充满在两个稳定隔水层之间的地下水，是一种有压重力水，称承压水。上隔水层称承压水的顶板，下隔水层称底板。由于承压水承受压力，当由地面向下钻孔或挖井打穿顶板时，这种水能沿钻孔或井上升，若水压力较大时，甚至能喷出地表形成自流（图 3-11），因此也称自流水。

　　承压水主要分布在第四纪以前的较老岩层中，在某些第四纪沉积物岩性发生变化的地区也可能分布着承压水。承压水的形成和分布特征与当地地质构造有密切关系，最适宜形成承压水的地质构造有向斜构造和单斜构造两种。有承压水分布的向斜构造称为自流盆地（图 3 - 14），有承压水分布的单斜构造称为自流斜地，自流斜

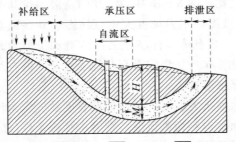

| ▨ | 隔水层 | ▦ | 含水层 | - - | 地下水位 | → | 地下水流向 |

图 3 - 14　自流盆地示意图

地可能由尖灭岩层形成，也可能由断层构造形成（图3-15）。

一个完整的自流盆地可分为补给区、承压区和排泄区3部分。补给区多处于地势较高地区，该区的地下水来自大气降水下渗或地表水补给潜水。承压区分布在自流盆地中央部分，该区含水层全部被隔水层覆盖，地下水充满含水层并具有一定压力。当钻孔打穿隔水层顶板后，水便沿钻孔上升，一直升到该钻孔所在位置的承压水位后稳定不再上升。承压水位到隔水层顶板间垂直距离，即承压水上升的最大高度，称为承压水头（H），隔水层顶板与底板间的垂直距离称含水层厚度（M）。承压水头的大小各处不同，通常隔水层顶板相对位置越低，承压水头越高。只有在地面高程低于承压水位的地方，地下水才具有喷出地面形成自流的压力，在其他地方，地下水的压力只能使其上升到承压水位的高度，而不能喷出地面。排泄区多分布在盆地边缘地势较低的地方，在这里承压水或补给潜水或补

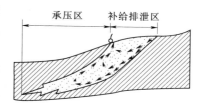

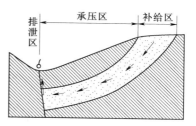

图3-15 自流斜地示意图

给地表水，也能以泉的形式出露于地表。承压水深处隔水层顶板之下，不易产生蒸发排泄。在自流盆地中，承压水的补给区、承压分布区及排泄区是不一致的。

构成自流盆地的含水层与隔水层可能各有许多层，因此，承压水也可能不止一层，每个含水层的承压水也都有它自己的承压水位面。各层承压水之间的关系主要取决于地形与地质构造间相互关系。当地形与地质构造一致，即都是盆地时，下层承压水水位高于上层承压水水位，若上下层承压水间被断层或裂隙连通，两层水就发生了水力联系，下层水向上补给上层水。

承压水的涌水量与含水层的分布范围、厚度、透水性及补给区和补给水源的大小等因素有关。含水层分布范围越广、厚度越大、透水性越好，补给区面积大、补给来源充足，涌水量就大。同时，由于承压水上有隔水顶板，基本上不受承压区地表气候、水文因素的影响，不易被污染，且径流途程较长，故水质较好。自流盆地分布范围一般可达数千平方千米，大的可达数十万平方千米。由于补给来源多、面积大，故承压水水量、水质均较稳定，其动态变化比潜水小。

3.4.2.2 按含水层性质分类

1. 孔隙水

在孔隙含水层中储存和运动的地下水称孔隙水。孔隙含水层多为松散沉积物，主要是第四纪沉积物，少数孔隙度较高、孔隙较大的基岩，如某些胶结程度不好的碎屑沉积岩，也能成为孔隙含水层。

根据孔隙含水层埋藏条件的不同，可以有孔隙—上层滞水，孔隙—潜水和孔隙—承压水3种基本类型，孔隙—潜水最为常见。就含水层性质来说，岩土的孔隙性对孔隙水影响最大。如果岩土颗粒粗大而均匀，孔隙较大、透水性好，这种孔隙水水量大、流速快、水质好。其次，岩土的成因和成分及颗粒的胶结情况对孔隙水也有较大影响。所以在研究孔隙水时，必须对含水层岩土的颗粒大小、形状、均匀程度、排列方式、胶结情况及岩土的

成因和岩性进行详细研究。

2. 裂隙水

在裂隙含水层中储存和运动的地下水称裂隙水。这种水的含水层主要由裂隙岩石构成，裂隙水运动状况主要与裂隙发育情况有关。岩石中的裂隙按成因有风化的、成岩的及构造的 3 大类，因而裂隙水就分为风化裂隙水、成岩裂隙水和构造裂隙水 3 种基本类型。

（1）风化裂隙沿地表分布广泛、无一定方向、密集而均匀、延伸不远、互相连通、发育程度随深度而减弱，一般深 20～50m，最大可达 100 多米。因此风化裂隙水常埋藏于地表浅处，含水层厚度不大，水平方向透水性均匀，垂直方向随深度增大而减弱，逐渐过渡到不透水的未风化岩石。风化裂隙水多为裂隙—潜水型，少量的为裂隙—上层滞水型和裂隙—承压水型。风化裂隙水多靠大气降水补给，有明显的季节性。一般说来，由于山区地形起伏大，沟谷发育，径流和排泄条件好，不利于风化裂隙水的储存，所以除了雨季短时期外，水量不大。

（2）成岩裂隙是在岩石形成过程中由于冷凝、固结、干缩而形成的，如玄武岩中的柱状节理、页岩中的某些干缩节理等。成岩裂隙的特点是：垂直岩层层面分布，延伸不远，不切层，在同一层中发育均匀，彼此连通。因此，成岩裂隙水多具层状分布特点，当富含成岩裂隙的岩层出露地表，接受大气降水或地表水补给时，则形成裂隙—潜水型地下水；当富含成岩裂隙的岩层被隔水层覆盖时，则形成裂隙—承压水类型地下水。由于同一岩体中，同层位岩层的成岩裂隙发育程度不同，因此成岩裂隙水的分布范围不一定和岩体的分布范围完全一致，成岩裂隙水的分布特点、水量大小及水质好坏主要取决于成岩裂隙的发育程度、岩石性质和补给条件。

（3）地壳构造运动在岩石中形成的各种断层和节理统称构造裂隙。构造裂隙多具一定的方向性，沿某一方向很发育，延伸很远；沿另一方向可能很不发育。构造裂隙水有下述 3 种分布特征：

1）脉状分布。多存在于坚硬岩石张开裂隙中，其特点是裂隙分布不均匀，连通性差，所含脉状构造裂隙水各有自己独立的补、径、排系统，而不能形成统一的水位。水量较小，有的是潜水型，有的是承压水型。

2）带状分布。多分布于断裂破碎带中，一般受大气降水及地表水补给，在一定范围内有统一的补给源及排泄通道，水量大、延伸远、水位一致。由于断裂破碎带均有一定的倾斜角度，故地表浅处为潜水型，地下深处则为承压水型。带状构造裂隙水的特征主要取决于断裂破碎带的性质、宽度、长度、充填物及两盘的岩性情况。

3）层状分布。主要分布在软硬互层的坚硬岩石中。因为构造运动常使软岩变形而不破裂，而使硬岩形成构造裂隙。例如，砂、页岩互层地带，常在砂岩中形成层状构造裂隙水，而页岩成为隔水层，故这种地下水多属裂隙—承压水型。水量、水质取决于坚硬岩石中裂隙发育程度、岩石性质及埋藏条件。

综上所述，裂隙水的分布、补给、径流、排泄、水量及水质特征受裂隙的成因、性质及发育程度的控制，只有很好地研究裂隙的发生、发展规律，才能更好地掌握裂隙水的规律。

3. 岩溶水

埋藏在可溶岩裂隙、溶洞及暗河中的地下水，称岩溶水。

3.4.3 地下水的地质作用

地下水的地质作用包括剥蚀、搬运和沉积 3 个方面，其中剥蚀作用和搬运作用对地表附近的岩石具有强烈的破坏作用，因而是一种非常重要的外动力地质作用。

1. 地下水的剥蚀作用

地下水在运动过程中对周围岩石的剥蚀作用一般称为地下水的潜蚀作用，分为机械潜蚀和化学潜蚀两种方式。地下水的机械剥蚀能力很小，在非可溶性岩石中的裂隙中作渗透性流动时，地下水流体一般分散，流速缓慢，冲刷力微弱，只能冲刷细小的颗粒，使岩石的空隙逐步扩大。在可溶性岩石中，规模较大的洞穴和裂隙中的地下水流速较快，冲刷力较强；当地下溶洞系统连通形成地下河流后，其机械剥蚀作用与河流相同。黄土最易被地下水冲刷破坏，因为它主要由粉砂组成，颗粒细小而且松散，同时，黄土含有较多碳酸盐类矿物，易被地下水溶解，疏松的钙质砂岩也容易受冲刷破坏。长时间的机械潜蚀也可造成大型空洞并引起地表塌陷。

化学潜蚀作用是地下水主要的剥蚀方式，又称岩溶作用。常见的岩溶作用是富含 CO_2 的地下水与碳酸盐岩类岩石反应，其反应式如下：$CaCO_3 + CO_2 + H_2O = Ca^{2+} + 2HCO_3^-$，分解而成的钙离子和碳酸氢根离子随水带走。可溶性岩石分布区在地下水的作用下，形成的独特地形称岩溶地形或称喀斯特地形，这部分内容将在下一节作专门论述。

2. 地下水的搬运作用

地下水的搬运作用有机械搬运和化学搬运两种方式。在大多数情况下，地下水流量小、流速缓慢，机械搬运能力弱，以化学搬运为主；只有在特殊情况下，如溶洞中的地下河中有较大水量时，机械搬运能力较大，搬运特点与河流相似。地下水的化学搬运包括真溶液及胶体溶液两种形式。搬运物以重碳酸盐为主，有时氧化物、硫酸盐、氢氧化物、二氧化硅、磷酸盐、氧化锰及氧化铁等也很重要。地下水搬运的成分和数量，取决于渗流区岩石性质和风化程度。地下水的搬运能力，与水温、压力、运移速度、pH 值及 CO_2 含量有关。一般说来，温度高、压力大、流速快、CO_2 和酸类物质含量高时，其搬运能力强；反之，则较弱。

3. 地下水的沉积作用

地下水的沉积作用包括机械沉积和化学沉积两种方式，以化学沉积作用为主。机械沉积作用主要包括经短距离搬运后地下水中的溶蚀残余堆积物在洞穴低洼处的沉积及溶洞坍塌与地下河带来的碎屑物构成的溶洞角砾沉积。化学沉积作用指地下水中所溶解的物质因压力、水分蒸发、CO_2 逸出等原因，离子过饱和而结晶沉积。常见的化学沉积物有以下几类：

（1）溶洞沉积。富含 $Ca(HCO_3)_2$ 的地下水，沿着孔隙、裂隙渗入空旷的溶洞，由于温度、压力改变，CO_2 逸出，加之蒸发作用加强，沉淀出 $CaCO_3$。水自洞顶下滴，边滴边沉淀，可形成自洞顶向下垂直生长的石钟乳。石钟乳横切面呈同心环带构造，核心常是空的。渗出水滴落洞底后，$CaCO_3$ 就在洞底沉淀并向上生长形成石笋。石笋的形态一般为岩锥状、塔状，横切面具有同心环带构造，是实心的。石钟乳与石笋长大后连成一体，称为石柱。石钟乳、石笋、石柱合称为钟乳石。此外，如地下水沿着洞壁裂隙成层状渗出，能沉积成石帘、石帷幕、石瀑布和石幔等。

（2）温泉沉积。发生在温泉出口处，沉积物疏松多孔，称为泉华，钙质的称为钙华或石灰华，硅质的称为硅华。

（3）空隙和裂隙沉积物。如方解石脉、石英脉等。

（4）置换沉积。地下水中所含的矿物质可逐渐与生物体内的有机质进行置换，如硅化木的形成。

3.4.4　与地下水有关的工程地质问题

与地下水有关的工程地质问题主要是渗透变形及地下水对混凝土的侵蚀，渗透变形又可以划分为潜蚀和流土两种基本形式。

3.4.4.1　渗透变形的基本形式

1. 潜蚀

在渗流作用下单个土颗粒发生独立移动的现象，称为潜蚀。潜蚀较普遍地发生在不均匀的砂层或砂卵（砾）石层中，细粒物质从粗粒骨架孔隙中被渗流携走，使土层的孔隙和孔隙度增大，强度降低，发展下去会呈现"架空结构"，甚至造成地面塌陷。

潜蚀包括机械潜蚀和化学潜蚀两种。机械潜蚀指渗流的机械冲刷力把细小的土颗粒携走，而较大颗粒仍留在原处。当土中含有可溶盐类的颗粒或胶结物时，水流溶蚀了它们，使土的结构变松，孔隙度增大，水流的渗透能力加强，这就是化学潜蚀。它与一般的岩溶不同，因为在渗透变形中机械冲刷是主要的，化学溶蚀是从属的，为机械潜蚀的加强创造条件。

潜蚀在自然条件下和工程活动中均会发生。人们习惯地将工程活动中发生的潜蚀称为管涌。根据渗透方向与重力方向的关系，可将管涌分为垂直管涌和水平管涌两种。坝后地下水溢出段的翻砂现象即是垂直管涌，而水平管涌则发生在坝基底下。当粗、细颗粒土层互相叠置时，在它们接触面上的渗流作用下所发生的管涌，称为接触管涌。

2. 流土

在渗流作用下一定体积的土体同时发生移动的现象，称流土或流沙。流土一般发生在均质砂土层或粉土中。流土的危害性较管涌大，它可使土体完全丧失强度。这种现象一般在工程场地中发生，如在饱水粉、细砂土和粉土中开挖基坑或地下巷道掘进时发生的涌沙现象就是典型的流土。潜蚀和流土是可以转化的，潜蚀的发展、演化往往可以转化为流土。

3.4.4.2　渗透变形防治措施

渗透变形的防治，通常采用 3 个方面措施，即改变渗流的动力条件、保护渗流出口和改善土石性质，可根据工程类别和具体地质条件选择。下面介绍几类工程的渗透变形防治措施。

（1）建筑物基坑及地下巷道施工时流沙的防治措施。建筑物基坑主要采取人工降低潜水位的办法，使潜水位低于基坑底板。这种措施既防治了流沙又免除地下水涌入基坑。也可采用板桩防护墙施工。水平巷道、竖井开挖遇流沙时，可采用特殊的施工方法，如水平巷道可采用盾构法施工，竖井可采用沉井式支护掘进。也有采用冻结法或电动硅化法等改善砂土性质的办法，使施工顺利进行。

（2）汲水井防止管涌的措施。主要措施是在过滤管与井壁间隙内充填反滤料，以保护渗流出口。反滤料的粒径选择，必须要考虑到被保护含水层中管涌颗粒的大小，使细颗粒不能通过反滤料的孔隙为原则，又能顺畅排泄水流。此外，过滤管外若缠绕丝网的话，要选择合适的网眼直径。

（3）土石坝防治渗透变形的措施。兴建于松散岩土体上的土石坝，防治渗透变形的主要措施有垂直截渗、水平铺盖、排水减压和反滤盖重 4 项。垂直截渗常用的方法有黏土截水槽、灌浆帷幕和混凝土防渗墙等，黏土截水槽常用于透水性很强、抗管涌能力差的砂、卵石坝基，灌浆帷幕适用于大多数松散土体坝基。它们必须与坝体的防渗结构搭接在一起，并做到下伏隔水层中，形成一个封闭系统；当隔水层埋深较浅、厚度较大，且完整性较好时，这种措施的效果较佳。当透水层很厚，垂直截渗措施难以奏效时，常采用水平铺盖法，其措施是在坝上游铺设黏性土铺盖，该黏性土的渗透系数应较下伏坝基小 $2 \sim 3$ 个数量级，并与坝体的防渗斜墙搭接。水平铺盖措施只是加长渗径而减小水力梯度，它不能完全截断渗流，应注意铺盖被库水水头击穿而失效。在坝后的坝脚附近设置排水沟和减压井，可以吸收渗流和减小溢出段的实际水力梯度。排水减压方法应根据地层结构选择不同的形式，如果坝基为单一透水结构或透水层上覆黏性土较薄的双层结构，则单独设置排水沟，使之与透水层连通，即可有效地降低实际水力梯度；如果双层结构的上层黏性土厚度较大，则应采用排水沟与减压井相结合的方法；在不影响坝坡稳定的条件下，减压井位置应尽量靠近坝脚，并且要平行于坝轴线方向布置。反滤层是保护渗流出口的有效措施，它既可以保证排水通畅，降低溢出梯度，又起到盖重的作用。典型的反滤层结构中，分层铺设 3 层粒径不同的砂砾石层，层界面与渗流方向正交，粒径由细到粗。专门的盖重措施，是在坝后用土或碎石填压，增加荷重，以防止被保护层浮动。

3.4.4.3 地下水对混凝土的侵蚀

由于地下水是一种含有多种化学元素的水溶液，土木工程的建筑物基础、隧道衬砌和挡土构筑物等混凝土结构物又不可避免地要长期与地下水接触，它们之间的某些物质成分必然会发生化学反应。地下水的对混凝土的侵蚀指地下水中的一些化学成分与混凝土结构物中的某些化学物质发生化学反应，在混凝土内形成新的化合物，使混凝土体积膨胀、开裂破坏，或者溶解混凝土中的某些物质，使其结构破坏、强度降低的现象。常见的地下水侵蚀作用有以下几种：

（1）氧化侵蚀。混凝土结构物中多含有钢筋等铁金属材料，当地下水中含有较多氧气时，就会对结构物中的钢筋一类铁金属材料构成腐蚀。

$$4Fe + 3O_2 = 2Fe_2O_3$$
$$Fe_2O_3 + 3H_2O = 2Fe(OH)_3 （胶体状态）$$

（2）酸性侵蚀。当地下水呈酸性时，氢离子会对混凝土表面的碳酸钙硬层产生溶蚀。

$$CaCO_3 + H^+ = Ca^{2+} + HCO_3^-$$

（3）碳酸类侵蚀。当水中富含 CO_2 时，会对混凝土中的氢氧化钙产生溶蚀。

$$Ca(OH)_2 + CO_2 = CaCO_3 + H_2O, CaCO_3 + H_2O + CO_2 = Ca^{2+} + 2HCO_3^-$$

（4）硫酸类侵蚀。当地下水中含有较多的硫酸根离子时，会与混凝土中的氢氧化钙反应生成石膏，进一步生成石膏和水的结晶体，使混凝土的体积明显增大，不仅降低了混凝土的强度，严重时还会造成混凝土的开裂破坏。

（5）镁盐侵蚀。富含 $MgCl_2$ 的地下水与混凝土接触时会和混凝土中的 $Ca(OH)_2$ 发生反应，生成 $Mg(OH)_2$ 和溶于水的 $CaCl_2$，使混凝土中的钙质流失，结构破坏，强度降低。

应当指出，上述几种地下水的侵蚀类型只是最基本的几种情况，实际的侵蚀过程要复杂得多，常常是几种侵蚀作用同时存在，最终极大地削弱了混凝土的强度和完好性。对于地下水侵蚀严重的施工地段，在加强混凝土自身耐腐蚀能力的同时，可以通过采用堵、排、截相结合的方法，实行防、排水，以达到使得地下水对混凝土不构成侵蚀的目的。

3.5　岩　溶

在石灰岩大面积出露的地区，常以奇特而壮丽的山水风光而闻名，这种奇丽的山川地貌是由特殊的地质作用——岩溶作用造成的。岩溶作用指地表水和地下水对地表及地下可溶性岩石（碳酸盐岩类、石膏及卤素岩类等）所进行的以化学溶解作用为主、机械侵蚀作用为辅的溶蚀作用以及与之相伴生的堆积作用的总称。在岩溶作用下所产生的地形和沉积物称岩溶地貌和岩溶堆积物，在岩溶作用地区所产生的特殊地质、地貌和水文特征称为岩溶现象。岩溶即岩溶作用及其所产生的一切岩溶现象的总称。

岩溶原称喀斯特（Karst），喀斯特是南斯拉夫西北部一处灰岩高原的地名，那里岩溶发育，在 19 世纪末，南斯拉夫学者司威治（J. CviJic）以此代表"水对可溶岩进行的一种特殊地质作用、过程及其结果"的专用词。长期以来，在我国的科学文献上也曾使用这一译名，1966 年 2 月，在我国第二次喀斯特会议上，决定将"喀斯特"术语改为"岩溶"。

发育在碳酸盐类岩石以及岩盐、石膏等可溶性岩石中的岩溶称真岩溶。由可溶性物质胶结的碎屑岩，由于水对胶结成分的溶蚀作用而造成的类似"岩溶"现象，称为碎屑岩岩溶；黄土中的钙质成分被溶走而产生的类似岩溶现象，称黄土岩溶（潜蚀）；在冰冻地带，对于冰层及冻土层的不均匀融化而形成的类似"岩溶"现象，称为热力岩溶；它们又统称为假岩溶。

碳酸盐类岩石在我国出露面积约 125 万 km^2，占全国面积的 14%。岩溶区地表径流少，缺水问题严重，但地下水源极为丰富，一旦开发可以发电，而经常降雨又常造成内涝。岩溶区地下孔洞发育，可以作为冷藏仓库、地下厂房之用；岩洞中又常储藏矿产和保存有科学价值的早期人类化石及哺乳类动物化石；但在修建水库、开凿隧道、采矿及兴建大型工程建筑时，必须解决渗漏、塌陷、涌水等问题。因此岩溶研究具有十分重要的意义。

3.5.1　岩溶作用的形成条件与影响因素

1. 形成条件

岩溶作用是在岩石和水的相互矛盾斗争中进行的。岩石是产生岩溶的物质基础，必须具有可溶性和透水性；水是必不可少的外部动力，必须具有溶蚀性及流动性。

岩石的可溶性取决于岩石的岩性成分和结构。按岩性成分,根据在纯水中的相对溶解度,可溶岩可划分为易溶的卤素盐类(如岩盐、钾盐)、中等溶解度的硫酸盐类(如石膏、硬石膏和芒硝)、难溶的碳酸盐岩类(如石灰岩、白云岩)等。卤素盐类及硫酸盐类虽易溶解,但分布面积有限,对岩溶的影响远不如分布较广的碳酸盐类岩石。因此在岩溶研究中,着重于对碳酸盐类岩石的研究。在岩溶地质调查中,不仅要注意研究碳酸盐类岩石的矿物成分,而且要详细分析其化学成分,它们对岩石的溶解度及岩溶化程度起着很大的作用。碳酸盐类岩石中的 CaO/MgO 比值增加时,相对溶解度也增加。岩石的组织结构对岩石孔隙度影响很大,一般来说,原生碳酸盐类岩石的孔隙度比变质的碳酸盐类岩石孔隙度大(前者的孔隙度有时可达 $40\%\sim70\%$,后者仅 $5\%\sim16\%$)。另外,岩石结晶粒度大小不同。孔隙度也不相同,粗晶及中晶结构的岩石孔隙度大,易溶解;细晶结构的岩石孔隙度小,又易受非溶性矿物颗粒的包围,不易溶解,即使溶解后,也易被不溶物质充填而影响溶解度和岩溶化程度。

岩石的透水性主要取决于岩石的孔隙度及裂隙度,岩石的孔隙度与岩石的结构关系密切,研究岩石的裂隙度比孔隙度意义更大。风化裂隙一般只影响地表岩溶的发育;而构造裂隙是水流透入可溶岩的主要通道,尤其是在坚厚的岩层中,具有张性的构造裂隙时,岩溶较易发育,而软弱岩层或压性裂隙的岩层裂隙呈封闭状,透水性弱,岩溶不易发育。因此在褶皱、断裂构造发育的厚层石灰岩地区,岩溶比较发育。

水的溶蚀能力主要取决于水溶液的成分。石灰岩溶蚀形成重碳酸钙,它呈 Ca^{2+} 和 HCO_3^- 形式溶于水中。上述化学反应是可逆的,正反应的速度取决于水中 CO_2 的浓度,水中游离 CO_2 的含量越多,水的溶蚀能力越大。水中 CO_2 的含量受空气中 CO_2 含量的影响,在具有自由表面的情况下,当水中 CO_2 浓度小于空气中 CO_2 的浓度时,则吸收空气中的 CO_2,并对碳酸钙进行溶解,直到水中碳酸钙和 CO_2 又达到平衡;如果水中 CO_2 浓度过大,则水中 CO_2 进入空气,析出碳酸钙沉积。

水的溶蚀能力与水的流动性关系甚大,静止的水不能充分补充 CO_2,也不能广泛与岩石接触,其溶解能力是有限度的。水在流动中通过水量、水温、气压的变化有可能变饱和溶液为不饱和溶液,使由于饱含 $CaCO_3$ 丧失溶蚀能力的水溶液重新获得溶蚀能力。

2. 影响因素

除上述基本条件外,还有很多因素影响岩溶发育,如地层(包括地层的组合、厚度)、构造(包括地层产状、大地构造、地质构造等)、地理因素(包括气候、覆盖层、植被及地形等),其中气候因素对岩溶影响最为明显。

我国南方岩溶比北方发育,说明气候因素起着很大作用。根据对一些地区的可溶岩溶蚀量的计算可得到证明:降水量越大,气温越高,溶蚀量越大,岩溶也越发育。另外,在湿热气候带,植被茂密土壤中由生物化学作用产生的 CO_2 及有机酸增加,也增强水的溶蚀能力,而岩石的易于风化也有利于被溶蚀。

根据地层组合特征,碳酸盐岩地层可粗略地分为:由比较单一的各类碳酸盐岩层所组成的均匀状地层(其中所夹非碳酸盐岩层厚度小于总厚度的 10%);由碳酸盐岩层与非碳酸盐岩层(或成分不同的另一类碳酸盐岩)相间组成的互层状地层;以非碳酸盐类为主,间夹有碳酸盐类岩层的间层状地层。不同的组合特征构成不同的水文地质断面,同时也控制了岩溶的空间分布格局。在均匀状地层分布区，岩溶成片分布，且发育良好，如广西的阳新统、马平统地层分布区；在互层状地层分布区，岩溶成带状分布，如贵州北部。而间层状地层分布区岩溶只零星分布，如广东西北部。岩溶研究中，对区岩层组合进行划分时，常把厚度因素包括进去，如分巨厚层（大于 1m）、厚层（0.5～1m）的碳酸盐类地层（均匀状）及薄层的碳酸盐类地层等。在巨厚层及厚层碳酸盐类岩层中，一般含不溶物较少、结晶颗粒较大，因此溶解度值较大；而薄层碳酸盐类地层则相反。

　　构造因素控制岩层的分布，决定地下水的循环运动特征，对岩溶的发育影响甚大。岩层产状控制地下水的流态，对岩溶的发育程度及方向有影响。例如，水平岩层中岩溶多水平发展，直立地层区岩溶可发育很深，而在倾斜地层中，由于水的运动扩展面大，最有利于岩溶发育。地台区岩性稳定，岩相厚度变化不大，数百米厚的碳酸盐类岩层常大片出露，为岩溶发育提供了基本条件；而地槽区由于褶皱紧密，在岩性不均一的情况下，不利岩溶广泛发育。我国岩溶就主要分布在华南及华北地台区。岩溶发育与地质构造关系更为紧密，很多典型岩溶区均受构造体系控制。断裂及褶皱构造均有利于岩溶发育，尤其是断裂构造发育地区，沿断裂破碎带岩溶发育较为强烈。断层的规模、性质、走向，断裂带的破碎及填实状态，都和岩溶发育密切相关。褶皱构造对岩溶发育的影响，一是控制水流的循环动态；二是由于褶皱区的裂隙发育特点的影响。

3.5.2　岩溶地貌

　　可溶性岩层在岩溶作用下，会形成一系列独特地貌，根据出露情况，分为地表岩溶地貌及地下岩溶地貌两大类。主要的岩溶地貌形态如下：

　　溶沟是灰岩表面上的一些沟槽状凹地，是地表水流（主要是片流和暂时性沟状水流）顺坡地沿节理裂隙长期进行溶蚀作用的结果。沟槽宽深不一，形态各异，在溶沟间突起的石脊称石芽。石芽与溶沟一般分布在岩溶地形的边坡上，其高度、深度一般不超过几米。成片出现的石芽溶沟区称溶沟原野。石芽与溶沟有完全裸露的，也有为松散盖层覆盖的埋藏石芽。埋藏石芽有的是石芽形成之后被覆盖的，但在热带土壤层之下地下水溶蚀作用极强，在覆盖层之下也可形成埋藏石芽。

　　在岩溶强烈发育区，地表经常出现的一种漏斗状凹地，其平面形态呈圆或椭圆状，直径数米至数十米。深度数米至十余米，称为岩溶漏斗。漏斗壁因塌陷呈陡坎状，在堆积有碎屑石块及残余红土的漏斗底部常发育有垂直裂隙或溶蚀孔道，孔道与暗河相通，当孔道堵塞时，漏斗内就积水成湖。岩溶漏斗的形成过程，首先是地表水流沿垂直裂隙向下渗漏时使裂隙不断扩大，在地面较浅处形成隐伏的孔洞；随着孔洞的扩大，上部土体逐步崩落，开始在地面出现环形的裂开面；最后陷落成漏斗。岩溶漏斗常成串分布，其下往往与暗河有一定的联系，因此它是判明暗河走向的重要标志。人为因素如人工蓄水、人工抽降地下水、开挖隧洞及兴建大型建筑物时，也可造成地面塌陷形成漏斗。广东曲塘矿区在疏干排水过程中，沿矿坑主要流水方向形成了近 600 个塌陷漏斗，对矿坑的稳定威胁很大。

　　落水洞与漏斗表面形态相似，是地表与地下岩溶地貌的过渡类型。其表面很少有碎屑堆积，底部的裂隙深度很大，有的可深达 100～200m，成为地表通向地下河、地下溶洞或地下水面的孔道。它形成于地下水垂直循环极为流畅的地区，是流水沿垂直裂隙进行溶蚀、冲蚀并伴随部分崩塌作用的产物。根据形状特点，有裂隙状落水洞、井状落水洞、锥状落水洞及袋状落水洞等类型。它们既可直接表现于地表面，也可套置于岩溶漏斗的底部。落水洞常沿构造线或岩层展布方向呈线状或带状分布，是判明暗河方向的一种标志。其中，井状落水洞在发育过程中如果崩塌作用显著，井壁极为陡直，宽度也较大，则成"竖井"，有时从竖井中直接可以看到暗河水面。

　　干谷是岩溶区的特有景观。岩溶地区发育的古河谷，当地壳上升时，地表河流不是随之下切，而是沿着后期在谷底上发育的岩溶孔道（漏斗、落水洞等）将水吸干，谷底干涸遂形成干谷。有些干谷在暴雨季节尚排泄部分洪水，则称半干谷。干谷的形成也可以由于河流发生地下裁弯取直现象，使原来的地表弯曲河段变为干谷。在干谷地段常保留昔日河流冲积物的残余。

　　峰丛、峰林、孤峰及溶丘又可总称为峰林地形，它们是岩溶地区的主要正地形，都是高温多雨的湿热气候条件下长期岩溶作用的产物。其成因复杂，是岩性纯、厚度大、产状平缓、分布广的碳酸盐岩地区地表流水的侵蚀、地表水及地下水的溶蚀，以及沿节理裂隙所进行的机械崩塌等综合作用的结果。峰丛、峰林、孤峰和溶丘形态不一，分别代表了一定的发展演化阶段。峰丛多分布于碳酸盐岩山区的中部，或靠近高原、山地的边缘部分。峰丛顶部为尖锐的或圆锥状的山峰，而基部相连成簇状。在峰林地形中代表发育较早阶段的地形，但也有人认为它是峰林、洼地地形形成之后，地壳上升，岩溶进一步发展改变而成。广西西部、西北部以及靠近云南、贵州高原的边缘部分都发育了峰丛。峰林又称石林，由石峰林立而得名。常与洼地、干谷地形组合出现，典型发育区如云南路南、广西桂林、阳朔一带。石峰排列受构造控制，形态上也受岩性构造影响。褶皱轴部岩层倾角小，峰林多呈圆柱形或锥形，边缘倾斜地层则形成单面山形。孤峰为峰林的进一步发展，呈分散的孤立山峰，分布于岩溶平原之上，高度在 $50\sim100m$，一般低于峰林，为地表岩溶发展的晚期产物。溶丘为峰林与孤峰地形经后期溶蚀—剥蚀作用发展而成。呈平缓丘陵状。

　　溶蚀洼地及坡立谷是岩溶地区的负地形。溶蚀洼地在峰丛或峰林之间呈封闭或半封闭状。平面形态为圆形或椭圆形，长轴常沿构造线而发育，面积约数至数十平方公里。洼地底部呈现凹形，有时因漏斗及落水洞的分布而略有不平，表层堆积有厚度不等的残余红土及水流冲刷来的红土堆积。溶蚀洼地与峰林地形同步形成，开始在峰丛之间可能形成一些由岩溶漏斗、落水洞集中的小凹地；而后小凹地水流集中，使地表及地下的岩溶作用均强烈发展。漏斗、落水洞逐步扩大，遂形成溶蚀洼地。地壳相对稳定时期越长，溶蚀洼地面积越大，在地壳间歇上升区，可以形成不同标高的溶蚀洼地，或在溶蚀洼地之中形成类似"谷中谷"现象。"坡立谷"一词来源于南斯拉夫，意即平原，又称溶蚀平原。它由溶蚀洼地进一步发育而成。代表岩溶发育的后期阶段，多在热带气候条件下形成。

　　溶洞为地下岩溶地貌的主要形态，是地下水流沿可溶性岩层的各种构造面（如层面、断裂面、节理裂隙面）进行溶蚀及侵蚀作用所形成的地下洞穴。在形成初期，岩溶作用以溶蚀为主，随着孔洞的扩大、水流作用的加强，机械侵蚀作用也起很大作用，沿溶洞壁时常可见石窝、水痕等侵蚀痕迹。在构造裂隙交叉点，溶蚀及侵蚀作用更易于进行，并时常产生崩塌作用，因此在这里往往形成高大的厅堂。洞穴中存在着溶蚀残余堆积，石钟乳、石笋冲积物及崩塌物等多种类型沉积是上述各种作用存在的证据。洞穴形成后，由于地壳上升运动，可以被抬至不同的高度，而脱离地下水面。溶洞的大小形态多种多样，在地下水垂直循环带上可形成裂隙状溶洞。但大部分溶洞形成于地下水流的季节变化带及全饱和带，尤其在地下水潜水面上下十分发育，形态又受岩性构造控制，有袋状、扁平状、穿状、锥状、倾斜状及阶梯状等。在平面上溶洞形态也受岩性构造控制而十分曲折，如著名的七星岩。

伏流与暗河通称为"地下河系"，是岩溶地区的重要水源。地面河潜入地下之后称伏流。它常常形成于地壳上升、河流下切、河床纵向坡降较大的地方，在深切峡谷两岸及深切河谷的上游部分伏流经常发生。例如，嘉陵江观音峡左岸的学堂堡没水洞伏流，伏流长仅 1.3km，而进出口落差达 100m 左右。在云贵高原这类地貌尤为突出，如乌江两岸很多伏流，进出口距仅 3～4km，而落差达 250～300m，由于坡降大、侵蚀力强，有时甚至能穿透石灰岩中的非可溶性岩石而继续延伸。暗河是由地下水汇集而成的地下河道，它具有一定范围的地下汇水流域，因此，暗河虽有出口，而无入口。高温多雨的热带及亚热带气候最有利于暗河的形成。著名的广西地苏地下河系，洪水期最大流量达 $390\text{m}^3/\text{s}$，其主流通道与地表负地形并不一致，而直穿近代岩溶作用强烈发育的峰丛洼地山区。地下河系明显地沿构造破裂面发育，沿背斜轴的张性裂隙带常发育线状暗河；沿窄向斜轴部，因受横张裂隙的影响，地下河系在轴部两侧时常摆动形成齿状暗河；沿宽向斜则发育一条或多条暗河，主干、支干均顺张性、低序次的压扭性断裂或层面发育，因而形成树枝状暗河；如果沿一组扭张性和一组扭压性裂隙或两组扭性（棋盘格式）裂隙发育，则形成网格状暗河。

在华北地区，岩溶区的地下径流很少呈地下河形态，而是形成丰富的岩溶裂隙水，在山麓边缘及河谷深切部分，以岩溶泉群的形式溢出。著名的娘子关泉群，在桃河和温河汇流处主要由 11 个泉组成，总涌水量达 $10～16\text{m}^3/\text{s}$，为区域裂隙岩溶水的排泄中心。

岩溶湖分地表岩溶湖及地下岩溶湖两种类型。地表岩溶湖又有长期性湖泊及暂时性湖泊两种，前者形成于岩溶发育晚期，在溶蚀平原上处于经常性稳定水位以下，终年积水；后者形成于溶蚀洼地上，由于黏土质淤塞而成，或者是岩溶泉水充溢于漏斗凹地中而成，在岩溶进一步发展穿透湖底时，水就全部漏走。地下岩溶湖见于较大的溶洞中，这种溶洞主要是处于经常性稳定水位以下。在充气带由上层滞水潴留而成的湖泊少见，规模也很小。

溶隙及溶孔主要发育在虹吸管式循环亚带及深循环带，形态呈细缝状及蜂窝状，其直径从数毫米到数厘米，也有较大的，似小溶洞。这些孔洞的形成受岩性、构造裂隙影响很大。在深循环带，水流缓慢，溶蚀作用很弱，水的流动选择最有利的地带，孔洞多发育在构造破碎带及岩性较纯的层位。溶隙及溶孔常为次生方解石所充填。

3.5.3　岩溶的工程地质问题

1. 铁路与公路选线

在岩溶地区选线，要想完全绕避是不大可能的，尤其是在我国中南和西南岩溶分布十分普遍的地区更不可能。因此，宜遵循认真勘测、综合分析、全面比较、避重就轻、兴利防害的原则，根据岩溶发育和分布规律，从以下几个角度考虑选线方案：

（1）在可溶性岩石分布区，路线应选择在难溶岩石分布区通过。

（2）路线方向不宜与构造线方向平行，而应与之斜交或垂直通过，因为暗河多平行于构造线发育。

（3）线路应尽量避开河流附近或较大断层破碎带，不可能避开时，宜垂直或斜交通过，以免由于岩溶发育或岩溶水丰富而威胁路基的稳定。

（4）线路尽可能避开可溶岩与非可溶岩的接触带，这些地带往往岩溶发育强烈，甚至岩溶泉成群出露。

（5）应尽量在土层覆盖较厚的地段通过，因为覆盖层能起到防止岩溶继续发展、增加溶洞顶板厚度和使上部荷载扩散的作用，但应注意覆盖土层内有无土洞的存在。

（6）桥位宜选在难溶岩层分布区或无深、大、密溶洞地段。

（7）隧道位置应避开漏斗、落水洞和大溶洞，并避免与暗河平行。

2. 岩溶的工程处理

在大量的土木工程实践中，积累了许多处理岩溶的宝贵经验。这些经验可大体概括为疏导、跨越、加固、堵塞与钻孔充气及恢复水位等。

疏导：对岩溶水宜疏不宜堵。一般可以用明沟、泄水洞等加以疏导。

跨越：以桥涵等建筑物跨越流量较大的溶洞、暗河。

加固：为防止溶洞塌陷和处理由于岩溶水引起的病害，常采用加固的方法。如洞径大、洞内施工条件好，可用浆砌片石支墙加固；洞深而小，不便洞内加固时，可用大块石或钢筋混凝土板加固；或炸开顶板，挖去填充物，换以碎石等换土加固；利用溶洞、暗河作隧道时，可用衬砌加固等。

堵塞：对基本停止发展的干涸溶洞，一般以堵塞为宜。如用片石堵塞路堑边坡上的溶洞，表面以浆砌片石封闭。对路基或桥基下埋藏较深的溶洞，一般可通过钻孔向洞内灌注水泥砂浆或混凝土等加以堵填。

钻孔充气：这是为克服真空吸蚀作用引起地面塌陷的一种措施，通过钻孔，消减封闭条件下所形成的真空腔的作用。

恢复水位：这是从根本上消除因地下水位降低造成地面塌陷的一种措施。

3.6 重 力 地 质 作 用

3.6.1 重力地质作用的类型

地表松散堆积物或基岩，在重力作用下，并在外因触发下，发生垂直下落或沿斜坡下移的过程，称为重力地质作用，有的资料称负荷地质作用、下坡运动或块体运动。重力地质作用是一种固体或半固体的物质运动，运动块体既是动力又是地质作用的对象，动力是自身的重力，同时强调块体本身的破坏，及其对岩石的破坏。重力是决定块体运动的内因，地面上任何物体受自身重力影响都有沿坡向下移动的趋势。重力地质作用的发生同时需要一些因素的触发，如降雨加重了块体的重量，同时起润滑作用；冰雪覆盖加重块体重量，风吹、雷电轰击使块体受到暂短的推力；淘蚀使块体下部失去支撑等。按照运动物质的组成、坡度陡缓和运动快慢，将重力地质作用的运动形式分为崩落、潜移、滑动和流动4种类型。

（1）崩落作用。在陡坡上的岩块脱离基岩，迅速（速度一般为 5～200m/s）向下坠落或沿山坡滚动，最终在坡脚下堆积的整个过程。崩落常发生在高山地区及河岸、海岸的陡崖处，当地形坡度大于 45°时易发生崩落作用。此外，由于溶洞、潜穴和采空区等所引起的崩落，常称为塌陷。崩落下来的碎屑在平缓的坡脚下堆积成为不规则的锥形体称为倒石堆。堆积物大小混杂，颗粒呈棱角状，岩性与斜坡一致。

（2）潜移作用。斜坡上的碎屑物质或岩土体等在重力作用下顺坡向下做长期缓慢地蠕动的过程。它的特点是移动体与下面不动体间不存在明显的滑动面，两者之间的移动量是渐变的，属黏滞性运动；运动速度极为缓慢，有的每年只有几毫米至几厘米，是一种不易觉察到的顺坡蠕动。

（3）滑动作用。松散物体或坚硬岩体沿着一个或几个滑动面向下移动的过程，称为滑动作用。滑动作用可产生滑坡现象或滑动构造，滑动构造即滑动作用引起滑动面底部岩土层和滑动体本身发生的变形，有时形成波状或连续小褶曲（揉褶），同时伴有小错动。典型的滑动作用是滑坡，滑坡常给人类带来巨大的危害，山区滑坡问题是重大的工程地质问题。

（4）流动作用。大量的岩石碎屑、泥土和水的混合物沿着斜坡或谷地做快速流动的过程，称为流动作用。按固体物质成分、数量及其运动特点，将流动作用分为黏流和紊流两种形式；按发生流动的固体物质特点，将流动作用分为泥流、石流、泥石流 3 种类型，最常见的为泥石流。流动体在流动过程中可产生强烈的剥蚀、搬运和沉积作用。

体积巨大的表层物质在重力作用下沿斜坡向下运动，常常形成严重的地质灾害。重力地质作用引起的斜坡地质灾害，特别是崩塌、滑坡和泥石流，每年都造成巨额的经济损失和大量的人员伤亡。尤其是在地形切割强烈、地貌反差大的地区，岩土体沿陡峻的斜坡向下快速滑动可能导致人身伤亡和巨大的财产损失。据权威统计，2009 年，全国共发生滑坡 6657 起、崩塌 2309 起、泥石流 1426 起。2009 年 6 月 5 日 15 时许，重庆市武隆县铁矿乡鸡尾山山体发生大规模垮塌，掩埋了 12 户民房及逾 400m 外的铁矿矿井入口，造成 10 人死亡、64 人失踪、8 人受伤的特大灾害。2009 年 7 月 23 日凌晨 2 时 57 分，四川省甘孜州康定县舍联乡干沟村响水沟发生特大泥石流灾害。泥石流直接穿过并掩埋位于沟口的长河坝水电站工地住宿区，造成 16 人死亡、38 人失踪、4 人受伤，冲毁和掩埋省道 211 线近千米。目前，人类正在大规模地在山地或丘陵斜坡上进行开发，各种工程建设活动增加了斜坡变形破坏的可能性，增大了斜坡变形破坏的规模，研究重力作用对工程建设活动的影响显得尤为重要。

3.6.2　崩塌

崩塌指较陡斜坡上的岩土体在重力作用下突然脱离母体崩落、滚动、堆积在坡脚（或沟谷）的地质现象。产生在土体中的称土崩，产生在岩体中的称岩崩；规模巨大、涉及山体者称山崩，悬崖陡坡上个别较大岩块的崩落称为落石，斜坡的表层岩石由于强烈风化沿坡面发生经常性的岩屑顺坡滚落现象，称为碎落。

崩塌的过程表现为岩块（或土体）顺坡猛烈地翻滚、跳跃，并相互撞击，最后堆积于坡脚，形成倒石堆。其主要特征为：下落速度快、发生突然，崩塌体脱离母岩而运动，下落过程中崩塌体自身的整体性遭到破坏，崩塌物的垂直位移大于水平位移。具有崩塌前兆的不稳定岩土体称为危岩体。

崩塌运动的形式主要有两种：一种是脱离母岩的岩块或土体以自由落体的方式坠落，规模一般较小，从不足 $1m^3$ 至数百立方米；另一种是脱离母岩的岩体顺坡滚动而崩落，规模较大，一般在数百立方米以上。按照崩塌体的规模、范围、大小可以分为剥落、坠石和崩落等类型。剥落的块度较小，块度大于 0.5m 者占 25% 以下，产生剥落的岩石山坡一般在 30°～40°；坠石的块度较大，块度大于 0.5m 者占 50%～70%，山坡角在 30°～40° 范围内；崩落的块度更大，块度大于 0.5m 者占 75% 以上，山坡角多大于 40°。

3.6.2.1 崩塌的形成条件与诱发因素

形成崩塌的内在条件主要有以下几个方面：

（1）岩土类型。岩、土是产生崩塌的物质条件。一般而言，各类岩、土都可以形成崩塌，但不同类型岩土所形成崩塌的规模大小不同。通常，坚硬的岩石（如厚层石灰岩、花岗岩、砂岩、石英岩、玄武岩等）具有较大的抗剪强度和抗风化能力，能形成高峻的斜坡，在外来因素影响下，一旦斜坡稳定性遭到破坏，即产生崩塌现象。

沉积岩岩质边坡发生崩塌的几率与岩石的软硬程度密切相关。若软岩在下、硬岩在上，下部软岩风化剥蚀后，上部坚硬岩体常发生大规模的倾倒式崩塌；含有软弱结构面的厚层坚硬岩石组成的斜坡，若软弱结构面的倾向与坡向相同，极易发生大规模的崩塌。页岩或泥岩组成的边坡极少发生崩塌。岩浆岩一般较为坚硬，很少发生大规模的崩塌。但当垂直节理（如柱状节理）发育并存在顺坡向的节理或构造破裂面时，易产生大型崩塌；岩脉或岩墙与围岩之间的不规则接触面也为崩塌落石提供了有利的条件。变质岩中结构面较为发育，常把岩体切割成大小不等的岩块，所以经常发生规模不等的崩塌落石。此外，由软硬互层（如砂页岩互层、石灰岩与泥灰岩互层、石英岩与千枚岩互层等）构成的陡峻斜坡，由于差异风化，斜坡外形凹凸不平，因而也容易产生崩塌。土质边坡的崩塌类型有溜塌、滑塌和堆塌，统称为坍塌。按土质类型，稳

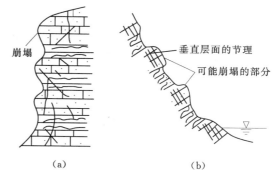

图 3-16 崩塌形成条件示意图
(a) 软硬岩相间、硬岩突出易产生崩塌；
(b) 硬岩中存在顺坡向的节理易产生崩塌

定性从好到差的顺序为：碎石土＞黏砂土＞砂黏土＞裂隙黏土；按土的密实程度，稳定性由大到小的顺序为：密实土＞中密土＞松散土。

（2）地质构造。如果斜坡岩层或岩体的完整性好，就不易发生崩塌。实际上，自然界的斜坡，经常是由性质不同的岩层以各种不同的构造和产状组合而成的，而且常常为各种构造面所切割，从而削弱了岩体内部的连接，为产生崩塌创造了条件。一般说来，岩层的层面、裂隙面、断层面、软弱夹层或其他的软弱岩性带都是抗剪性能较低的"软弱面"。如果这些软弱面倾向临空面倾角较陡，当斜坡受力情况突然变化时，被切割的不稳定岩块就可能沿着这些软弱面发生崩塌。坡体中裂隙越发育，越易产生崩塌，与坡体延伸方向近于平行的陡倾构造面，最有利于崩塌的形成。

（3）地形地貌。斜坡高、陡是形成崩塌的必要条件，规模较大的崩塌，一般多产生在

高度大于 30m、坡度大于 45°（大多数介于 45°～75°）的陡峻斜坡上。斜坡的外部形状，对崩塌的形成也有一定的影响。一般在上缓下陡的凸坡和凹凸不平的陡坡上易于发生崩塌，孤立山嘴或凹形陡坡均为崩塌形成的有利地形。据我国西南地区宝成线凤州工务段辖区 57 个崩塌落石点的统计数据，有 75.4% 的崩塌落石发生在坡度大于 45°的陡坡，坡度小于 45°的 14 次均为落石，而无崩塌，而且这 14 次落石的局部坡度亦大于 45°，个别地方还有倒悬情况。

岩土类型、地质构造、地形地貌条件是形成崩塌的 3 个基本条件。除此之外，能够诱发崩塌的外界因素很多，主要有以下几种：

（1）振动。地震、人工爆破和列车行进时产生的振动都可能诱发崩塌。地震时，地壳的强烈振动可使边坡岩体中各种结构面的强度降低，甚至改变整个边坡的稳定性，从而导致崩塌的产生。在硬质岩层构成的陡峻斜坡地带，地震更易诱发崩塌。列车行进产生的振动诱发崩塌落石的现象在铁路沿线时有发生。在宝成线 k293＋365m 处，1981 年 8 月 16 日当 812 次货物列车经过时，突然有 720m³ 岩块崩落，将电力机车砸入嘉陵江中，并造成 7 节货车车厢颠覆。

（2）水。河流等地表水体不断地冲刷坡脚或浸泡坡脚，削弱坡体支撑或软化岩土体，降低坡体强度，也能诱发崩塌。地下水对崩塌的影响表现为：充满裂隙的地下水及其流动对潜在崩塌体产生静水压力和动水压力；裂隙充填物在水的软化作用下抗剪强度大大降低；充满裂隙的地下水对潜在崩落体产生浮托力；地下水降低了潜在崩塌体与稳定岩体之间的抗拉强度。边坡岩体中的地下水大多数在雨季可以直接得到大气降水的补给，在这种情况下，地下水和地表水的联合作用，使边坡上的潜在崩塌体更易于失稳。

（3）不合理的人类活动。开挖路堑改变了斜坡外形，使斜坡变陡，软弱构造面暴露，部分被切割的岩体失去支撑，可能引起崩塌。此外，地下采空、水库蓄水等改变坡体原始平衡状态的人类活动，都会诱发崩塌活动。开挖施工中采用大爆破的方法使边坡岩体因受到振动破坏而发生崩塌的事例屡见不鲜。还有一些其他因素，如冻胀、昼夜温差变化等，也会诱发崩塌。

3.6.2.2　崩塌的防治

1. 勘察要点

要有效地防治崩塌，必须首先进行详细的调查研究，掌握崩塌形成的基本条件及其影响因素。调查时应注意以下几个方面：查明斜坡的地形条件，如斜坡的高度、坡度、外形等；查明斜坡的岩性和构造特征，如岩石的类型、风化破碎程度、主要构造面的产状及裂隙的充填胶结情况；查明地面水和地下水对斜坡稳定性的影响及当地的地震烈度等。

2. 防治原则

由于崩塌发生得突然而猛烈，治理比较困难而且复杂，特别是大型崩塌，一般多采用以防为主的原则。

在工程选址或线路选线时，应注意根据斜坡的具体条件，认真分析崩塌的可能性及其规模。对有可能发生大、中型崩塌的地段，有条件绕避时，宜优先采用绕避方案。若绕避有困难时，可调整路线位置，离开崩塌影响范围一定距离，尽量减少防治工程，或考虑其他通过方案（如隧道、明硐等），确保行车安全。对可能发生小型崩塌或落石的地段，应视地形条件进行经济比较，确定绕避还是设置防护工程通过。如拟通过，路线应尽量争取设在崩塌停积区范围之外。如有困难，也应使路线离坡脚有适当距离，以便设置防护工程。

在设计和施工中，避免使用不合理的高陡边坡，避免大挖大切，以维持山体的平衡。在岩体松散或构造破碎地段，不宜使用大爆破施工，以免由于工程技术上的错误而引起崩塌。

在整治过程中，必须遵循标本兼治、分清主次、综合治理、生物措施与工程措施相结合、治理危岩与保护自然生态环境相结合的原则。通过治理，最大限度地降低危岩失稳的诱发因素，达到治标又治本的目的。

此外，应加强减灾防灾科普知识的宣传，严格进行科学管理；合理开发利用坡顶平台区的土地资源，防止因城镇建设和农业生产而加快危岩的形成，杜绝发生崩塌的人为诱发因素。

3. 工程防治措施

崩塌防治措施可分为防止崩塌发生的主动防护和避免造成危害的被动防护两种类型。具体方法的选择取决于崩塌落石历史、潜在崩塌落石特征及其风险水平、地形地貌及场地条件、防治工程投资和维护费用等。常见的防治崩塌的工程措施主要有以下几种：

（1）遮挡。即遮挡斜坡上部的崩塌落石。这种措施常用于中、小型崩塌或人工边坡崩塌的防治中，通常采用修建明硐、棚硐等工程进行，在铁路工程中较为常用，如图 3-17（b）所示。

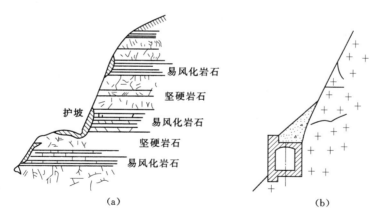

图 3-17　崩塌防护措施示意图
（a）护坡；（b）明硐

（2）拦截。对于仅在雨季才有坠石、剥落和小型崩塌的地段，可在坡脚或半坡上设置拦截构筑物，如设置落石平台和落石槽以停积崩塌物质；修建挡石墙以拦坠石；利用废钢轨、钢钎及钢丝等编制钢轨或钢钎栅栏来挡截落石。这些措施也常用于铁路工程中。

（3）支挡。在岩石突出或不稳定的大孤石下面，修建支柱、支挡墙或用废钢轨支撑，用石砌或用混凝土作支垛、护壁、支柱、支墩、支墙等以增加斜坡的稳定性。

（4）护墙、护坡。在易风化剥落的边坡地段，修建护墙，对缓坡进行坡面喷浆、抹面、砌石铺盖、水泥护坡等以防止软弱岩层进一步风化。一般边坡均可采用，如图 3-17

（a）所示。

（5）镶补勾缝。对坡体中的裂隙和空洞，可用片石填补空洞，水泥沙浆勾缝等以防止裂隙和洞的进一步发展。

（6）刷坡（削坡）。在危石、孤石突出的山嘴及坡体风化破碎的地段，采用刷坡来放缓边坡。

（7）排水。在有水活动的地段，布置排水构筑物，进行拦截疏导，调整水流。如修筑截水沟、堵塞裂隙、封底加固附近的灌溉引水与排水沟渠等，防止水流大量渗入岩体而恶化斜坡的稳定性。

（8）SNS 技术。SNS 系统是利用钢绳网作为主要构成部分来防护崩塌落石危害的柔性安全网防护系统，它与传统刚性结构防治方法的主要差别在于该系统本身具有的柔性和高强度，更能适应于抗击集中荷载和（或）高冲击荷载。当崩塌落石能量高且坡度较陡时，SNS 钢绳网系统不失为一种十分理想的防护方法。

3.6.2.3　岩堆的工程地质问题

崩塌在山坡的低凹处或坡脚形成的疏松堆积体，称为岩堆。岩堆多见于地质构造作用强烈、气候比较干旱、风化严重的山区和高山峡谷地区。岩堆本身处于极限平衡状态，具有一定的活动性，常给工程建设造成很大困难。

1. 岩堆的工程地质特征

岩堆大都为近期堆积，其表面坡度接近于其组成物质在较干燥状态下的天然休止角，浸水后容易发生局部或整体的移动。岩堆内部常具有向外倾斜的层理（倾角与天然休止角相近似），在外力（地震或荷载）作用或其他因素的扰动下，容易发生表层或层间滑动变形。岩堆一般结构松散，孔隙度大且不均匀，有时由于地面水的下渗，局部孔隙可能被细粒物质所填充，稍具连接性，处于软弱的半胶结或胶结状态，在荷载作用下，易发生不均匀沉陷。岩堆的基底一般全部或大部分坐落在基岩斜坡上，由于地表水的下渗或基岩裂隙水的活动，如稍受外力作用就可能导致岩堆沿基底发生滑移。总之，岩堆的稳定性差，当线路通过岩堆体时，容易发生路基变形和边坡坍塌等病害，这是岩堆分布地区路线勘测、设计和施工中需要认真对待的问题。

2. 岩堆按稳定程度分类

（1）正在发展的岩堆。山坡基岩裸露，坡面参差不齐，有新崩塌痕迹，常有落石和碎落。岩堆表面呈直线形，坡角近于其天然休止角。坡面无草木生长或仅有很稀少的杂草，堆积的石块大部分颜色新鲜。内部结构松散，岩块间无胶结现象，孔隙度大。表层松散零乱，人行其上有石块滑落。

（2）趋于稳定的岩堆。岩堆上方的基岩大部分已稳定，具有平顺的轮廓，仅有个别的落石和碎落。岩堆坡面近于凹形，大部分已生长杂草和灌木。岩堆的石块大部分颜色陈旧，仅个别地点有颜色新鲜的石块零星分布。岩堆内部结构密实或中等密实，但表层还是松散的，由于草木生长已不致散落，岩堆坡面上部的坡度常稍陡于其天然休止角。

（3）稳定的岩堆。岩堆上方的基岩已稳定，坡度平缓，不稳定的岩块已完全剥落，岩堆的坡面呈凹形，已长满草木，无颜色新鲜的石块。岩堆体胶结密实，大孔隙已被充填。有些地方因表层失去植被覆盖而有水流冲刷的痕迹。

3. 岩堆处理原则

在选线时，对于正在发展的岩堆，以绕避为宜。绕避如有困难，应选择在基底条件较好的部位通过，以便设置防护建筑物。对趋于稳定的岩堆，应尽量避免破坏岩堆的天然状态，可在岩堆的下部以路堤方式通过，不用或尽量少用路堑形式。对于稳定的岩堆，路线可以选择适当位置，以低路堤或浅路堑通过，但注意不宜采用半填半挖断面，或在岩堆下方大量开挖，以免引起上部整个岩堆体下滑。

线路以路堤方式通过时，应注意路堤位置的选择及基底处理。由于路堤所施加的荷载，即使是稳定的岩堆，也可能导致局部或整体岩堆体的滑移，故一般以设置在岩堆体下部或坡脚为宜。这里所谓稳定的岩堆，只是相对而言，就岩堆的表层，一般仍然是比较松散的，所以在填筑路堤时，应注意清除表层松散堆积物，并挖成台阶，如图 3-18 所示。必要时，可设置下挡墙以免路堤或岩堆滑移。

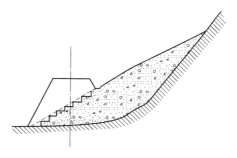

图 3-18 路堤通过岩堆设计示意图

线路以路堑方式通过时，应注意边坡的稳定性问题。一般来说，边坡高度以不超过 20~30m 为宜，并宜采用与岩堆天然休止角大致相适应的边坡坡度。对稳定的岩堆，可根据其胶结和密实程度采用较陡的边坡，但对边坡中出现的松散夹层应进行砌石防护。当边坡高度超过 20m 时，宜采用阶梯形边坡。设计路堑边坡时，应注意开挖后剩余土体的稳定性。如图 3-19（a）及图 3-19（b）所示，虽然路堑边坡较缓，但其剩余土体呈尖端向下的楔形体或狭长条，容易沿基岩面在边坡底部产生剪切滑动。而图 3-19（c）所示剩余土体呈一尖端向上的楔形体，故稳定性较好。

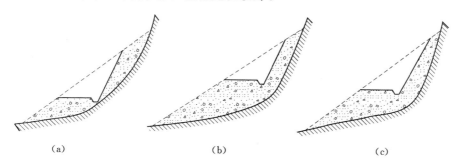

（a）　　　　　　　　　（b）　　　　　　　　　（c）

图 3-19 路堑通过岩堆设计方案示意图

水对岩堆的稳定性影响很大。当线路通过岩堆时，不论路基采用路堤还是路堑的形式，都要注意做好地表水和排除地下水的防治工作。公路、铁路通过岩堆时，采用挡土墙以稳定路基，大多数情况下效果较好。但应注意挡土墙和岩堆的整体稳定性问题和发生不均匀沉陷的问题。

3.6.3 滑坡

在自然因素和人类活动等因素的影响下，斜坡上的岩土体在重力作用下沿一定的软弱面"整体"或局部保持岩土体结构而向下滑动的过程及其形成的地貌形态，称为滑坡。滑坡的特征表现为：① 发生变形破坏的岩土体以水平位移为主，除滑动体边缘存在为数较少的崩离碎块和翻转现象外，滑体上各部分的相对位置在滑动前后变化不大；② 滑动体始终沿着一个或几个软弱面（带）滑动，岩土体中各种成因的结构面均有可能成为滑动面，如古地形面、岩层层面、不整合面、断层面、贯通的节理裂隙面等；③ 滑坡滑动过程可以在瞬间完成，也可能持续几年或更长的时间。规模大的滑坡一般是缓慢地、长期地往下滑动，其位移速度多在突变阶段才显著增加，滑动过程可以延续几年、十几年甚至更长的时间。

3.6.3.1　滑坡的形态与识别标志

1. 滑坡的形态

一个发育完全的典型滑坡，一般具有下面一些基本的组成部分（图 3-20）。

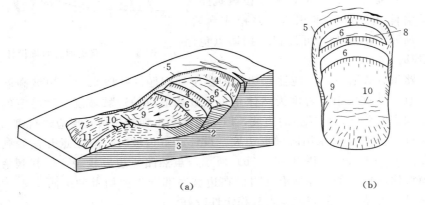

（a）　　　　　　　　　　　　　（b）

图 3-20　滑坡形态要素示意图

1—滑坡体；2—滑动面；3—滑坡床；4—滑坡壁；5—滑坡周界；6—滑坡台阶；
7—滑坡舌；8—拉张裂缝；9—剪切裂缝；10—鼓胀裂缝；11—扇形裂缝

（1）滑坡体。斜坡沿滑动面向下滑动的土体或岩体称为滑坡体。其内部一般仍保持着未滑动前的层位和结构，但产生许多新的裂缝，个别部位还可能遭受较强烈的扰动。

（2）滑动面。滑坡体沿其向下滑动的面称为滑动面。滑动面以上，被揉皱了的厚数厘米至数米的结构扰动带，称为滑动带。有些滑坡的滑动面（带）可能不止一个。滑动面（滑动带）是表征滑坡内部结构的主要标志，它的位置、数量、形状和滑动面（带）土石的物理力学性质，对滑坡的推力计算和工程治理有重要意义。在一般情况下，滑动面（带）的土石挤压破碎、扰动严重、富水软弱、颜色异常、常含有夹杂物质。当滑动面（带）为黏性土时，在滑动剪切力的作用下，常产生光滑的镜面，有时还可见到与滑动方向一致的滑坡擦痕。在勘探中，常可根据这些特征确定滑动面的位置。滑动面的形状，因地质条件而异，一般说来，发生在均质土中的滑坡，滑动面多呈圆弧形。

（3）滑坡床。在最后一个滑动面以下稳定的土体或岩体称为滑坡床。

（4）滑坡周界。滑坡体与周围未滑动的稳定斜坡在平面上的分界线，称为滑坡周界。滑坡周界圈定了滑坡的范围。

（5）滑坡台阶。有多个滑动面或经过多次滑动的滑坡，由于各段滑坡体的运动速度不同，而在滑坡体上出现的阶梯状的错台，称为滑坡台阶。

（6）滑坡舌。滑坡体上的前缘，形如舌状伸出的部分，称为滑坡舌。

（7）滑坡裂缝。滑坡体的不同部分，在滑动过程中，因受力性质不同，所形成的不同特征的裂缝。按受力性质，滑坡裂缝可分为拉张裂缝、剪切裂缝、鼓胀裂缝、扇形张裂缝等 4 种。

（8）滑坡洼地。滑坡滑动后，滑坡体与滑坡壁之间常拉开成沟槽，构成四周高中间低的封闭洼地，称为滑坡洼地。滑坡洼地往往由于地下水在此处出露，或者由于地表水的汇集，成为湿地或水塘。

2. 滑坡的识别标志

斜坡滑动之后，会出现一系列的变异现象，这些变异现象提供了在野外识别滑坡的标志。

（1）地形地物标志。滑坡的存在，常使斜坡不顺直、不圆滑而造成圈椅状地形和槽谷地形，其上部有陡壁及弧形拉张裂缝；中部坑洼起伏，有一级或多级台阶，其高程和特征与外围河流阶地不同，两侧可见羽毛状剪切裂缝；下部有鼓丘，呈舌状向外突出，有时甚至侵占部分河床，表面多鼓胀扇形裂缝；两侧常形成沟谷，出现双沟同源现象；有时内部多积水洼地，喜水植物茂盛，有"醉林"及"马刀树"和建筑物开裂、倾斜等现象，如图3－21所示。

图 3－21　滑坡标志示意图

(a) 马刀树；(b) 醉林

（2）地层构造标志。滑坡范围内的地层整体性常因滑动而破坏，有扰乱松动现象，层位不连续，出现缺失某一地层、岩层层序重叠或层位标高有升降等特殊变化。岩层产状发生明显的变化、构造不连续（如裂隙不连贯、发生错动）等，都是滑坡存在的标志。

（3）水文地质标志。滑坡地段含水层的原有状况常被破坏，使滑坡体成为单独含水体，水文地质条件变得特别复杂，无一定规律可循，如潜水位不规则、无一定流向、斜坡下部有成排泉水溢出等。这些现象均可作为识别滑坡的标志。

上述各种变异现象，是滑坡运动的统一产物，它们之间有不可分割的内在联系。因此，在实践中必须综合考虑几个方面的标志，互相验证，绝不能根据某一标志，就轻率地作出结论。例如，某地段从地貌宏观上看，有圈椅状地形存在，在其内部有几个台阶，曾误认为是一个大型古滑坡，后经详细调查，发现圈椅范围内几个台阶的高程与附近阶地高程基本一致，应属同一期的侵蚀堆积面，圈椅范围内的松散堆积物下部并无扰动变形，基岩产状也与外围一致，而且外围的断裂构造均延伸至其中，未见有错断现象，圈椅状范围内，仅见一处流量微小的裂隙泉水，未见有其他地下水露头。通过这些现象的分析研究，判定此圈椅状地形应为早期溪流流经的古河弯地段，而并非滑坡。

3.6.3.2　滑坡的形成条件和影响因素

滑坡的发生，是斜坡岩土体平衡条件遭到破坏的结果。由于斜坡岩土体的特性不同，

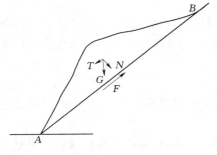

图3-22　滑坡力学平衡示意图

滑动面的形状有各种形式，常见的有平面形和圆柱状两种，二者运动表现虽有不同，但力学平衡关系的基本原理是一致的。以平面形滑动面为例，当斜坡岩（土）体沿平面 AB 滑动时的力系如图3-22所示。其平衡条件为由岩（土）体重力 G 所产生的侧向滑动分力 T 不大于滑动面的抗滑阻力 F。通常以稳定系数 K 表示这两力之比，即

$$K = \frac{总抗滑力}{总下滑力} = \frac{F}{T}$$

很显然，若 $K<1$，斜坡平衡条件将遭破坏而形成滑坡；$K \geqslant 1$，则斜坡处于稳定或极限平衡状态。

从上述分析可以看出，斜坡平衡条件的破坏与否，也就是说滑坡发生与否，取决于下滑力（矩）与抗滑力（矩）的对比关系。而斜坡的外形，基本上决定了斜坡内部的应力状态（剪切力的大小及其分布），组成斜坡的岩土性质和结构决定了斜坡各部分抗剪强度的大小。当斜坡内部的剪切力大于岩土的抗剪强度时，斜坡将发生剪切破坏而滑动，自动地调整其外形来与之相适应。因此，凡是引起改变斜坡外形和使岩土性质恶化的所有因素，都是影响滑坡形成的因素。这些因素概括起来主要有以下几种：

（1）斜坡外形。斜坡的高度、坡度、形态和成因与斜坡的稳定性有着密切的关系。高陡斜坡通常比低缓斜坡更容易失稳而发生滑坡。斜坡的成因、形态反映了斜坡的形成历史、稳定程度和发展趋势，对斜坡的稳定性也会产生重要的影响。例如，山地的缓坡地段，由于地表水流动缓慢，易于渗入地下，因而有利于滑坡的形成和发展。山区河流的凹岸易被流水冲刷和淘蚀，当黄土地区高阶地前缘坡脚被地表水侵蚀和地下水浸润，这些地段也易发生滑坡。

（2）岩性。滑坡产生的数量和规模与岩性有密切关系。不同地质时代、不同岩性的地层中都可能形成滑坡，但滑坡主要发生在易于亲水软化的土层中和一些软质岩层中，当坚硬岩层或岩体内存在有利于滑动的软弱面时，在适当的条件下也可能形成滑坡。容易产生滑坡的土层有胀缩黏土、黄土和黄土类土及黏性的山坡堆积层等。它们有的与水作用容易膨胀和软化，有的结构疏松，透水性好，遇水容易崩解，强度和稳定性容易受到破坏。容易产生滑坡的软质岩层有页岩、泥岩、泥灰岩、易风化的凝灰岩等遇水易软化的岩层。此外，千枚岩、片岩等在一定的条件下也容易产生滑坡，这些地层往往称为易滑地层。

（3）地质构造。埋藏于土体或岩体中倾向与斜坡一致的层面、夹层、基岩顶面、古剥蚀面、不整合面、层间错动面、断层面、裂隙面、片理面等，一般都是抗剪强度较低的软弱面，当斜坡受力情况突然变化时，都可能成为滑坡的滑动面。例如，黄土滑坡的滑动

面，往往就是下伏的基岩面或是黄土的层面，有些黏土滑坡的滑动面，就是自身的裂隙面。这些软弱结构面控制了滑动面的空间展布及滑坡的范围。

（4）水。水对斜坡岩土的作用是形成滑坡的重要条件。地表水可以改变斜坡的外形，当水渗入滑坡体后，不但可以增大滑坡的下滑力，而且将迅速改变滑动面（带）土石的性质，降低其抗剪强度，起到"润滑剂"的作用。同时，地下水运动产生的动水压力对滑坡的形成和发展也起促进作用。所以有些滑坡就是沿着含水层的顶板或底板滑动的，不少黄土滑坡的滑动面，往往就在含水层中。两级滑坡的衔接处常有泉水出露，以及大规模的滑坡多在久雨之后发生，都可以说明水在滑坡形成和发展中的重要作用。

此外，风化作用、降雨、人为不合理的切坡或坡顶加载、地表水对坡脚的冲刷及地震等，都能促使上述条件发生有利于斜坡土石向下滑动的变化，激发斜坡发生滑动现象。尤其是地震，由于地震的加速度，使斜坡土体（或岩体）承受巨大的惯性力，并使地下水位发生强烈变化，促使斜坡发生大规模滑动。如 1973 年 2 月的四川炉霍地震、1974 年 5 月的云南昭通地震、1976 年 6 月的云南龙陵地震、1976 年 7 月的河北唐山地震、1976 年 8 月的四川松潘—平武地震，尽管区域地质构造和地貌条件不同，都有不同类型的滑坡发生，尤其在高中山区更为严重。

3.6.3.3 滑坡的分类

为了对滑坡进行深入研究和采取有效的防治措施，需要对滑坡进行分类。由于自然地质条件的复杂性，以及分类的目的、原则和指标也不尽相同，对滑坡的分类至今尚无统一的认识。结合我国的区域地质特点和工程实践，按滑坡体的主要物质组成和滑动时的力学特征进行的分类有一定的现实意义。

（1）按滑坡体的主要物质组成，可以把滑坡分为 4 个类型。

1）堆积层滑坡，这是工程中经常碰到的一种滑坡类型，多出现在河谷缓坡地带或山麓的坡积、残积、洪积及其他重力堆积层中。它的产生往往与地表水和地下水直接参与有关。滑坡体一般多沿下伏的基岩顶面、不同地质年代或不同成因的堆积物的接触面及堆积层本身的松散层面滑动。滑坡体厚度一般从几米到几十米。

2）黄土滑坡，这是发生在不同时期的黄土层中的滑坡。它的产生常与裂隙及黄土对水的不稳定性有关，多见于河谷两岸高阶地的前缘斜坡上，常成群出现，且大多为中、深层滑坡。其中有些滑坡的滑动速度很快、变形急剧、破坏力强，属于崩塌性的滑坡。

3）黏土滑坡，这是发生在均质或非均质黏土层中的滑坡。黏土滑坡的滑动面呈圆弧形，滑动带呈软塑状。黏土的干湿效应明显，干缩时多胀裂，遇水作用后呈软塑或流动状态，抗剪强度急剧降低，所以黏土滑坡多发生在久雨或受水作用之后，多属中、浅层滑坡。

4）岩层滑坡，这是发生在各种基岩岩层中的滑坡，多沿岩层层面或其他构造软弱面滑动。沿岩层层面、裂隙面和前述的堆积层与基岩交界面滑动的滑坡统称为顺层滑坡。有些岩层滑坡也可能切穿层面滑动而成为切层滑坡。岩层滑坡多发生在由砂岩、页岩、泥岩、泥灰岩及片理化岩层（片岩、千枚岩等）组成的斜坡上。

（2）按滑坡的力学特征，可分为牵引式滑坡和推动式滑坡。

1）牵引式滑坡。由于坡脚被切割（人为开挖或河流冲刷等）使斜坡下部先变形滑动，使斜坡的上部失去支撑，引起斜坡上部相继向下滑动。牵引式滑坡的滑动速度比较缓慢，但会逐渐向上延伸，规模越来越大。

2）推动式滑坡。由于斜坡上部不恰当地加荷（如建筑、填堤、弃渣等）或在各种自然因素作用下，斜坡的上部先变形滑动，并挤压推动下部斜坡向下滑动。推动式滑坡的滑动速度一般较快，但其规模在通常情况下不再有较大发展。

此外，按滑坡体规模的大小，还可以进一步分为小型滑坡（滑坡体小于 $3\times10^4\,\mathrm{m}^3$）、中型滑坡（滑坡体介于 $3\times10^4\sim50\times10^4\,\mathrm{m}^3$）、大型滑坡（滑坡体介于 $50\times10^4\sim300\times10^4\,\mathrm{m}^3$）、巨型滑坡（滑坡体大于 $300\times10^4\,\mathrm{m}^3$）；按滑坡体的厚度大小，又可分为浅层滑坡（滑坡体厚度小于 6m）、中层滑坡（滑坡体厚度为 6～20m）、深层滑坡（滑坡体厚度大于 20m）。

3.6.3.4　滑坡的防治

1. 勘测

为了有效地防治滑坡，首先必须对滑坡进行详细的工程地质勘测，查明滑坡形成的条件及原因，滑坡的性质、稳定程度及其对工程的危害性，并提供防治滑坡的措施与有关的计算参数。为此，需要对滑坡进行测绘、勘探和试验工作，有时还需要进行滑坡位移的观测工作。

滑坡测绘是滑坡调查的主要方法之一，通过测绘查明滑坡的地貌形态和水文地质特征，弄清滑坡周界及滑坡周界内不同滑动部分的界线等。滑坡勘探常用的有挖探、物探和钻探 3 种方法。通过勘探，应查明滑坡体的厚度和下伏基岩表面的起伏及倾斜情况，判断滑动面的个数、位置和形状，了解滑坡体内含水层和湿带的分布情况与范围、地下水的流速及流向等；查明滑坡地带的岩性分布及地质构造情况等。通过测绘和勘探，应提交滑坡工程地质图和滑坡主滑断面图。滑坡工程地质试验，是为滑坡防治工程的设计提供依据和计算参数的。一般包括滑坡水文地质试验和滑带土的物理力学试验两部分。水文地质试验是为整治滑坡的地下排水工程提供资料，一般结合工程地质钻孔进行试验，必要时，作专门水文地质钻探以测定地下水的流速、流向、流量和各含水层的水力联系及渗透系数等。滑动带土石的物理力学试验，主要是为滑坡的稳定性检算和抗滑工程的设计提供依据和计算参数的，除一般的常规项目外，主要是做剪切实验，确定内摩擦角 ϕ 值和黏聚力 C 值。

2. 防治原则

滑坡的防治，要贯彻以防为主、整治为辅的原则，在选择防治措施前，要查清滑坡的地形、地质和水文地质条件，认真研究和确定滑坡的性质及其所处的发展阶段，了解产生滑坡的主、次要原因及其相互间的联系，结合工程的重要程度、施工条件及其他情况综合考虑。

整治大型滑坡，技术复杂，工程量大，时间较长，因此在勘测阶段对于可以绕避且经费条件允许的，首先应考虑绕避方案。在已建成的线路上发生的大型滑坡，如改线绕避将会废弃很多工程，应综合各方面的情况，做出绕避、整治两个方案进行比较。对大型复杂的滑坡，常采用多项工程综合治理，应作整治规划，工程安排要有主次缓急，并观察效果和变化，随时修正整治措施。

对于中型或小型滑坡连续地段，一般情况下线路可不绕避，但应注意调整线路平面位置，以求得工程量小、施工方便、经济合理的路线方案。对发展中的滑坡要进行整治，对古滑坡要防止复活，对可能发生滑坡的地段要防止其发生和发展。对变形严重、移动速度快、危害性大的滑坡或崩塌性滑坡，宜采取立即见效的措施，以防止其进一步恶化。

整治滑坡一般应先做好临时排水工程，然后再针对滑坡形成的主要因素，采取相应措施。以长期防御为主，防御工程与应急抢险工程相结合。根据危害对象及程度，正确选择并合理安排治理的重点，保证以较少的投入取得较好的治理效益。生物工程措施与工程措施相结合，治理与管理、开发相结合。因地制宜，讲求实效，治标与治本相结合。

3. 防治措施

防治滑坡的工程措施，大致可分为排水、力学平衡及改变滑动面（带）土石性质 3 类。目前常用的主要工程措施有地表排水、地下排水、减重及支挡工程等。选择防治措施，必须针对滑坡的成因、性质及其发展变化的具体情况而定。

（1）排水。对于地表排水，可设置截水沟以截排来自滑坡体外的坡面径流，在滑坡体上设置树枝状天沟汇集旁引坡面径流于滑坡体外排出。对于地下排水，常用的工程是各种形式的渗沟、盲洞，近几年来不少地方已在推广使用平孔排除地下水的方法，平孔排水施工方便、工期短、节省材料和劳力，是一种经济、有效的措施。

（2）力学平衡法。如在滑坡体下部修筑抗滑片石垛、抗滑挡土墙、抗滑桩等支挡建筑物，以增加滑坡下部的抗滑力，在滑坡体的上部刷方减重以减小其滑动力等。

抗滑挡土墙工程对山体平衡的破坏小，稳定滑坡收效快，是滑坡整治中经常采用的一种有效措施。对于中、小型滑坡可以单独采用，对于大型复杂滑坡，抗滑挡土墙可作为综合措施的一部分。设置抗滑挡土墙时必须弄清滑坡滑动范围、滑动面层数及位置、推力方向及大小等，并要查清挡墙基底的情况，否则会造成挡墙变形，甚至挡墙随滑坡滑动，造成工程失效。抗滑挡墙按其受力条件、墙体材料及结构可分为浆砌石抗滑挡墙、混凝土抗滑挡墙、实体抗滑挡墙、装配式抗滑挡墙和桩板式抗滑挡墙等类型。抗滑桩是在滑体和滑床间打入若干大尺寸的锚固桩使两者成为一体，从而起到抗滑作用，所以又称锚固桩。桩的材料有木桩、钢板桩、钢筋混凝土桩等。近年来，抗滑桩已成为滑坡整治的一种关键工程措施，并取得了良好的效果。抗滑桩的布置取决于滑体的形态和规模，特别是滑面位置及滑坡推力大小等因素。通常按需要布置成一排和数排。我国铁路部门多采用钢筋混凝土的挖孔桩，截面多为方形或矩形，其尺寸取决于滑坡推力和施工条件。

如果滑坡的滑动方式为推动式，并具有上陡下缓的滑动面，采取后部主滑地段和牵引地段减重的治理方法可起到治理滑坡的作用。减重时需经过滑坡推力计算，求出沿各滑动面的推力，才能判断各段滑体的稳定性。减重不当，不但不能稳定滑坡，还会加剧滑坡的发展。如果滑坡前缘有抗滑地段存在，可以在滑坡前部或滑坡剪出口附近填方压脚，以增大滑坡抗滑段的抗滑能力。这与减重一样，滑坡前部加载也要经过精确计算，才能达到稳定滑坡的目的。

（3）改善滑动面（带）的土石性质。如焙烧、电渗排水、压浆及化学加固等可以直接稳定滑坡。

此外，还可针对某些影响滑坡滑动的因素进行整治，如为了防止流水对滑坡前缘的冲刷，可设置护坡、护堤、石笼及拦水坝等防护和导流工程。护坡工程主要指对滑坡坡面的

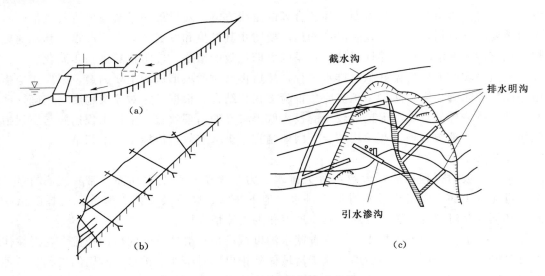

图 3 - 23　滑坡防治措施示意图
(a) 挡墙；(b) 锚杆；(c) 排水系统

加固处理，目的是防止地表水冲刷和渗入坡体。对于黄土和膨胀土滑坡，坡面加固护理较为有效。具体方法有混凝土方格骨架护坡和浆砌片石护坡。在混凝土方格骨架护坡的方格内铺种草皮，不仅绿化，更可起到防冲刷作用。在环境保护要求严格的今天，边坡工程增加生态环境保护的内容是非常重要甚至是强制性的。其中，边坡植被防护作为岩土工程生态环境保护的重要部分，在国内得到了广泛的应用并取得了良好的效果，开始逐渐取代传统的圬工护坡。

3.6.4　泥石流

泥石流是山区沟谷中，由暴雨、冰雪融水等水源激发的、含有大量泥沙石块的特殊洪流。泥石流常发生于山区小流域，是一种饱含大量泥沙石块和巨砾的固液两相流体，具有发生突然、来势凶猛、历时短暂、大范围冲淤、破坏力极强的特点，常给人民生命财产造成巨大损失。泥石流具有以下 3 个基本性质，并以此与挟沙水流和滑坡相区分。①泥石流具有土体的结构性，即具有一定的抗剪强度，而挟沙水流的抗剪强度等于零或接近于零。②泥石流具有水体的流动性，即泥石流与沟床面之间没有截然的破裂面，只有泥浆润滑面，从润滑面向上有一层流速逐渐增加的梯度层；而滑坡体与滑床之间有一破裂面，流速梯度等于零或趋近于零。③泥石流一般发生在山地沟谷区，具有较大的流动坡降。

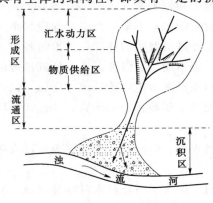

图 3 - 24　泥石流的地貌特征

根据泥石流发育区的地貌特征，一般可划分出泥石流的形成区、流通区和堆积区，如图 3 - 24 所示。①形成区位于流域上游沟谷斜坡段，包括汇水动力区和固体物质供给区。多为高山环抱的山间小盆地，山坡陡峻，山坡坡度为 $30°\sim60°$，沟床纵坡较陡，有较大的汇水面积。区内岩层破碎，风化严重，山坡不稳，植被稀少，水土流失严重，崩塌、滑坡发育，松散堆积物储量丰富。区内岩性及剥蚀强度，直接影响着泥石流的性质和规模。②流通区位于流域的中、下游地段，多为沟谷地形，一般地形较顺直，沟槽坡度大，沟床纵坡降通常为 $1.5\%\sim4.0\%$。沟壁陡峻，河床狭窄、纵坡大，多陡坎或跌水。堆积区多在沟谷的出口处。地形开阔，纵坡平缓，泥石流至此多漫流扩散，流速降低，固体物质大量堆积，形成规模不同的堆积扇。

3.6.4.1 泥石流的形成条件

泥石流的形成条件概括起来主要表现为物源条件、水源条件、地形地貌条件 3 个方面。

（1）物源条件。泥石流形成的物源条件指物源区土石体的分布、类型、结构、性状、储备方量、补给方式、距离、速度等。而土石体的来源又取决于地层岩性、风化作用和气候条件等因素。

凡是泥石流发育的地方，都是岩性软弱、风化强烈、地质构造复杂、褶皱和断裂发育、新构造运动强烈、地震频繁的地区。由于这些原因，导致岩层破碎、崩塌、滑坡等各种不良地质现象普遍发育，为形成泥石流提供了丰富的固体物质来源。一些人类工程经济活动，如滥伐森林造成水土流失，开山采矿、采石弃渣等，往往也为泥石流提供大量的物质来源。

从岩性看，第四系各种成因的松散堆积物最容易受到侵蚀、冲刷，山坡上的残坡积物、沟床内的冲洪积物以及崩塌、滑坡所形成的堆积物等都是泥石流固体物质的主要来源。厚层的冰积物和冰水堆积物则是冰川型、融雪型泥石流的固体物质来源。

（2）水源条件。水不仅是泥石流的组成部分，也是松散固体物质的搬运介质，泥石流的水源有暴雨、冰雪融水、水库（池）溃决水体等。降雨，特别是强度大的暴雨，在我国广大山区泥石流的形成中具有普遍的意义。我国降雨过程主要受东南和西南季风控制，多集中在 $5\sim10$ 月，在此期间，也是泥石流暴发频繁的季节。在高山冰川分布地区，冰川、积雪的急剧消融，往往能形成规模巨大的泥石流。此外，因湖的溃决而形成泥石流，在西藏东南部山区也是屡见不鲜的。

（3）地形地貌条件。泥石流流域的地形特征，是山高谷深、地形陡峻、沟床纵坡大。完整的泥石流流域，其上游多是三面环山，一面出口的漏斗状圈谷。这样的地形既利于储积来自周围山坡的固体物质，也有利于汇集坡面径流。地形地貌对泥石流的发生、发展主要有两方面的作用：一是通过沟床地势条件为泥石流提供位能，赋予泥石流一定的侵蚀、搬运和堆积的能量；二是在坡地或沟槽的一定演变阶段内，提供足够数量的水体和土石体。沟谷的流域面积、沟床平均比降、流域内山坡平均坡度及植被覆盖情况等都对泥石流的形成和发展起着重要的作用。

泥石流的规模和类型受许多种因素的制约，除上述 3 种主要因素外，地震、火山喷发和人类活动都有可能成为泥石流发生的触发因素，而引发破坏性极强的灾害。良好的植被，可以减弱剥蚀过程，延缓径流汇集，防止冲刷，保护坡面。在山区建设中，如果滥伐山林，使山坡失去保护，将导致泥石流逐渐形成，或促使已经退缩的泥石流又重新发展。

例如，东川、西昌、武都等地的泥石流，其形成和发展都与过去滥伐山林有着密切联系。此外，在山区建设中，由于矿山剥土或工程弃渣处理不当，也可导致发生泥石流。

从上述形成泥石流的 3 个基本条件可以看出，泥石流的发育具有区域性和间歇性（周期性）的特点。由于水文气象、地形、地质条件的分布有区域性的规律，因此泥石流的发育也具有区域性的特点。不是所有的山区都会发生泥石流。如前所述，我国的泥石流，多分布于大断裂发育、地震活动强烈或高山积雪、有冰川分布的山区。由于水文气象具有周期性变化的特点，同时泥石流流域内大量松散固体物质的再积累也不是短期内所能完成的，因此，泥石流的发育，具有一定的间歇性。那些具严重破坏力的大型泥石流，往往需几年、十几年甚至更长时间才发生一次。一般多发生在较长的干旱年头之后（积累了大量固体物质），出现集中而强度较大的暴雨年份（提供了充沛的水源）。

3.6.4.2 泥石流的分类

泥石流的分类方法很多，主要依据泥石流的形成环境、流域特征和流体性质等。尽管分类原则、指标和命名等各不相同，但每一个分类方案均具有一定的科学性和实用性，都从不同的侧面反映了泥石流的某些特征。下面介绍几种主要的分类方案。

1. 按泥石流的固体物质组成分类

（1）泥流。所含固体物质以黏性土为主（占 80%～90%），含少量砂粒、石块，黏度大，呈稠泥状，仅有少量岩屑碎石。主要分布于甘肃的天水、兰州及青海的西宁等黄土高原山区和黄河的各大支流（如渭河、湟水、洛河、泾河等）地区。

（2）泥石流。固体物质由大量黏性土和粒径不等的砂粒、粉土及石块、砂砾组成，是一种比较典型的泥石流类型。西藏波密地区、四川西昌地区、云南东川地区及甘肃武都地区的泥石流大都属于此类。

（3）水石流。固体物质主要是一些坚硬的石块、漂砾、岩屑及砂等，粉土和黏土含量很少，一般小于 10%，主要分布于石灰岩、石英岩、大理岩、白云岩、玄武岩及砂岩分布地区，陕西华山、山西太行山、北京西山及辽东山地的泥石流多属此类。

2. 按泥石流的流体性质分类

（1）黏性泥石流。固体物质的体积含量达 40%～80%，其中黏土含量一般为 8%～15%，其密度介于 1700～2100kg/m³。固体物质和水混合组成黏稠的整体，做等速运动，具层流性质。在运动过程中，常发生断流，有明显阵流现象。阵流前锋常形成高大的“龙头”，具有巨大的惯性力，冲淤作用强烈。流体到达堆积区后仍不扩散，固液两相不离析，堆积物一般具棱角，无分选性。堆积地形起伏不平，呈“舌状”或“岗状”，仍保持运动时的结构特征，故又称结构型泥石流。

（2）稀性泥石流。固体物质的体积含量一般小于 40%，粉土、黏土含量一般小于 5%，其密度介于 1300～1700kg/m³，搬运介质为浑水或稀泥浆，砂粒、石块在搬运介质中滚动或跃移前进，浑水或泥浆流速大于固体物质的运动速度，运动过程中发生垂直交换，具紊流性质，故又称紊流型泥石流。它在运动过程中，无阵流现象。停积后固液两相立即离析，堆积物呈扇形散流，有一定分选性，堆积地形较平坦。

3. 按泥石流流域的形态特征分类

（1）标准型泥石流。具有明显的形成、流通、沉积 3 个区段。形成区多崩塌、滑坡等不良地质现象，地面坡度陡峻。流通区较稳定，沟谷断面多呈 V 形。沉积区一般形成扇形地，沉积物棱角不明显。破坏能力强，规模较大。

（2）河谷型泥石流。流域呈狭长形，形成区分散在河谷的中、上游。固体物质补给远离堆积区，沿河谷既有堆积亦有冲刷。沉积物棱角不明显。破坏能力较强，周期较长，规模较大。

（3）山坡型泥石流。沟小流短，沟坡与山坡基本一致，没有明显的流通区，形成区直接与堆积区相连。扇坡陡而小，沉积物棱角尖锐，大颗粒滚落扇脚。冲击力大，淤积速度较快，但规模较小。

3.6.4.3 泥石流的防治

1. 勘测

在勘测时，应通过调查和访问，查明泥石流的类型、规模、活动规律、危害程度、形成条件和发展趋势等，作为工程布局和选择方案的依据。发生过泥石流的沟谷，常遗留有泥石流运动的痕迹。如离河较远，不受河水冲刷，则在沟口沉积区都发育有不同规模的洪积扇，扇上堆积有新沉积的泥石物质，有的还沉积有表面嵌有角砾、碎石的泥球。在流通区，往往由于沟窄，经泥石流的强烈挤压和摩擦，沟壁常遗留有泥痕、擦痕及冲撞的痕迹。在有些地区，虽然未曾发生过泥石流，但存在形成泥石流的条件，在某些异常因素（如大地震、特大暴雨等）的作用下，有可能促使泥石流的突然暴发，对此，在勘测时应特别予以注意。

2. 线路通过泥石流地区时的选线原则

路线跨越泥石流沟时，首先应考虑从流通区或沟床比较稳定、冲淤变化不大的堆积扇顶部用桥跨越。这种方案可能存在以下问题：平面线型较差，纵坡起伏较大，沟口两侧路堑边坡容易发生崩塌、滑坡等病害，还应注意目前的流通区有无转化为堆积区的趋势（图 3 - 25 的方案 1）。

如泥石流流量不大，在全面考虑的基础上，路线也可以在堆积扇中部以桥隧或过水路面通过。采用桥隧时，应充分考虑两端路基的安全措施，这种方案往往很难彻底克服排导沟的逐年淤积问题。通过散流发育并有相当固定沟槽的宽大堆积扇时，宜按天然沟床分散设桥，不宜改沟归并。如堆积扇比较窄小，散流不明显，则可集中设桥，一桥跨过。在处于活动阶段的泥石流堆积扇上，一般不宜采用路堑。路堤设计应考虑泥石流的淤积速度及公路使用年限，慎重确定路基标高（图 3 - 25 的方案 2）。

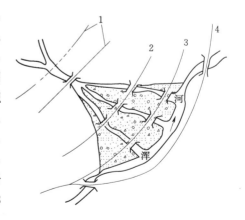

图 3 - 25 泥石流地区选线示意图

当河谷比较开阔，泥石流沟距大河较远时，路线可以考虑走堆积扇的外缘。这种方案线型一般比较舒顺，纵坡也比较平缓。可能存在以下问题：堆积扇逐年向下延伸淤埋路基，河床摆动使路基有遭受水毁的威胁（图 3 - 25

的方案3)。

对泥石流分布较集中、规模较大、发生频繁、危害严重的地段，应通过经济和技术比较，在有条件的情况下，可以采取跨河绕道走对岸的方案或其他绕避方案（图3-25的方案4)。

3. 泥石流的防治措施

防治泥石流应全面考虑跨越、排导、拦截及水土保持等措施，根据因地制宜和就地取材的原则，注意总体规划，采取综合防治措施。

(1) 水土保持。包括封山育林，植树造林、平整山坡、修筑梯田，修筑排水系统及支挡工程等措施。水土保持虽是根治泥石流的一种方法，但需要一定的自然条件，收效时间也较长，一般应与其他措施配合进行。

(2) 滞流与拦截。滞流措施是在泥石流沟中修筑一系列低矮的拦挡坝，其作用是拦蓄部分泥砂石块，减弱泥石流的规模，固定泥石流沟床，防止沟床下切和谷坡坍塌，减缓沟床纵坡，降低流速。拦截措施是修建拦渣坝或停淤场，将泥石流中的固体物质全部拦淤，只许余水过坝。

(3) 排导。采用排导沟、急流槽、导流堤等措施使泥石流顺利排走，以防止掩埋道路，堵塞桥涵。排导沟是一种常用的建筑物，设计排导沟应考虑泥石流的类型和特征，为减小沟道冲淤，防止决堤漫溢，排导沟应尽可能按直线布设；必须转弯时，应有足够大的弯道半径；排导沟纵坡宜一坡到底，如必须变坡时，从上往下应逐渐弯陡；排导沟的出口处最好能与地面有一定的高差，同时必须有足够的堆淤场地，最好能与大河直接衔接。

(4) 跨越。根据具体情况，可以采用桥梁、涵洞、过水路面、明洞及隧道、渡槽等方式跨越泥石流。采用桥梁跨越泥石流时，既要考虑淤积问题，也要考虑冲刷问题。确定桥梁孔径时，除考虑设计流量外，还应考虑泥石流的阵流特性，应有足够的净空和跨径，保证泥石流能顺利通过。桥位应选在沟道顺直、沟床稳定处，并应尽量与沟床正交，不应把桥位设在沟床纵坡由陡变缓的变坡点附近。

3.7　地　震　与　活　断　层

地震是一种常见的地质作用。岩石圈物质在地球内动力作用下产生构造活动而发生弹性应变，当应变能量超过岩体极限强度时，岩石就会发生破裂或沿原有的破裂面发生滑移，应变能以弹性波的形式突然释放并使地壳振动而发生地震。

最初释放能量引起弹性波向外扩散的地下发射源为震源，震源在地面上的垂直投影为震中。震中到震源的距离称为震源深度（图3-26），按震源深度地震可分为浅源地震（0～70km）、中源地震（70～300km）和深源地震（300～700km）。大多数地震发生在地表以下几十公里地壳中，破坏性地震一般为浅源地震。

按照成因，有构造地震、火山地震、塌陷地震和诱发地震4种地震类型。地壳运动过程中，地壳不同部位受到地应力的作用，在构造脆弱的部位容易发生破裂和错动而引起地震，这就是构造地震。全球90%以上的地震属于构造地震。火山活动也能引起地震，它占地震发生总量的7%左右。火山喷发前岩浆在地壳内积聚、膨胀，使岩浆附近的老断裂产生新活动，也可以产生新断裂，这些新老断裂的形成和发展均伴随有地震的产生。大规模的崩塌、滑坡或地面塌陷也能够产生地震，即塌陷地震。此外，采矿、地下核爆破及水库蓄水或向地下注水等人类活动均可诱发地震。

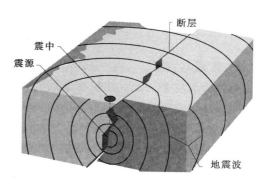

图 3-26 地震形成过程示意图

3.7.1 地震波

地震所产生的振动是以弹性波的形式传播出来的，这种弹性波称为地震波。地震时通过地壳岩体在介质内部传播的波称为体波，体波经过折射、反射而沿地面附近传播的波称为面波，面波是体波形成的次生波。

体波包括纵波和横波。纵波又叫疏密波，由介质体积变化而产生，并靠介质的扩张与收缩传递，质点振动与波的前进方向一致，在某一瞬间沿波的传播方向形成一疏一密的分布，如图 3-27（a）所示。纵波振幅小，周期短。横波又叫扭动波，是介质性状变化的结果，质点的振动方向与波传播方向互相垂直，各质点间发生周期性的剪切振动，如图 3-27（b）所示。与纵波相比，其振幅大、周期长。由于纵波是压缩波，所以可以在固体介质或液体介质中传播；而横波是剪切波，所以它不能通过对剪切变形没有抵抗力的液态介质，只能通过固体介质。根据弹性理论，当泊松比 $\mu=0.22$ 时，纵波传播速度（v_p）与横波传播速度（v_s）有以下关系：$v_p=1.67v_s$。所以地震仪器记录地震波时，速度快的纵波最先达到，因而称其为初至波（P 波，Primarywave），速度慢的横波稍后到达，故又称其为次至波（S 波，Secondarywave）。

面波是体波到达地面后激发的次生波。它仅限于地面运动，向地面以下迅速消失。这种波分为两种，一种是在地面上做蛇形运动的勒夫波（Lovewave），质点在水平面上垂直于波前进方向做水平振动。与横波不同的是，勒夫波只在水平面上做左右摆动，而横波可在左右方向和垂直方向上摆动，如图 3-27（c）所示。另一种是在地面上滚动的瑞利波（Rayleighwave），质点在与平行传播方向相垂直的平面内做椭圆运动，瑞利波产生的振动使物体发生垂直和水平方向的运动，如图 3-27（d）所示。

一个地震波记录图或地震谱最先记录的总是振幅小、周期短的 P 波，然后是 S 波，最后达到的

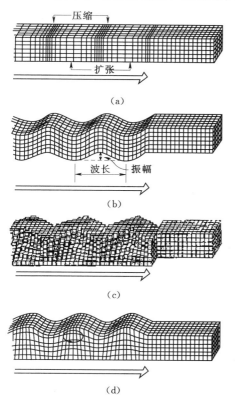

图 3-27 地震波传播方式示意图
（a）纵波；（b）横波；（c）勒夫波；（d）瑞利波

是传播速度最慢、振幅最大、波长最大的面波，统称为 L 波（Longwave）。一般情况下横波和面波达到时振动最强烈，建筑物的破坏通常是由横波和面波造成的。

3.7.2 震级与烈度

地震能否使某一地区建筑物受到破坏取决于地震能量的大小和该建筑物区距震中的远近，所以需要有衡量地震能量大小和破坏强烈程度的两个指标，即震级和烈度。它们之间虽然具有一定的联系，但却是两个不同的指标，不能混淆。

地震震级是表示地震本身能量大小的尺度，即以地震过程中释放出来的能量总和来衡量，释放出来的能量越大则震级越高。一次地震释放出来的能量是恒定的，在任何地方测定，只有一个震级。实际测定震级时，由于很大一部分能量已消耗于地层的错动和摩擦所产生的位能及热能，因而人们所能测到的主要是以弹性波形式传递到地表的地震波能。这种地震波能是根据地震波记录图的最高振幅来确定的。按李希特（C.F Richter）1935 年给出的原始定义，震级指距震中 100km 的标准地震仪（周期 0.8s、阻尼比 0.8、放大倍数 2800 倍）所记录的以 μm 表示的最大振幅（A）的对数值，其表达式为：$M = \log_2 A$。实际上，距震中 100km 处不一定设有符合上述标准的地震仪，因此必须根据任意震中距、任意型号的地震仪的记录经修正而求得震级。目前震级多以面波震级为标准，用 M_s 来表示。一级地震能量相当于 $2 \times 10^6 J$，每增大一级，能量约增加 30 倍；一个 7 级地震释放的能量相当于 30 个 20000t 级的原子弹。一般来说，小于 2 级的地震人们是感觉不到的，只有通过仪器才能记录下来，称为微震；2～4 级地震，人们可以感觉到，称为有感地震；5 级以上地震，可引起不同程度的破坏，称为破坏性地震；7 级以上称为强烈地震。现有记载的地震震级最大为 8.9 级，这是因为地震震级超过 8.9 级时岩石强度便不能积蓄更大的弹性应变能的缘故。由于地震是地壳能量的释放，震级越高，释放能量越大，积累的时间也越长。在易发震地区，如美国旧金山及其周围地区，平均一个世纪才可能发生一次强烈的地震，这就是说，大约需要 100 年积累的能量才能超过断层的摩擦阻力。这期间由于局部滑动可能发生小地震，但储存的能量还是能够逐渐积累起来，因为断层的其他地段仍然处于锁定状态。这说明，强震的发生具有一定的周期性，由于地震地质条件的差异性，不同地区发生强烈地震的周期也是不一样的。

地震烈度指地面及各类建筑物遭受地震破坏程度。地震烈度的高低与震级的大小、震源的深浅、距震中距离、地震波的传播介质及场地地质构造条件等有关。一次地震，距震中远的地方烈度低，距震中近处烈度高；相同震级的地震，因震源深浅不同，地震烈度也不同，震源浅者对地表的破坏就大。1960 年 2 月非洲摩洛哥的阿加迪，发生了 5.8 级地震，由于震源很浅（只有 3～5km），在 15s 内大部分房屋都倒塌了，破坏性很大。而同样震级的地震，若震源深，则相对破坏性小。

由此可见，一次地震只有一个相应的震级，而烈度则随地方而异，由震中向外烈度逐渐降低。在地震区把地震烈度相同的点用曲线连接起来，这种曲线称为等震线。等震线就是在同一次地震影响下，破坏程度相同的各点的连线，图上的等震线实际上是等烈度值的外包线。地震的等震线图十分重要，从等震线图中可以看出一次地震的地区烈度分布、震中位置。推断发震断层的方向（一般说来，发震断层的方向平行于最强等震线的长轴）；

利用等震线还可以推算震源深度和用统计方法计算在一定的震中烈度和震源深度情况下的烈度递降规律。等震线一般围绕震中呈不规则的封闭曲线。震中点的烈度称为震中烈度（I）。对于浅源地震，震级与震中烈度大致成对应关系，可用如下经验公式表示：$M_s = 0.58I + 1.5$。

为了表示地震的影响程度，就要有一个评定地震烈度的标准，这个标准称为地震烈度表，它把宏观现象（人的感觉、器物反应、建筑物及地表破坏等）和定量指标按统一的标准，把相同或近似的情况划分在一起，来区别不同烈度的级别。目前世界各国所编制的地震烈度表不下数十种。多数国家采用划分为Ⅻ度的烈度表，如我国、美国、前苏联和欧洲的一些国家；也有些国家采用Ⅹ度的，如欧洲的一些国家；而日本则采用划分为Ⅷ度的地震烈度表。

在建筑抗震设计中，涉及基本烈度、场地烈度、设计烈度3个概念。地震的基本烈度指某一地区在今后的一定期限内（在我国一般考虑100年或50年左右）可能遭遇的地震影响的最大烈度。它实质上是中长期地震预报在防震、抗震上的具体估量。由于小区域因素或场地地质因素影响的地震烈度有时也称为场地烈度，场地烈度是建筑物场地地质构造、地形、地貌和地层结构等工程地质条件对建筑物震害的影响烈度，目前对它尚不能用调整烈度方法来概括，而只是在查清场地地质条件的基础上，在工程实践中适当加以考虑。在场地烈度尚未完全采用定量指标的目前阶段，一切抗震强度的验算和防震措施的采取都是以基本烈度为基础，并根据建筑物的重要性按抗震设计规范作适当的调整。经过调整后的烈度称为设计烈度，是抗震工程设计中实际采用的烈度。设计烈度一般是在基本烈度确定后，根据地质、地形条件及建筑物的重要性来确定的。如对特别重要的建筑物，经国家批准，设计烈度可比基本烈度提高一度；重要建筑物可按基本烈度设计；对一般建筑物可比基本烈度降低一度，但基本烈度为Ⅵ度时，则不再降低。

3.7.3 地震的时空分布

全球地震的分布与大地构造密切相关。世界范围内的主要地震带是环太平洋地震带、地中海喜马拉雅地震带和大洋中脊地震带。环太平洋地震带是世界上最大的地震带，在这一狭窄条带内震中密度最大，全世界80％的浅源地震、90％的中源地震和几乎全部深源地震集中于环太平洋地震带。该带沿一系列山脉而行，从美洲南端的合恩角沿西海岸到阿拉斯加向西横跨到亚洲，在亚洲沿太平洋海岸自北向南经过勘察加、日本、菲律宾、新几内亚、斐济，最后到达南端的新西兰而构成环路。地中海喜马拉雅地震带（或称欧亚地震带）为全球第二大地震带，震中分布较环太平洋地震带分散，所以该地震带的宽度大且有分支。它从直布罗陀一直向东伸展到东南亚。此带地震以浅源地震为主，在帕米尔、喜马拉雅分布有中源地震，深源地震主要分布于印尼岛弧。环太平洋地震带以外的几乎所有深源、中源地震和大的浅源地震均发生于此带。大洋中脊地震带呈线状分布于各大洋的中部附近。这一地震带远离大陆，20世纪60年代海底扩张和板块构造理论的发展才使人们注意到这一地震带。这一地震带的所有地震均产生于岩石圈内，震源深度小于30km，震级绝大多数小于5级。

上述地震带分布绝非偶然，而是现代构造运动的产物。根据板块构造理论，以上述3大地震带为边界，整个刚性岩石圈被分为6大刚性体和多个较小的板块。由于大洋中脊增生、板块俯冲和转换断层等岩石圈运动，才形成了上述有规律分布的全球性地震带。比较而言，稳定的大陆内部相对宁静，但板块内部环境也能成为大地震的场所，非常强烈的地震偶尔也发生在板块的内部，1993 年的拉图尔地震即发生在古老的、稳定的印度次大陆的中心部位。板块内部的地震活动被认为是与深部的古断层构造再次复活有关。

中国地处欧亚板块的东南部，位于太平洋板块、欧亚板块、菲律宾板块的交汇处，这构成了中国构造活动与地震活动的动力背景。在欧亚地震带东部的中亚地区，有一个非常著名的地震活动密集三角区，其西北边界为帕米尔—天山—阿尔泰—蒙古—贝加尔湖，西南边界为喜马拉雅山，东部边界呈南北走向，由缅甸经中国的云南、四川、甘肃、青海东部、宁夏到蒙古。这个三角区完全覆盖了中国大陆的西半部。所以，中国地震活动的空间分布表现为西密东疏。国家地震局出版的中国地震震中分布图表明，中国地震主要分布在台湾、青藏高原（包括青海、西藏、云南、四川西部）、宁夏、甘肃南部、新疆和华北地区，而东北、华南和南海地区分布较少。

3.7.4　地震的监测与预报

地震灾害是人类面临的最可怕的地质灾害之一，地震预报是地震学研究的重要课题之一。20 世纪 60 年代以来，在政府的大力支持下，日本、俄罗斯、中国和美国都陆续建立了地震预报研究的专门机构和地震预报实验场。虽然地震预报研究取得了一定的进展，但由于人类对地震孕育、前兆异常机理等内在机制的认识还不够深入，地震预报的各种方法都还处于理论探讨阶段。

1. 地震监测

地震监测是地震预报的基础。通过布设测震站点、前兆观测网络及信息传输系统提供基本的地震信息，从而进行地震预报甚至直接传入应急防灾减灾指挥决策系统。

目前，全球许多活动断层都处于严密的监测控制之下。监测方法从技术含量很低的对动物群异常反应的观察到使用精密仪器自动监测断层活动性，并通过通信卫星把数据传递到地震监测中心。全球范围内几乎所有多地震的国家都已建立了地震监测站网，并形成了全球数字化地震台网（Global Seism Net，GNS）。GNS 是由分布在全世界 80 多个国家总计 120 个台站组成的，可使全世界数据用户方便地获取高质量的地震数据，大多数数据可通过与计算机相连的调制解调器在互联网上访问查阅，明显地改善了用于地震报告和研究的数据的质量、覆盖范围和数量。

目前，我国已在全国主要的地震活动区建立了地震监测系统，建成了北京、上海、成都、昆明、兰州等 6 个地震数据电信传输台网及 9 个数字化地震台站。全国现有地震和 10 余种前兆专业地震监测台站观测点共计 970 个；每年还对重力、地磁、地形变进行流动测量，测线逾 20000km，观测点达 4000 多个；除此之外，还有一批群众地震测报点及地方和企业管理的台站，达 379 个。基本上形成了遍布全国各地、具有相当规模、专群结合的地震监测网。

2. 地震预报

鉴于目前人类的视线还无法穿透厚实的岩层直接观测地球内部发生的变化，因此，地震预报，尤其是短期临震预报始终是困扰世界各国地震学家的一道世界性难题。按预报的时间长短，地震预报分为长期预测（几年到几十年或更长时间）、中短期预报（几个月到几年）和临震预报（几天之内）。地震长期预测是根据构造运动旋回和地震活动周期进行的。在特定区域内未来几年或几十年内地震的预测已经取得了比较满意的成功。地震学家知道什么地方危险性最大，他们能够计算出给定时间段内特定区域发生大地震的概率。地震的中短期预报和临震预报还远未取得成功。其部分原因是地震机制和过程深埋地下，不便于人们进行研究和监测。此外，地震的短临期预报主要基于先兆现象的观察，而先兆现象并不是在所有的地震发生之前都会出现。

地震预报是与地震监测密不可分的。许多单项地震预报方法就是从某一学科出发监测地壳形变、地下流体变动、大地电场、磁场、重力场的异常变化等发展而来的。地震综合预报是在各单项预报研究的基础上，应用现有的震例经验和现阶段对孕震过程的理论认识，研究在地震孕育、发生过程中各种地球物理、地球化学、空间环境等多种异常现象之间的关联与组合，及其与孕震过程的内在联系，从而综合判定震情并进行地震预报。综合预报的研究内容主要有两个方面：研究各种前兆现象之间的相互关联与组合，包括各种前兆现象的综合特征和相互间的内在联系；研究多种前兆的关联、组合与孕震过程的联系，包括各种前兆在孕震过程中出现的物理背景、多种前兆的综合机制、前兆异常的物理力学成因及其与未来地震三要素的关系等。除上述各种技术方法外，有时通过观察动物的异常行为也能预报地震。全球各地有许多关于震前动物异常行为的文献报道和非正式报道。许多动物在大地震发生前行为特别反常，如动物园里一向安静的熊猫高声尖叫、天鹅拒绝靠近水、牦牛不吃食物、蛇不进洞等，还有成群结队的老鼠在大街上奔跑而不惧怕行人。针对动物的震前异常行为，日本研究人员还进行了大量的实验室试验专门研究动物行为与地震之间的联系。

3.7.5 减轻地震灾害的工程对策

历次地震震害调查分析表明，地震造成的直接经济损失和人员死亡，主要是建筑物的倒塌破坏造成的。因此，最大限度地减轻建筑物在地震时的倒塌破坏，是减轻地震灾害的重要途径。要防止建筑物在地震时发生倒塌，就必须做好勘察、设计、施工和使用与维修等各个环节工作。

（1）勘察。尽管我国的抗震设防工作已经进行了几十年，而且《抗震规范》（GB 50011—2010）对岩土工程勘察也有明确的规定，但由于有关人员对抗震性能评定的基本要求和它对抗震设计的重要性缺乏足够的认识，往往使进行的岩土工程勘察不满足开展抗震设防的要求。特别是在广大偏远的农村，人们的抗震意识极其淡薄，建房盖屋依然是随地而建，有的在建房前依据经验进行了粗略的踏勘，有的甚至连踏勘也没进行。在这样的场地上建立的建筑物的抗震性能就可想而知了。场地抗震性能的评价和场地类别的划分，是抗震设计前期工作的重要组成部分，直接关系到抗震计算、基础选型及构造措施的合理性。因此，在岩土工程勘察时必须采用科学的方法，保证所得数据的准确性。在编制的岩土工程勘察报告中，应根据具体的地质条件和设计要求，提供建筑所在地段为有利或危险的判别，提供场地类别的划分、岩土地震稳定性评价、液化判别、软弱黏性土地基地震震陷的评估，以及时程分析法所需的土动力参数等比较全面的内容。

（2）设计。据有关资料介绍，建设部曾协助部分省市对近年来设计的60多项高层建筑和重点工程进行了抗震专项审查，结果发现在这些工程设计中都存在不同程度的问题，

其中有的问题已经造成工程隐患或建设投资的浪费。专家分析指出，目前全国至少有
10％的新建工程仍未达到抗震设防要求。如果对这些工程项目进行抗震加固，则将是一个
沉重的经济负担；若不做抗震加固又是一个巨大的隐患。近年来国内发生多起建筑物破坏
事故，其中有些就是由于设计不当造成的。在没有地震的情况下尚且如此，地震时情况将
会更糟糕。结构抗震计算分析通常是在计算机上进行的，计算结果的正确与否不仅与所使
用的软件有关，而且还与结构简化模型和输入数据有关。然而，任何一种软件都有其适用
范围和局限性，过分地依赖软件的计算结果也会给工程带来安全隐患。正确的做法是对计
算机计算结果进行判别分析和必要的调整，使之符合结构受力特点和变形规律。

（3）施工。据调查，由于我国的建筑市场目前还不规范，在平时的工程事故中，施工
原因占绝大部分。可靠的抗震设计只有靠高技术水平的施工才能体现，工程质量的高低不
仅与材料有关，而且更与施工者的自身素质有关。因此，在建筑施工中必须抓好管理和施
工人员的业务培训和思想道德教育，增强他们对自身责任感的认识，同时加强施工监理
工作。

（4）使用与维修。近几年来，由于不正确的使用引起的建筑物破坏事故也屡有发生。
例如，私自建造屋顶花园或菜地而增加屋面荷载，在装修时任意开墙打洞而破坏了承重结
构，在墙面上安装空调或广告设施等。这些行为不但会降低建筑结构的抗震能力，而且也
会给地震时的人员疏散带来安全隐患。建筑结构是针对可能遭遇的荷载及其组合而设计
的，对已经交付使用的建筑物，在没有得到有关部门许可的情况下，绝不能随意改变建筑
的结构布置，也不能任意加大使用荷载。建筑物由于环境的原因和材料自身的老化，如果
只使用而不维修，它的抗震性能就要降低。历次地震调查结果表明，凡是及时进行鉴定、
维修和加固的建筑物，在地震中的表现往往较好。因此，定期地进行鉴定、维修乃至加
固，是减轻建筑物地震破坏的一种有效途径。

3.7.6　活断层

活断层一般被理解为目前正在活动着，或者近期曾有过活动而不久的将来可能重新活
动的断层。关于"近期"的看法不一，有的认为只限于全新世之内（即最近 11000 年），
有的则限于最近 35000 年（以 C^{14} 确定绝对年龄的可靠上限），还有的限于晚更新世之内
（最近 100000 年或 500000 年）。所谓"不久的将来"，一般指的是重要建筑物如大坝、核
电站等的使用年限，按 100 年考虑较为合适。

活断层一般是沿已有断层产生错动，它常常发生在现代地应力场活跃的地方，可以直
接涉及第四纪疏松土层。为工程目的研究活断层，主要着重于对其活动特性及对建筑物影
响的研究。

活断层对工程建筑物的影响有以下两个方面：其一是活断层的地面错动及其附近伴生
的地面变形，往往会直接损害跨断层修建或建于其邻近的建筑物；其二是活断层发震使附
近建筑物受到损害。活断层错动直接损害建筑物的例子，如 1976 年 7 月 28 日我国唐山地
震时的长达 8km 的地表错断。它呈 N30°E 东方向由市区通过，最大水平错距 3m，垂直断
距 0.7～1m，破坏了一切地面建筑物。宁夏石嘴山红果子沟一带的活断层，也将建于 400
年前的明代长城边墙水平错开 1.45m（右旋），且西升东降铅直断距约 0.9m。活断层所伴
生的地震对建筑物损害的例子很多。总的说来，活断层对工程建筑物的影响较大，因而对

活断层进行工程地质研究有重要意义。

1. 活断层的特性

（1）活断层是深大断裂复活运动的产物。活断层往往是地质历史时期产生的深大断裂（即切穿上地壳、地壳或岩石圈的断裂），在晚近期和现代构造应力条件下重新活动而产生的。

（2）活断层往往是继承老的断裂活动历史而继续发展的，而且现今发生的地面断裂破坏的地段过去曾多次反复发生过同样的断层活动。一些古地震震中总是沿活断层有规律地分布，岩性和地貌错位反复发生，累积叠加。我国活断层的分布，主要继承了中生代和第三纪以来断裂构造的格架。

活断层不一定是长期持续不断地产生明显的活动。历史证明，世界上有些地区的断层在两次明显活动之间，有一个相对静止期，这个活动的周期是以百年或数百年来计算的。根据安布拉塞斯和保尼拉的资料，美国加州圣·安德烈斯断层的某段，其活动可能是 50～100 年发生一次，克拉克（Clark）等对科约特溪断层研究提出，每隔 150～200 年错动一次。这个具有重大意义的问题目前仍在探索之中。

活断层在历史上可能产生的活动次数（频率），是一个很有实际意义的问题。安布拉塞斯（1969 年）收集了 1905～1967 年期间发生的 54 次活断层资料，保尼拉（1970 年）收集了 1847～1967 年期间发生的 63 次活断层资料，分析研究证明，位移较小的活断层发生的次数多。这些资料中，一次位移达到 10m 以上的活断层，在 50～100 年期间只有 1～2 次。而发生的大多数活断层，位移小于 1～2m。近年来发现了大量不同位移的活断层，其分布情况为渐进线形式，只在位移为 1m 以下的活断层范围内有误差。

（3）由于构造应力状态不同，活断层亦可划分为不同类型。根据断层面位移矢量方向与水平面的关系，可将活断层划分为倾滑断层与走滑断层。倾滑断层又可分为逆（冲）断层和正断层，走滑断层又可分为左旋断层和右旋断层；还有倾滑与走滑的组合断层。它们的几何特征与运动特性不同，对工程场地的影响也各异。

（4）活断层的活动方式有两种：一种是间歇性突然错动，称地震断层或黏滑型断层；另一种是沿断层面两侧连续缓慢地滑动，称蠕滑型断层。黏滑型断层的围岩强度高，断裂带锁固能力强，能不断地积累应变能达到相当大的量级。而当应力达到岩体的强度极限后，则突然错动而发生大的地震。蠕滑型断层不能积累较大的应变能，持续缓慢的断层活动一般无地震发生，有时可伴有小震。我国大多数活断层属黏滑型断层。一条巨大的活断层，由于不同地段的围岩类型和性质不同，因而可有不同的活动方式。

2. 活断层判别标志

断层在地壳中分布广泛，很难找一个完全不受断层影响的完整无缺的岩体。古老断层是一个地区或场地的缺陷，而活断层更因它的可能活动，会直接破坏一个地区或场地的稳定，甚至造成建筑物的失事。因此在实际工作中，应该尽全力把活断层与一般断层区别开来。

（1）活断层往往错断、拉裂或扭动全新世以来的最新地层。特别自人类历史以来所形成的岩层，如黄土层、残积层、坡积层、河床砂砾石层、河漫滩沉积层等被错断、拉裂或扭动，更是活断层的确凿证据。

（2）地表疏松土层出现大面积有规律分布的地裂缝，其总体延展方向又与基底断层的方向大体一致，这是基底活断层的有力证据。

（3）古老岩层与全新世以后最新岩层成断层接触，或者断层上覆全新世以来最新岩层又沿该断层线发生变形，该断层就是活断层。

（4）活断层破碎带中物质，一般疏松未胶结；最新充填物质，发生牵引变形或有明显的擦痕。

（5）活断层穿切现代地表，往往造成地形突变。水系上可使溪流同步转折，山嘴处可能形成三角断崖，河床纵剖面上可能形成瀑布（除岩性差别的影响）、急滩及漫滩阶地高程或类型的不连续，山口处可错断冲、洪积扇。

（6）河谷常与断层一致，断层往往被河床冲积层所覆盖。如果断层在全新世活动，就会使河谷一岸阶地缺失或两岸的阶地不对称，同一级阶地在一岸低而另一岸高；两侧地貌特征也会很不协调，一侧上升为高山陡崖，另一侧下降为平缓丘陵。

（7）活断层有时错断古建筑物，如万里长城、古城堡和古墓等。

（8）活断层附近常常伴有较频繁的地震活动，有时也会有火山活动。

（9）活断层往往显示出重力、地热、射线等物理异常现象。

3. 活断层区建筑原则

如果一个地区活断层较集中并形成若干条活动断裂交汇带，该地区的稳定性就会很差。在这种地区进行工程建筑，必须很好地进行区域稳定性评价，供规划设计部门考虑。

建筑场地选择一般应避开活动断裂带，特别是重要的建筑物更不能跨越在活断层上。铁路、输水线路等线性工程必须跨越活断层时也应尽量避开主断层。有的工程必须在活断层附近布置，建筑物放在活断层的下盘较为妥善。此外，应选择合适的建筑物结构形式和尺寸，如水工建筑宜采用土坝。

有活断层的建筑场地需进行危险性分区评价，以便根据各区危险性大小和建筑物的重要程度合理配置建筑物。

第4章 岩石与土的工程性质

4.1 概　　述

4.1.1 岩石、土、岩体的工程性质差别

岩石和土都是矿物的集合体，是自然地质作用的产物，并在地质作用下相互转化。土在一定温度和压力下，经过压密、脱水、胶结和重结晶等成岩作用形成岩石；岩石经过风化作用又变成土。岩石与土之间，既有多方面的共性和密切的联系，又有明显的不同。一般来说，岩石的力学性质、抗水性及完整性等均比土好得多；但也有些岩石和土很难区别。例如，某些固结程度较差的黏土岩、泥灰岩、凝灰岩等，颗粒间的连接弱、强度低、抗变形性能差，其工程性质与土接近，可以作为岩石与土的过渡类型。但总的来说，岩石的建筑条件比土要优越得多，许多土体中出现的工程地质问题对于岩体来说都显得微不足道了。岩石与土之间的区别，主要表现在以下几个方面：

（1）岩石矿物颗粒之间具有牢固的连接，这既是岩石重要的结构特征，也是岩石区别于土并赋予岩石优良工程性质的主要原因。

岩石颗粒间连接分结晶连接和胶结连接两种。结晶连接是岩石中矿物颗粒通过结晶相互嵌合在一起的连接，如岩浆岩、大部分变质岩及部分沉积岩均具有这种连接；胶结连接是岩石中颗粒通过胶结物胶结在一起的连接，如碎屑沉积岩、黏土岩等具有这种连接。这两种连接都表现出很强的连接力，所以被称为"硬连接"。而土的颗粒间或毫无连接，或是连接力很弱的水胶连接和水连接，其连接力是无法与岩石颗粒间的连接相比拟的。因此，土表现出松散、软弱的特征，连接力也不稳定。黏性土干时因粒间公共水化膜变薄而连接力较强，显得比较坚硬，而含水量增大时则其连接力削弱、质地变软。岩石的硬连接不单赋予它以很高的强度和抗变形性能，而且使其具有明显的抗水性。大部分坚硬的岩石浸水后连接力并无明显的衰弱，也不会显著地被软化。与土相比较，岩石的这种性质更为重要。当然有些岩石的抗水性并不高，如黏土岩，遇水也会被软化。由易溶盐类矿物组成的岩石，如盐岩、石膏等，浸水后易溶蚀。还有些时代较新胶结不良或胶结物为泥质和易溶盐类的砂砾岩，抗水性也不高，在水的长期作用下连接力就会下降或丧失。

（2）岩石虽然与土比起来具有强度高、不易变形、整体性好及抗水性好的优点，但作为建筑物地基或建筑物环境的岩体，也具有缺陷。

岩石作为工程地基、围岩或建筑材料，较之疏松土有许多优良特性，如连接牢、变形小、强度大、抗水性强、透水性弱等。因此在相当长的时期内，人们忽视对其工程性质做深入研究。近几十年来，随着人类工程活动的规模越来越大，对地基、围岩和建筑材料的需要越来越高，在工程实践中，特别是在一些大型建筑物失事的教训中，人们逐渐地认识到，岩石与岩体的工程性质差别很大。

岩石和岩体过去统称岩石。实际上，从工程地质观点看，岩石和岩体有明显的区别。岩石是矿物的集合体，没有显著软弱面的石质材料；而岩体则是岩石的地质综合体，它是由被各式各样宏观地质界面分割成大小不等、形态各异、多有一定规律排列的许多岩石块体组合形成的地质体。从抽象的、典型化的概念来说，可以把岩体看做是由结构面和受它包围的结构体共同组成的；而岩石是不含有结构面的矿物集合体，可以将岩石近似看做岩块（结构体）进行分析和研究。具有一定的结构是岩体的显著特征之一，它决定了岩体的工程特性及其在外力作用下的变形破坏机理，岩体往往表现出明显的不连续、非均质和各向异性。

（3）岩体重具有较高的地应力，这是岩体在长期的地质历史过程中，遭受地质构造作用的结果。而土体中仅有自重应力的存在。地应力的存在，使岩体的物理性质、力学性质变得更为复杂。

4.1.2　工程性质内容与指标

在工程地质学上，岩石工程性质主要包括物理性质、水理性质及力学性质三个方面。

4.1.2.1　岩石的物理性质

岩石物理性质是岩石的基本工程地质性质，主要有岩石的重量、空隙性、热学性等方面。

1. 岩石重量

比重：又称相对密度，是单位体积岩石固体部分的重量与同体积水的重量（4℃）之比。测定岩石比重，需将岩石研磨成粉末烘干后，再用比重瓶法测定。常见岩石比重多为2.50～3.30。

容重：单位体积岩石的重量。按岩石的含水状况不同，容重可分为天然容重、干容重和饱和容重；天然容重和饱和容重又可称湿容重。但由于一般岩石的空隙很少，其干容重与湿容重数值上差别不大，与岩石比重也比较接近。通常可用干容重来表示岩石的天然容重。

2. 岩石空隙性

岩石空隙性是岩石孔隙性和裂隙性的统称。岩石空隙性常用空隙率表示，也可用孔隙率和裂隙率表示。

空隙率：岩石空隙体积与岩石总体积之比，以百分数表示。岩石空隙有的与外界连通，有的不连通；空隙开口也有大小之分。因此，岩石空隙率可以根据空隙类型区分为总空隙率、大开空隙率、小开空隙率、总开空隙率、闭空隙率等 5 种。

一般提到的岩石空隙率，均指岩石总空隙率。岩石因形成条件及其后期经受的变化不同，空隙率变化很大，其变化区间可自小于 1％ 到百分之几十。新鲜结晶岩类空隙率一般较低，很少大于 3％；沉积岩空隙率较高，一般小于 10％，但部分砾岩和充填胶结差的砂岩空隙率可达 10％～20％。风化程度加剧，岩石空隙率相应增加，可达 30％ 左右。

3. 岩石热学性

岩石热学性在深埋隧道、地热利用、高寒地区工程建设及核废料处理方面都有很重要的实际意义，在岩石的热学性质指标中，最主要的是岩石的比热容。岩石的比热容是指

1g 岩石物质的温度上升 1℃ 所需要的热量，用以表示岩石储藏热量的能力。

4.1.2.2 岩石水理性质

岩石水理性质指岩石与水相互作用时所表现的性质，通常包括岩石吸水性、透水性、软化性和抗冻性等。

1. 岩石吸水性

岩石在一定试验条件下的吸水性能称岩石吸水性。它取决于岩石空隙数量、大小、开闭程度和分布情况。表征岩石吸水性的指标有吸水率、饱水率和饱水系数。

岩石吸水率指岩石试件在一个大气压力下吸入水的重量与岩石干重之比，以百分数表示。

岩石饱水率指岩石在高压（一般为 150 个大气压）下或在真空中吸入水重与岩石干重之比，以百分数表示。

岩石饱水系数指岩石吸水率与饱水率之比，饱水系数反映了岩石中大开型空隙的相对数量。一般岩石的饱水系数在 0.5～0.8 之间。

2. 岩石透水性

岩石能被水透过的性能称岩石透水性，水只沿连通空隙渗透。岩石透水性大小可用渗透系数衡量，它主要决定于岩石空隙的大小、数量、方向及其相互连通情况。

3. 岩石软化性

岩石浸水后强度降低的性能称岩石的软化性。岩石软化性与岩石空隙性、矿物成分、胶结物质等有关。岩石软化性大小常用软化系数（软化系数＝岩石饱水状态的抗压强度／岩石干燥状态的抗压强度）来衡量。软化系数小于 1。通常认为，岩石软化系数大于 0.75，软化性弱，抗水、抗风化和抗冻性能强；软化系数小于 0.75，工程地质性质较差。

4. 岩石抗冻性

岩石抵抗冻融破坏的性能称岩石的抗冻性。岩石浸水后，当温度降到 0℃ 以下时，其空隙中的水将冻结，体积增大 9%，产生较大的膨胀压力，使岩石的结构和连接发生改变，直至破坏。反复冻融将使岩石强度降低。可用强度损失率和重量损失率表示岩石的抗冻性能。

强度损失率是饱和岩石在一定负温度（一般为 -25℃）条件下，冻融 10～25 次（视工程具体要求而定，有的要求冻融 100～200 次或更高），冻融前后的抗压强度之差与冻融前抗压强度的比值，以百分数表示。重量损失率是在上述条件下，冻融前后试样重量之差与冻融前干试样重量的比值，以百分数表示。

岩石强度损失率与重量损失率的大小，主要取决于岩石开型空隙发育程度、亲水性和可溶性矿物含量及矿物颗粒间连接强度。开型空隙越多越大，亲水性和可溶性矿物含量越多，则强度损失率越高；反之则越低。一般认为，强度损失率小于 25% 或重量损失率小于 2% 的岩石为抗冻的。此外，吸水率小于 0.5%，软化系数大于 0.75，饱水系数大于 0.6～0.8，均为抗冻的岩石。

4.1.2.3 岩石力学性质

在外力作用下岩石首先产生变形，随着力的不断增加，达到或超过某一极限值时，便产生破坏，岩石发生破坏时的应力称为岩石的强度。岩石的力学性质指岩石在各种静力、动力作用下所表现的性质，主要包括变形和强度。岩石的变形性质所表现的是岩石对外力的尺寸响应，而强度性质所表现的是岩石抵抗外力破坏的能力。

1. 岩石变形

物体上任一点绝对或相对位移或者线性尺寸的变化，称为该物体的变形。岩石在应力作用下，首先发生变形，然后破坏。岩石按力学性质可概括为弹性、塑性、脆性、弹塑性及弹脆性。弹性岩石在外力作用下（一定限度内）发生变形，除去外力能完全恢复原来的形状和尺寸；塑性岩石在外力作用下发生变形，除去外力不能完全恢复原来的形状和尺寸，残留一部分永久变形；脆性岩石在外力作用下无显著变形就破坏；弹塑性岩石受力后至破坏前所产生的弹性变形小于塑性变形；弹脆性岩石受力后至破坏前所产生的弹性变形大于塑性变形。研究岩石的变形性质，主要是研究岩石在外力作用下所表现出来的应力—应变关系。根据大量的实验研究，在单向压力作用下，岩石试件在破裂前后全过程的应力—应变关系的曲线一般如图 4-1 所示。变形过程可分为 6 个阶段：微裂隙和孔隙闭合阶段（OA）；弹性变形阶段（AB）；部分弹性变形和微裂隙扩展阶段（BC）；非稳定性裂隙扩展阶段至岩石变形破坏阶段（CD）；微裂隙聚集与扩展阶段（DE）；沿破裂面滑移阶段（EF）。

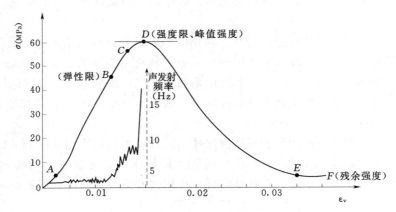

图 4-1　岩石典型全程应力—应变曲线

岩石变形模量和泊松比是表征岩石变形特性的两个基本指标，用来计算岩石变形，作为基础设计的重要依据。变形模量指岩石在单向受压时，轴向应力（σ）与轴向应变（ε）之比。当应力—应变为直线时，变形模量为常量，变形为弹性变形，所以该模量又称为弹性模量；当应力—应变为曲线关系时，变形模量为变量，即不同应力阶段上的模量不同，常用初始模量、切线模量和割线模量 3 种模量来表示。岩石变形模量总不大于弹性模量，根据岩石变形特征，工程上一般采用变形模量，对少数很坚硬而致密的岩石，才采用弹性模量，其弹性模量与变形模量近似相等。泊松比是岩石在单向压应力（或拉应力）作用下所产生的横向膨胀应变与纵向压缩应变之比。

2. 岩石强度

岩石抵抗外荷而不破坏的能力称为岩石强度。外荷作用于岩石，主要由组成岩石的矿物颗粒及其矿物颗粒之间的连接来承担。外荷过大并超过岩石能承担的能力时便造成破坏。按外荷的作用方式不同，岩石强度可分为抗压强度、抗剪强度和抗拉强度。岩石在外荷作用下遭到破坏时的强度，称为极限强度。

（1）岩石抗压强度。岩石单向受压时，抵抗压碎破坏的最大轴向压应力，称为岩石的极限抗压强度，简称抗压强度。抗压强度是反映岩石力学性质主要的指标之一，它受一系列因素的影响与控制：①岩石矿物成分、颗粒大小、胶结程度，特别是岩石层理、片理等，对岩石强度影响很大。压力方向垂直层理大于平行层理时的抗压强度；结晶岩石大于非结晶岩石的抗压强度；细晶岩石大于粗晶岩石的抗压强度。②岩石风化和裂隙，大大降低抗压强度。新鲜花岗岩抗压强度可超过 $1000 kg/cm^2$，而风化后可降至 $40 kg/cm^2$ 或更低。③饱和条件下岩石小于天然状态或干燥条件下岩石的抗压强度。④试验条件对抗压强度亦有影响。加荷速率增加，岩石抗压强度增加；一般在相同试验条件下，岩石抗压强度随试件尺寸的增大而减小。

（2）岩石抗剪强度。岩石抵抗剪切破坏时的最大剪应力称为抗剪强度。根据工程实际的剪切破坏情况，可分为 3 种抗剪强度。岩石抗切断强度是岩石在剪断面上无正压应力条件下被剪断时的最大剪应力；岩石抗剪强度是岩石在剪断面上有一定压应力作用下被剪断时的最大剪应力；岩石摩擦强度是岩石在压应力作用下沿某一已有的摩擦面被剪动时的最大剪应力。

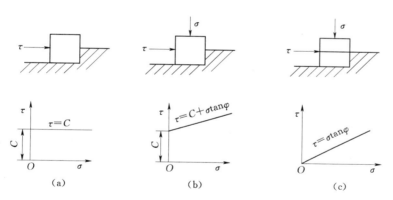

图 4-2　岩石在不同加载方式下的抗剪强度
(a) 抗切；(b) 抗剪；(c) 摩擦

（3）岩石抗拉强度。岩石在单向拉伸破坏（断裂）时的最大拉应力，称为抗拉强度。抗拉强度也是岩石力学性质中主要的指标之一。从大量工程实践中得到启示，岩石破坏常与拉应力有关。测定岩石抗拉强度的方法有材料力学法、圆形薄片法、劈裂法（巴顿法）。但由于制样困难和试验技术复杂，存在不少需进一步解决的问题，因此目前一般利用它与抗压强度的比例关系间接确定。

4.2　岩石工程性质

岩石的工程性质好坏主要取决于两方面的因素：一是内部因素，即岩石的地质特征，包括岩体内部裂隙系统的性质及其分布情况、岩石的矿物成分、结构构造、成因产状等；二是外部因素，即岩石形成后所受的外部影响因素，包括风化作用、地质构造、流水等。

4.2.1　影响岩石工程性质的内部因素

1. 岩石的矿物成分

岩石是由矿物组成的，岩石的矿物成分对岩石的物理力学性质、岩石耐风化作用的能力都产生直接的影响。例如，辉长岩的比重大于花岗岩，这是因为辉长岩的主要矿物组成（辉石和角闪石）的比重均大于花岗岩的主要矿物组成（石英和正长石）的比重的缘故；石英的强度和抗风化的能力均大于方解石，所以石英岩的强度和抗风化的能力均大于大理岩。这充分说明，岩石在各种外部自然因素相似的情况下，矿物成分是影响岩石工程地质性质的主要因素之一。

虽然岩石的矿物成分不同会造成岩石的物理力学性质的明显差别，但也不能简单地认为，含有高强度矿物的岩石，其强度一定就高。因为岩石受力后，内部应力是通过矿物颗粒的直接接触来传递的，如果强度较高的矿物在岩石中互不接触，则应力的传递必然会受中间低强度矿物的影响，岩石不一定就能显示出高的强度。

从工程要求来看，大多数岩石的强度相对来说都是比较高的。所以，在对岩石的工程地质性质进行分析和评价时，更应该注意那些可能降低岩石强度的因素，如花岗岩中的黑云母含量是否过高，石灰岩、砂岩中黏土类矿物的含量是否过高等。黑云母是硅酸盐类矿物中硬度低、解理最发育的矿物之一，它容易遭受风化而剥落，也易于发生次生变化，最后成为强度较低的铁的氧化物和黏土类矿物。石灰岩和砂岩，当黏土类矿物的含量大于20％时，就会直接降低岩石的强度和稳定性。

2. 岩石的结构

岩石的结构特征，是影响岩石物理力学性质的一个重要因素。根据岩石的结构特征，可将岩石分为两类：一类是结晶连接的岩石，如大部分的岩浆岩、变质岩和一部分沉积岩；另一类是由胶结物连接的岩石，如沉积岩中的碎屑岩等。结晶连接结合力强，孔隙度小，比胶结连接的岩石具有更高的强度和稳定性。

结晶连接的岩石，结晶颗粒的大小对岩石的强度有明显影响。例如，粗粒花岗岩的抗压强度，一般在 120～140MPa 之间，而细粒花岗岩有的则可达 200～250MPa。又如，大理岩的抗压强度一般在 100～120MPa 之间，而最坚固的石灰岩则可达 250MPa。这说明，矿物成分和结构类型相同的岩石，其矿物结晶颗粒的大小对强度的影响是显著的。

胶结连接的岩石，其强度和稳定性主要决定于胶结物的成分和胶结的形式，同时也受碎屑成分的影响，变化很大。就胶结物的成分来说，硅质胶结的强度和稳定性高，泥质胶结的强度和稳定性低，铁质和钙质胶结的介于两者之间。如泥质胶结的砂岩，其抗压强度一般只有 60～80MPa，钙质胶结的可达 120MPa，而硅质胶结的则可高达 170MPa。胶结连接的形式，有基底胶结、孔隙胶结和接触胶结 3 种。肉眼不易分辨，但对岩石的强度有重要影响。基底胶结的碎屑物质散布于胶结物中，碎屑颗粒互不接触；基底胶结的岩石孔隙度小，强度和稳定性完全取决于胶结物的成分；当胶结物和碎屑的成分相同时（如硅质），经重结晶作用可以转化为结晶连接，强度和稳定性将会随之提高。孔隙胶结的碎屑颗粒互相间直接接触，胶结物充填于碎屑间的孔隙中，其强度与碎屑和胶结物的成分都有关系。接触胶结则仅在碎屑的相互接触处有胶结物连接，接触胶结的岩石孔隙度大、容重小、吸水率高、强度低、易透水。

3. 岩石的构造

构造对岩石物理力学性质的影响，主要是由矿物成分在岩石中分布的不均匀性和岩石结构的不连续性所决定的。前者指某些岩石所具有的片状构造、板状构造、千枚状构造、片麻构造及流纹构造等。岩石的这些构造，往往使矿物成分在岩石中的分布极不均匀。一些强度低、易风化的矿物，多沿一定方向富集，或呈条带状分布，或呈局部的聚集体，从而使岩石的物理力学性质在局部发生很大变化。岩石受力破坏和岩石遭受风化，首先都是从岩石的这些缺陷中开始发生的。后者指不同的矿物成分虽然在岩石中的分布是均匀的，但由于存在着层理和各种成因的孔隙，致使岩石结构的连续性与整体性受到一定程度的影响，从而使岩石的强度和透水性在不同的方向上发生明显的差异。一般来说，垂直层面的抗压强度大于平行层面的抗压强度，平行层面的透水性大于垂直层面的透水性。假如上述两种情况同时存在，则岩石的强度和稳定性将会明显降低。

4.2.2 影响岩石工程性质的外部因素

（1）地质构造。地壳产生构造变形时，生成各种节理和破碎带，使岩石破碎并且扩大了岩石与空气、水的接触面积，大大促进了岩石风化作用。褶曲轴部和断层破碎带及其附近裂隙密集发育的岩石，都非常有利于风化作用的进行。

（2）水。岩石受到水的作用时，水沿着岩石中可见和不可见的孔隙、裂隙浸入，浸湿岩石自由表面上的矿物颗粒，并继续沿着矿物颗粒间的接触面向深部浸入，削弱矿物颗粒间的连接，使岩石的强度受到影响。例如，石灰岩和砂岩被水饱和后，其极限抗压强度会降低 $25\% \sim 45\%$。即使是花岗岩、闪长岩及石英岩等岩石，被水饱和后，其强度也均有一定程度的降低，降低程度在很大程度上取决于岩石的孔隙度。当其他条件相同时，孔隙度大的岩石，被水饱和后其强度降低的幅度也大。和上述的几种影响因素比较起来，水对岩石强度的影响，在一定程度上是可逆的，当岩石干燥后其强度仍然可以得到恢复。但是，如果伴随干湿变化，出现化学溶解、结晶膨胀等作用，使岩石的结构状态发生改变，则岩石强度的降低，就转化成为不可逆的过程了。

（3）风化作用。风化作用促使岩石的原有裂隙进一步扩大，并产生新的风化裂隙，使岩石矿物颗粒间的连接松散和使矿物颗粒沿解理面崩解。风化作用的这种物理过程，能促使岩石的结构、构造和整体性遭到破坏，孔隙度增大，容重减小，吸水性和透水性显著增高，强度和稳定性大为降低。随着化学过程的加强，则会引起岩石中的某些矿物发生次生变化，从根本上改变岩石原有的工程地质性质。岩石性质、岩石的成因、矿物成分及结构、构造不同，对风化的抵抗能力也不同。如果岩石生成条件与目前岩石所处地表位置的环境和条件越接近，岩石抵抗风化能力越强；反之，则抗风化能力低。

4.2.3 常见岩石的工程性质评述

岩石各项工程性质指标的优劣与岩石的成因、产状、结构、构造、矿物成分、节理发育程度及风化程度有极密切的关系，岩石这 7 项地质特性是评述其工程性质的基础。岩石按其成因不同可分为岩浆岩、沉积岩和变质岩 3 大类，各类岩石各有其产状、矿物成分、结构及构造特征，因此各有不同的工程性质。

1. 常见岩浆岩的工程性质评述

（1）侵入岩。侵入岩是岩浆在地下缓慢冷凝结晶生成的，矿物结晶良好，颗粒之间连接牢固，多呈块状构造。因此，侵入岩孔隙度低、抗水性强、力学强度及弹性模量高，具有较好的工程性质。常见的侵入岩有花岗岩、闪长岩及辉长岩等。从矿物上看石英、长石、角闪石及辉石的含量越多，岩石强度越高；云母含量增加使岩石强度降低。从结构上看，晶粒均匀细小的岩石强度高，粗粒结构及斑状结构岩石强度相对较低。例如，细粒花岗岩抗压强度为 260MPa，粗粒花岗岩仅为 120MPa，等粒花岗岩抗拉强度为 18MPa，斑状花岗岩则为 4MPa。

（2）喷出岩。喷出岩是岩浆喷出地表后迅速冷凝生成的，由于地表条件复杂，使喷出岩具有很不相同的地质特征，具有隐晶质结构、致密块状构造的粗面岩、安山岩、玄武岩等，工程性质良好，其强度甚至稍大于花岗岩。但当这类岩石具有明显的流纹、气孔构造或含有原生节理时，孔隙度增加，抗水性降低，力学强度及弹性模量减小，工程性质变差。

在具体评述岩浆岩的工程性质时，还必须充分考虑它的节理发育程度及风化程度。表4-1所示为不同风化程度的花岗闪长岩的物理力学性质指标，由此表可见，风化极严重的花岗闪长岩只能看做是碎石土。

表4-1　　　　　　　　　　　风化花岗闪长岩的工程性质指标一览表

花岗闪长岩	密度（g/cm³）	抗压强度（MPa）	弹性模量（×10³MPa）
风化轻微	2.65	110～250	20～100
风化颇重	2.60	110～180	2～50
风化严重	2.15	11～50	0.03～1
风化极严重	1.85	0.1～0.3	0.01～0.05

2. 常见沉积岩的工程性质评述

（1）碎屑岩。碎屑岩是碎屑颗粒被胶结物胶结在一起而形成的岩石。它的工程性质主要取决于胶结物成分与胶结方式。从胶结物成分看，按硅质、钙质、铁质、石膏质、泥质的顺序，强度依次降低。表4-2所示为砂岩的胶结物成分与其强度的关系。应当注意，当碎屑岩为凝灰质胶结时，工程性质一般都较差。胶结方式有3种，碎屑颗粒互不接触，散布于胶结物中，属于基底式胶结，它胶结紧密，强度较高，受胶结物成分控制；颗粒之间接触，胶结物充满于颗粒间孔隙，属于孔隙式胶结，这是最常见的胶结方式，它的工程性质与碎屑颗粒成分、形状及胶结物成分有关，变化很大；颗粒之间接触，胶结物只在颗粒接触处才有，其余颗粒间孔隙未被胶结物充满，属于接触式胶结，这种方式胶结程度最差，孔隙度大、透水性强，强度低。

表4-2　　　　　　　　　　　砂岩的胶结物成分与其强度的关系一览表

胶 结 物		硅 质	钙 质	铁 质	泥 质
抗压强度（MPa）	干	211.6	108.0	84.0	56.7
	湿	137.6	77.5	72.5	42.6

（2）黏土岩：黏土岩是工程性质最差的岩石之一。黏土岩有较多节理、裂隙时，一旦遇水浸泡，工程性质迅速恶化，常产生膨胀、软化或崩解。在常见的3类黏土矿物中，富含蒙脱石的黏土岩工程性质最差，含高岭石的相对较好，而含伊利石的介于中间。黏土岩中节理、裂隙很少时，它是很好的隔水层，这在某些情况下对工程建筑有利。

（3）化学岩和生物化学岩。化学岩中最常见的是石灰岩和白云岩类岩石，这类岩石一般情况下工程性质良好。它们具有足够高的强度和弹性模量，有一定的韧性，不像多数岩浆岩那样硬脆，是较好的建筑材料和道碴材料。但是要特别注意，在漫长的地质历史中，它们是否已被溶蚀，形成了对工程建筑不利的溶蚀裂隙和空洞。此外，化学岩中的石膏岩或碳酸盐类岩石中的石膏夹层，工程性质都是很差的。它们强度较低，吸水膨胀，可溶性较大，溶于水后生成有害的硫酸，必须给予足够重视。生物化学岩中常见的煤层及常与之共生的煤系地层，工程性质较差，要注意地下工程中常常遇到的瓦斯问题和煤层突出问题。

所有沉积岩都有一个共同的特征——层状构造，特别是中薄层沉积岩及层理发育的沉积岩。层状及层理对沉积岩工程性质的影响主要表现为各向异性，沉积岩的产状及其与工程建筑物位置的相互关系对建筑物的稳定性影响很大。

3. 常见变质岩的工程性质评述

（1）具有片理构造的变质岩。该类岩石常见的片岩、千枚岩及板岩的片理构造发育，工程性质具有各向异性。千枚岩、滑石片岩、绿泥石片岩、石墨片岩等类岩石强度低，抗水性很差，特别是沿这些岩石的片理或节理面，抗剪、抗拉强度很低，遇水容易滑动，沿片理、节理容易剥落。片麻岩的片理构造不如上述各种岩石发育，当石英、正长石含量较多时，工程性质比上述岩石更好。但是，由于片麻岩多为年代久远的岩石，要注意其受构造运动影响而破碎和风化的程度。

（2）具块状构造变质岩。该类岩石常见的是石英岩和大理岩，它们都是结晶连接、矿物成分稳定或比较稳定的单矿物岩石。除大理岩微溶于水外，它们强度高，抗风化能力强，有良好的工程性质。

4.3　岩体工程性质

岩体是地壳的一部分。从工程地质学的角度看，岩体指与工程活动有关的那部分地壳。因此，岩体的范围大小取决于工程的形状、位置、类型与规模。按照岩体在工程中所起的作用，可以把岩体分为3大类。

（1）地基岩体。地基岩体指房屋、桥梁、路基等建筑物基础下面的岩体。

（2）边坡岩体。边坡岩体指路堑边坡等人工开挖暴露出来的斜坡岩体。

（3）周围岩体。周围岩体指隧道等地下工程周围的岩体。

按照上述岩体含义，就其广义来说，应当包括土体在内。但土体和岩体的工程性质和研究方法大不相同，将在下节作简要论述。

在工程地质学上，岩体和岩石是两个不同的概念。可以把岩石理解为一种材料，就像常用的钢材、木材、玻璃等材料一样，不过岩石是天然生成的材料，不是人工制造的材料。岩石的工程性质主要取决于它的矿物成分、结构与构造，因此，其特征完全可以通过手标本进行描述和试验，基本上把岩石看做是连续的、均质的、多为各向同性的。岩体是由各种岩石块体组合而成的"岩石结构物"，它的主要特点是不连续性、非均质性和各向异性。它的工程性质不仅取决于组成它的岩石，更重要的是取决于它的不连续性。因此，其特征不能只用一块手标本进行描述和试验，而需要进行大量现场观测和多方面的室内外试验才能确定。岩体的工程性质一般要比岩石差，例如，一般花岗岩岩块的单轴抗压强度可达 200MPa，而花岗岩体的单轴抗压强度则大大降低，当不连续面相当发育时，可降至 10MPa。

4.3.1　岩体结构

岩体是由各种不连续面切割成的岩石块体组成的结构物，这些不连续面称为岩体的结构面，岩块称为结构体，结构面与结构体的组合方式称为岩体结构。岩体的工程性质取决于结构面和结构体两者的工程性质及两者的组合特征，即岩体结构特征。

4.3.1.1　结构面

岩体中没有或只有较低抗拉强度的力学不连续面，是节理面、弱层面、弱片理面、软弱带和断层等很多类型的总称。结构面是各种地质作用的产物，不同的结构面具有不同的特征。

1. 结构面类型

根据结构面的成因，一般划分为成岩（或原生）结构面、构造结构面和次生结构面 3 种。

（1）成岩结构面。又可分为火成结构面、沉积结构面和变质结构面。火成结构面多数是物质分界面，如侵入体与围岩的接触面、岩浆岩体之间的接触面等；也有破裂性结构面，如岩浆迅速冷凝收缩而成的原生节理面。沉积结构面主要指层理面、不整合面等物质分界面。变质结构面主要指板状、千枚状及片状、片麻状岩石的片理面。

（2）构造结构面。这是最重要的一种结构面，因为它们几乎在所有岩体中都存在，而且多数是破裂面，主要包括断层面、节理面、劈理面等。构造结构面各有其力学成因，相互间有一定成因联系，在空间分布上也有一定规律。

（3）次生结构面。多为破裂面，包括风化裂隙面、卸荷裂隙面、爆破裂隙面、滑坡裂隙面、溶蚀裂隙面等。

2. 结构面特征

能够表征结构面地质特征的参数，包括产状、间距、持续性、粗糙度、结构面壁强度、裂缝开度、充填物、渗透、节理组数及岩块尺寸 10 项。现简要介绍如下。

（1）产状。结构面在空间的分布状态，用结构面的倾向和倾角表示。结构面相对于工程结构的方位，在很大程度上决定着岩体的稳定性。不同结构面产状的交叉，确定了岩体中单独岩块的形状。

（2）间距。同一组相邻结构面之间的垂直距离，通常指一个节理组的平均间距或常见间距。间距在很大程度上控制着岩体中岩块的尺寸。在特殊情况下，密集的结构面可能改变岩体的破坏形式，从沿结构面平移破坏形式变为圆弧形破坏甚至岩流式破坏。在极密集的情况下，结构面的产状变得不重要了。间距对岩体的渗透性及渗流特性有很大影响，在节理张开程度一定的条件下，一个结构面组的导水性大体上与间距成反比。

（3）持续性。在一个暴露面上能见到的结构面迹线的长度。结构面持续长度相差极悬殊。区域性断层面、大型侵入体与围岩接触面、不整合面等可持续数百、数千米，如果贯穿于工程区域，则对工程稳定有全局性影响；持续长度数米、数十米的小断层面，一般节理面、片理面、层理面等往往控制着工程岩体的变形和破坏，是岩体稳定分析的主要对象，对线路工程建筑物影响较大；持续长度仅为数厘米、数十厘米的小裂隙，非常密集时，使岩体接近于松散堆积体。

（4）粗糙度。相对于结构面平均平面的平整光滑程度。结构面壁的粗糙度可能是其抗剪强度的重要组成部分，对抗剪强度有利。大规模的粗糙度也称起伏度。起伏度可用起伏坡面与结构面平均平面间夹角 i 表示，根据 i 的大小可分为平的（$i = 0° \sim 5°$）、弱起伏的（$i = 5° \sim 10°$）、起伏的（$i = 10° \sim 20°$）、强起伏的（$i \geq 20°$）4级。在结构面发生剪切位移时，由于起伏规模大，一般不致被剪坏，而是沿起伏表面"爬坡"，使岩体发生剪胀。中等规模的粗糙度分为台阶形、波浪形和平坦形3种。小规模的粗糙度分为粗糙的、平坦的和光滑的3种。这两种粗糙度互相配合，可以得到9种标准的结构面粗糙度断面图。规模较小的这种粗糙度，直接影响结构面抗剪强度。

（5）结构面壁强度。结构面相邻岩壁的等效抗压强度。它与岩块的抗压强度、抗剪强度及变形特征有密切关系。新鲜岩块内部和表面的强度几乎相同，随着风化及蚀变作用从岩块表面向内部进行，导致岩块表面即结构面壁的强度低于岩块内部新鲜岩石强度。粗糙度规模较小的结构面，当结构面中无充填物时，岩体内的剪应力

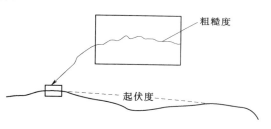

图 4-3 起伏度与粗糙度示意图

引起各节理的微小剪位移，往往导致凸凹接触面积很小，使局部实际应力接近或超过结构面壁抗压强度，从而使凸凹接触面破坏。

（6）裂缝开度。张开结构面相邻岩壁间的垂直距离。在此空间内是空气和水，而无充填物，以此与充填结构面的宽度相区别。裂缝开度对岩体变形特征和水的渗透有很大影响。大的裂缝开度可能是由于具有大规模粗糙度的结构面的剪切位移，或由于胀裂、冲刷及溶解作用造成的。大多数地下岩体的裂缝开度较小，一般小于 0.5mm。

（7）充填物。常见的充填物有方解石、绿泥石、黏土、断层泥、角砾等，这些充填物的物理力学性质有很大差异，特别是它们的抗剪强度、变形性能和渗透性。因此必须注意研究充填物的成分、粒度、固结情况、含水量、渗透系数等因素，以便正确地确定充填结构面近期和长期的物理力学性质。充填结构面的宽度，即充填物的厚度，对结构面工程性质也有较大影响。若充填物厚度大于粗糙幅度，且充填物工程性质不良，则结构面抗剪强度主要取决于充填物的工程性质；若充填物厚度小于粗糙幅度，结构面抗剪强度则取决于粗糙度特征。

（8）渗透。渗透指水沿岩石孔隙和导水结构面的流动。地下水位、可能的渗透路径及近似水压的判断，常可为稳定性或工程不利因素提供早期预报；还应重视被延续的不透水

结构面所分割的岩体中，常可遇到高低不平的地下水位和高层滞水面，它们可能在地下工程中被挖穿而造成高压水流涌入。

（9）节理组数。节理组数明显地影响着岩体的完整程度和力学性质，决定了在岩块不破坏情况下的岩体变形程度。在岩石边坡稳定性中，节理组数有可能是支配性因素，尽管节理产状与工作面相互关系很重要，但是如果没有充分的组数存在，不稳定性概率几乎降低为零。而且，大量窄间距节理组可能改变边坡破坏形式。

（10）岩块尺寸。岩块尺寸也就是结构体的形状和大小，根据交叉节理组的相互方位和各个节理组的间距求得，是岩体的一个特别重要的特征。

4.3.1.2 结构体

岩体中被结构面切割而成的岩石块体。岩石的地质特征（成因、成分、结构和构造等）及岩石的工程性质（物理、水理及力学性质）已在前述有关章节中讨论，这里重点讨论结构体的形状、大小、与工程的相互位置3个方面特征及其对岩体稳定性的影响。

1. 结构体的形状及大小

结构体形状取决于结构面组数及其产状。在沉积岩中有可能形成比较规则的结构体形状，在一般情况下，很规则的几何形状是例外。常见的形状有立方体、四面体、菱面体、板状、柱状及楔状等，如图4-4所示。

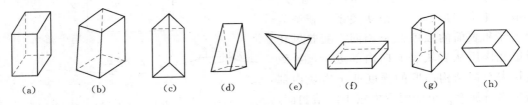

（a）　（b）　（c）　（d）　（e）　（f）　（g）　（h）

图4-4　结构体形状素描

结构体大小由结构面组数及各组间距决定。巨大岩块组成的岩体不易变形，在地下结构中还能发挥有利的成拱和锁合作用；很小的岩块可能引起类似土的潜在破坏形式，由通常的平移或倾倒式破坏变为圆弧—旋转型破坏；在极个别情况下，极小的"岩块"可能产生流动破坏。因此，对岩体稳定分析而言，研究对象主要是那些与工程规模相差不太悬殊的中等和较小尺寸的岩块。岩块体积多在数立方米至百分之几立方米。

在野外调查工作中，结构体尺寸可以用典型岩块的平均尺寸描述，也可以用岩体单位体积中通过的总节理数目表示。

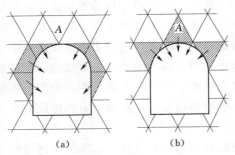

（a）　　　　（b）

图4-5　结构体位置与工程稳定关系

2. 结构体与工程的相对位置

即使结构体的形状和大小相同，当其产状不同时，在同一个工程部位有不同的稳定性。如图4-5所示，岩块A为楔状结构体，处于拱顶中心位置，当刃角朝下时［图4-5（a）］比刃角朝上［图4-5（b）］更稳定。

当产状相同而处于不同的工程部位时，也有不同的稳定性。水平板状结构体在重力作用或垂直节理切割下，处于拱顶部位不稳定，处于边墙位置稳定。

4.3.1.3 岩体结构类型

岩体结构指结构面和结构体的组合方式。根据结构面及结构体的不同特征，可划分成不同的岩体结构类型。其中，中国科学院地质研究所的岩体结构分类较全面地考虑各方面的因素，是目前应用较为广泛的分类方案，其分类详细内容见表4-3，图4-6所示为4大类岩体结构示意图。岩体结构分类有重要的理论意义和实践意义。不同岩体结构类型不仅可以反映出岩体质量的好坏，而且可以直接用于岩体稳定性评价。不同岩体结构类型可采用不同的力学介质类型来表示其变形和破坏规律，为进一步进行岩体稳定性定量评价提供了理论基础。例如，整体块状岩体近似于弹性体，层状及碎裂岩体可视为弹塑性体，散体岩体则与塑性体接近。

表4-3　　　　中国科学院地质所的岩体结构分类

结构分类		地质背景条件	主要结构面特征				结构体特征		水文地质特征
大类	亚类		地质特征	$\tan\phi$值	组数	间距(cm)	形状与大小	σ_c(MPa)	
整体块状结构	整体结构	构造变动轻微的巨厚层与大型岩体，岩性均一	主要是节理，延展性差、紧闭、粗糙、结构面间连接力强	≥0.6	<2	>100	巨大块状	>60	含水很少
	块状结构	构造变动中等以下的厚层与大型岩体，岩性均一	主要是节理，多闭合，少量充填或带薄膜，结构面间有一定连接力	0.4~0.6	3	100~50	较大块状柱状与菱形体	>30	沿裂隙有水
层状结构	层状结构	构造变动中等以下的中厚层岩体，单层厚大于30cm，岩性单一或互层	层、片、面为主，带层间错动面，延展远，结构面间结合力较低	0.3~0.5	2~3	50~30	较大的厚板状、块状、柱状体	>30	多层水文地质结构，水动力条件复杂
	板状结构	构造变动稍强烈的中薄层岩体，单层厚小于20cm	层、片理发育，具层间错动与小断层，多充填泥质，结构面结合力差	0.3	2~3	<30	较大的薄板状	30~20	多层水文地质结构，水动力条件复杂
碎裂结构	镶嵌结构	压碎岩带	节理裂隙发育，但延展性差，结构面粗糙，闭合或充填少，彼此穿插切割	0.4~0.6	>3	几十~几	大小不一，形状多样，多呈棱角	>60	为统一含水体，但透水性与富水性不强
	层状碎裂结构	软硬相间，完整性较好地与破碎带相间等，前者为骨架，后者为松软带	主要结构面大致平行，骨架内具裂隙	0.2~0.4	>3	<100	骨架中呈块状，松软岩中呈块状，岩粉与泥状	30	层状水文地质结构，松软带为隔水体，骨架为含水体
	碎裂结构	构造变动强烈，岩性复杂，具有明显风化	小断层与节理裂隙发育，多充填泥质，结构面平整，彼此切割得支离破碎	0.2~0.4	>4~5	<50	呈碎块状，形状多样	<20~30	为统一含水体，地下水作用活跃
散体结构		构造变动最强烈的断层破碎带，岩浆侵入破碎带，剧烈风化带	节理裂隙极多，分布杂乱无章，岩体呈松散土体状		无数	很小	碎块、岩粉与泥状	接近土体	起隔水作用，其两侧富水

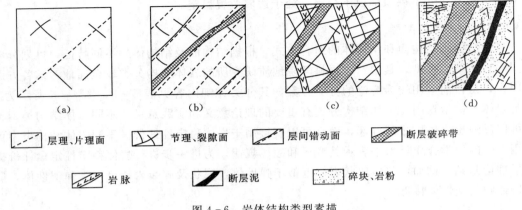

（a）　　　　　　（b）　　　　　　（c）　　　　　　（d）

	层理、片理面		节理、裂隙面		层间错动面		断层破碎带

	岩脉		断层泥		碎块、岩粉

图 4－6　岩体结构类型素描

（a）整体块状；（b）层状；（c）碎裂；（d）散体

4.3.2　岩体的工程性质

　　岩体的工程性质首先取决于岩体结构类型与特征，其次才是组成岩体的结构面的特征和结构体的性质。譬如，散体结构的花岗岩岩体的工程地质性质往往要比层状结构的页岩岩体的工程地质性质要差。若岩体内存在着软弱结构面，则岩体结构力学效应主要受它控制，而且取决于它的充填度（即充填物在结构面内填充程度）、充填物成分与结构、充填物厚度及结构面的起伏度（即结构面的起伏程度，常用起伏差即起伏最大值表示）。因此，在分析岩体的工程地质性质时，必须首先分析岩体的结构特征及其相应的工程性质，其次再分析组成岩体的结构面特征和岩石的工程性质，有条件时配合必要的室内和现场岩体（或岩块）的物理力学性质试验，加以综合分析，才能确切地把握和认识岩体的工程地质性质。

　　（1）整体块状结构岩体的工程性质。整体块状结构岩体因结构面稀疏、延展性差、结构体块度大且常为硬质岩石，故整体强度高。其变形特征接近于各向同性的均质弹性体，变形模量、承载能力与抗滑能力均较高，抗风化能力一般也较强。这类岩体具有良好的工程地质性质，往往是较理想的地基、边坡岩体及洞室围岩。

　　（2）层状结构岩体的工程性质。层状结构岩体中结构面以层面与不密集的节理为主，结构面多为闭合—微张状，一般风化微弱、结合力不强，结构体块度较大且保持着母岩岩块性质，故这类岩体总体变形模量和承载能力均较高。作为工程建筑地基时，其变形模量和承载能力一般均能满足要求。但因层面结合力不强，有时又有层间错动面或软弱夹层存在，因此其变形特征和强度特征均具各向异性特点，一般沿层面方向的抗剪强度明显地比垂直层面方向的更低，特别是当有软弱夹层或层间错动面存在时，更为明显。该类岩体作为边坡岩体时，应特别注意岩层的不同产状特征对其工程地质性质效应的巨大影响，一般地说，倾向坡外时要比倾向坡里时的工程地质性质差得多。

　　（3）碎裂结构岩体的工程性质。碎裂结构岩体中节理发育，组数多，常有泥质充填物，结合力不强，其中层状岩体还常有平行层面的软弱结构面发育，结构体块度不大（中～小型块体），岩体完整性破坏较大。其中镶嵌结构岩体因其结构体为硬质岩石，尚具较高的变形模量和承载能力，工程地质性质尚好。而层状碎裂结构和碎裂结构岩体则变形模量、承载能力均不高，工程地质性质较差。从表 4-4 可看到：节理密度越大，岩体抗压强度与岩块单轴抗压强度的比值越小（亦即岩体强度受损越大），这反映了岩体结构的力学效应，也可间接说明碎裂结构岩体工程地质性质所以受损或较差，其主导因素是单位体积岩体内结构体数目较多或结构面发育。

表 4-4   节理密度对岩体抗压强度的影响

岩石类型	砂　岩	薄层灰岩	板　岩	黏土岩
节理密度（条/m）	3	20	40	3
岩块单轴抗压强度 σ_c（MPa）	10	130	26	1.96
岩体抗压强度 σ_m（MPa）	3.2	14	2.3	0.52
$\dfrac{\sigma_m}{\sigma_c}$	0.32	0.11	0.088	0.27

（4）风化岩体的工程性质。

1）强风化岩体。节理、裂隙极发育、密集，外观具碎裂结构特征，岩块内裂纹密布，较疏松易碎，岩块周边常有泥质碎屑物充填，呈块夹泥方式，岩块大部分已风化变色，仅断口中心尚具母岩颜色与性质。总体工程地质特性仅比散体结构岩体略好，变形模量、承载能力比新鲜岩石差得多。

2）弱风化岩体。结构面组数一般不少于 2~3 组，呈中等到不甚密集状态，结构体以大~中型为主，具层状结构~碎裂结构特征。风化作用以追踪母岩结构面为主，沿结构面风化明显，结构面边缘已风化变色，其断口绝大部分保持母岩颜色与性质。弱风化岩体的总体力学特性比母岩明显减弱，而岩块仍具新鲜岩石特性。一般作为工业与民用建筑地基是可以的，但对重大的水工建筑物地基需加以很好的处理。

3）微风化岩体。仅构造裂隙面受轻微风化作用，颜色略变，一般没有新生的风化裂隙，仍保持或基本保持新鲜母岩的岩体结构特征。力学特性、水理性质、抗风化能力等工程地质特性仅比其新鲜母岩岩体略减或几乎不变。一般可作为各类工程建筑物的良好地基。但对边坡、洞室围岩仍应注意其结构面的不利组合。

4.3.3　岩体稳定性评价

岩体的稳定性指岩体在工程施工和运营期间发生的变形和破坏特性。如果在工程施工和运营期间，岩体发生了不能容许的变形和破坏就称为岩体失稳；反之，则是稳定的。各类工程有不同的结构特点和用途，对岩体的稳定性有不同的要求。例如，拱桥基础对地基岩体的变形要求十分严格，而简支梁桥基础则容许一定数量的地基岩体均匀压缩下沉变形，但是不均匀地基岩体下沉变形对一般工程建筑物来说都是不容许的。再如，在水库边坡上发生一些规模不大的滑坡与崩塌是容许的，而铁路路堑边坡则不容许发生这样的边坡岩体滑动与崩塌。岩体稳定性评价就是研究工程岩体变形破坏规律及发生失稳的条件，为人类利用和改造岩体服务。

岩体稳定问题是工程地质学研究的最主要内容，所有野外勘测、室内外试验及各种理论研究都围绕这个核心问题展开。回顾工程地质科学发展的历史，一直存在着两种倾向。一种是以成因地质学为基础，强调野外地质调查，描述工程场地的工程地质条件，进行定性的工程地质分析；另一种是以材料力学为基础，强调严密的力学试验与数学计算，提供一些定量指标。前者虽可对工程的地质环境给出详尽的定性描述，但满足不了严密的工程设计施工所需的定量要求；后者给出了需要的定量指标，但由于缺少对地质环境的认识，给出的参数往往离现场实际情况相差甚远。多年来的工程实践使越来越多的人认识到，传统的工程地质学与岩石力学必须取长补短、相互结合，才能对当代大型现代化高精度工程建设中的岩体稳定问题的解决作出贡献，推动工程地质和岩石力学向前发展。我国的工程地质界在上述认识的基础上，通过几十年的努力，形成了一门以研究岩体稳定性为主要任务的新学科——岩体工程地质力学。岩体工程地质力学认为，岩体稳定问题主要是一个岩体结构问题。应力状态也很重要，但它的作用还是要通过岩体结构的力学效应表现出来。岩体结构是在长期地质历史中，经过岩石建造、构造变形和次生蜕变形成的一种地质结构，因此，必须在地质力学背景研究的基础上认识岩体结构。为了做好岩体稳定性评价，必须引进数学力学分析方法和物理力学测试技术。在岩体结构分析中，要考虑应力状态和荷载的作用；在进行力学分析中要注意应力分布受岩体结构的影响，以及分析方法是否和岩体结构特性相适应。岩体工程地质力学的理论和方法已经广泛应用于工程实践中，特别是在地下工程围岩稳定性评价和边坡稳定性评价方面取得了巨大成绩。

如前所述，岩体的稳定性主要取决于岩体结构特征，除此之外，还有众多因素对岩体稳定性有不同程度的影响。可以把影响岩体稳定性的因素归纳为 4 个方面，即岩体所在位置周围地质环境的稳定性、岩体本身的特征和岩体中地下水的作用、岩体中初始应力状态及所受的工程荷载、工程施工及运营管理的水平等。

（1）岩体所在位置周围地质环境的稳定性对该环境内的岩体稳定性有宏观控制作用。地质环境的稳定性包括区域稳定性、山体稳定性和地面稳定性。

1）区域稳定性主要指该地区地壳的构造活动性，特别是新构造运动的强烈程度和由构造断裂引起的地震活动性。有的地区断裂活动比较微弱，地震少而烈度低，地壳稳定性较好，对建筑物危害较小。另外一些地区新构造运动强烈，表现为地壳的上升或下降，近期沉积物的褶皱与断裂，甚至发生强烈地震，则地壳处于不稳定状态，在这种地区修筑工程建筑物，岩体是难以保持稳定的。由于地震活动对工程建设的危害比一般的构造活动更大，因此地震活动性是区域稳定性评价的主要内容。

2）山体稳定性对工程岩体的稳定性有直接的影响。例如，某段铁路以长隧道穿过某处山体，仅就隧道围岩岩体的稳定性而言可能是非常良好的，但整个山体是一巨大断层上盘，河流从底部冲刷，使整个山体沿断层软弱面向河流方向滑动，山体的失稳造成穿过该山体的全部铁路工程报废。山体滑动是山体失稳最常见的现象，由于山体失稳导致整个工程废弃的实例在国内外都是很多的。此外，组成山体的岩石的强弱、构造破碎和风化破坏程度以及地下水对整个山体的化学侵蚀、机械破坏等，也是评价山体稳定性的重要因素。

3）地面稳定性问题主要是地表大面积下沉、开裂及陷落等现象。这一类大面积地面失稳常常是由于人类地下采掘活动，如采矿、抽水、采油、采天然气等活动造成的。随着人类地下采掘活动的规模越来越大，地面稳定性问题必将日益突出。在地面失稳地区进行工程建筑，必须弄清地面失稳对工程岩体稳定性的影响。

总之，在工程建设中，首先要解决岩体地质环境稳定性问题，力求在选址阶段对区域、山体、地面的稳定性有正确的认识，避免把一些重大工程置于不稳定的地质环境之中。然后再去解决工程岩体本身的稳定性问题。

（2）岩体本身的特征和岩体中地下水的作用是决定岩体是否稳定的内在因素，是岩体稳定性评价最重要的根据。

岩体本身的特征包括结构体和结构面的特征及岩体结构特征，其中，最重要的是岩体结构类型和软弱结构面的工程性质，这些内容前面已有论述。岩体中的地下水一般都是对岩体稳定不利的因素，绝大多数岩体失稳都在不同程度上与地下水有关。地下水对岩体进行的各种物理和化学作用，如软化、冻胀、溶解、动水压力等作用，大多使岩体强度降低、变形增大，从而导致岩体稳定性降低。这方面的基本概念也已在有关章节中作了介绍。

（3）岩体中初始应力状态及所受工程荷载是决定工程岩体是否稳定的主要外部因素，是进行岩体稳定性评价的重要边界条件。初始应力是天然生成的，工程荷载则是人们设计的。在考虑了地质环境稳定性的基础上所选定的工程位置，在天然状态下的岩体一般是稳定的。但是，工程活动使岩体承受了新的工程荷载，改变了岩体中初始应力状态，在这种情况下岩体能否继续保持稳定，是各种岩体稳定性评价方法要解决的基本问题。

（4）岩体稳定性还与工程施工及运营管理水平有密切关系。缺乏足够根据而随意地改变设计、不合理的施工顺序和施工方法、支护工作不及时、缺乏科学的管理等都可能导致岩体失稳。

4.3.4 岩体质量分级

岩体的工程分类是工程地质学中一个重要的研究课题，它是利用一些简单易测的指标，把工程地质条件与岩体力学性质联系起来进行分类，并对各类岩体的质量予以定性或定量的评价，给人们以质量好坏的概念，为工程设计和施工提供地质依据。

1. 岩体质量的影响因素

影响岩体质量的内在因素是岩块的坚固性、结构面的抗剪性、岩体的完整性等。岩块的坚固性指岩块对变形和破坏的抵抗能力，如弹性模量、变形模量和抗压强度等。结构面的抗剪性指结构面对剪切破坏的抵抗能力，常以结构面的抗剪强度和摩擦系数表示。岩体的完整性指岩体的开裂或破碎程度，常以结构面间距、完整性系数和 RQD 表示，RQD 为大于 10cm 的岩芯累积长度与钻孔进尺长度之比的百分率，根据岩石质量指标 RQD，岩石可分为好的（$RQD > 90\%$）、较好的（RQD 为 $75\% \sim 90\%$）、较差的（RQD 为 $50\% \sim 75\%$）、差的（RQD 为 $25\% \sim 50\%$）和极差的（$RQD < 25\%$）。

2. 岩体基本质量分级

根据我国国标《工程岩体分级标准》（GB 50218—94），岩体质量分级应根据岩体基本质量的定性特征和岩体基本质量指标 BQ 两者综合按表 4-5 来确定。表 4-5 中，BQ 由公式 $BQ = 90 + 3f_r + 250K_v$ 确定。

表 4 - 5　　　　　　　　　　　　　　岩 体 基 本 质 量 分 级

基本质量类别	岩体基本质量的定性特征	岩体基本质量指标 BQ
Ⅰ	坚硬岩，岩体完整	>550
Ⅱ	坚硬岩，岩体较完整；较坚硬岩，岩体完整	$550 \sim 451$
Ⅲ	坚硬岩，岩体较破碎；较坚硬岩或软硬岩互层，岩体较完整；较软岩，岩体完整	$450 \sim 351$
Ⅳ	坚硬岩，岩体破碎；较坚硬岩，岩体较破碎至破碎；较软岩、软硬岩互层，且以软岩为主；岩体较完整至较破碎；软岩，岩体完整至较完整	$350 \sim 251$
Ⅴ	较软岩，岩体破碎；软岩，岩体较破碎至破碎；全部极软岩及全部极破碎岩	$\leqslant 250$

注　1. 岩石坚硬程度可按表 4 - 6 划分。

　　2. 岩体完整程度定量指标应采用实测的岩体完整性系数 K_V，其值按表 4 - 7 划分；当无条件取得实测时，也可用岩体体积节理数 J_V，按表 4 - 8 确定 K_V 值。

表 4 - 6　　　　　　　　　　　　　　岩 石 坚 硬 程 度

f_r（MPa）	>60	$60 \sim 30$	$30 \sim 15$	$15 \sim 5$	<5
坚硬程度	坚硬岩	较坚硬岩	较软岩	软岩	极软岩

注　f_r 为岩石单轴饱和抗压强度。

表 4 - 7　　　　　　　　　　　　　　岩 体 完 整 性 程 度

K_V	>0.75	$0.75 \sim 0.55$	$0.55 \sim 0.35$	$0.35 \sim 0.15$	<0.15
完整程度	完整	较完整	较破碎	破碎	极破碎

注　岩体完整性系数 K_V 指岩体声波纵波速度与岩石声波纵波速度之比的平方。

表 4 - 8　　　　　　　　　　　　　　J_V 与 K_V 对照表

J_V（条 / m³）	<3	$3 \sim 10$	$10 \sim 20$	$20 \sim 35$	>35
K_V	>0.75	$0.75 \sim 0.55$	$0.55 \sim 0.35$	$0.35 \sim 0.15$	<0.15

注　岩体体积节理数 J_V 指单位体积内的节理（结构面）数目。

其中，当 $f_r > 90 K_V + 30$ 时，按 $f_r = 90 K_V + 30$ 计算；当 $K_V > 0.04 f_r + 0.4$ 时，按 $K_V = 0.04 f_r + 0.4$ 计算。当岩体中有软弱结构面、地下水或处于高地应力区时，对岩体基本质量指标应进行修正。修正值按式 $[BQ] = BQ - 100(K_1 + K_2 + K_3)$ 计算，并根据修正值 BQ 按表 4 - 5 进行围岩质量分类。式中，K_1 为地下水影响修正系数，按表 4 - 9 确定；K_2 为主要软弱结构面产状影响修正系数，按表 4 - 10 确定；K_3 为地应力状态影响修正系数，按表 4 - 11 确定。

表 4 - 9　　　　　　　　　　　　　　地 下 水 影 响 修 正 系 数 K_1

地下水出水状态	BQ			
	>450	$450 \sim 351$	$350 \sim 251$	$\leqslant 250$
潮湿或点滴状出水	0	0.1	$0.2 \sim 0.3$	$0.4 \sim 0.6$
淋雨状或涌流状出水，水压 $\leqslant 0.1$ MPa 或单位出水量 $\leqslant 10$ L/（min·m）	0.1	$0.2 \sim 0.3$	$0.4 \sim 0.6$	$0.7 \sim 0.9$
淋雨状或涌流状出水，水压 >0.1 MPa 或单位出水量 >10 L/（min·m）	0.2	$0.4 \sim 0.6$	$0.7 \sim 0.9$	1.0

表 4 - 10 主要软弱结构面产状影响修正系数 K_2

结构面产状及其与洞轴线的组合关系	结构面走向与洞轴线夹角<30°、结构面倾角30°~75°	结构面走向与洞轴线夹角>60°、结构面倾角>75°	其他组合
K_2	0.4~0.6	0~0.2	0.2~0.4

表 4 - 11 地应力状态影响修正系数 K_3

地应力状态	BQ				
	>550	550~451	450~351	350~251	≤250
极高地应力区	1.0	1.0	1.0~1.5	1.0~1.5	1.0
高应力区	0.5	0.5	0.5	0.5~1.0	0.5~1.0

注 极高应力指 $f_r/\sigma_{max}<4$，高应力指 $f_r/\sigma_{max}=4\sim7$。σ_{max} 为垂直洞轴线方向的最大地应力，f_r 含义同表 4 - 6 注。

3. 巴顿岩体质量（Q）分类

由巴顿等 1974 提出，其分类指标为

$$Q=\frac{RQD}{J_n} \cdot \frac{J_r}{J_a} \cdot \frac{J_w}{SRF}$$

式中：RQD 为岩石质量指标；J_n 为节理组数；J_r 为节理的粗糙度系数；J_a 为节理的蚀变系数；J_w 为节理水折减系数；SRF 为应力折减系数。式中 6 个参数的组合，反映了岩体质量的 3 个方面，即 $\frac{RQD}{J_n}$ 为岩体的完整性；$\frac{J_r}{J_a}$ 表示结构面的形态和充填特征及其次生变化程度；$\frac{J_w}{SRF}$ 表示水与其他应力存在时对岩体质量的影响。分类时，根据这 6 个参数的实际情况，查表确定各自的值。然后代入上式，求得岩体质量指标 Q 值，再按表 4 - 12 进行分类。

表 4 - 12 巴 顿 岩 体 质 量 分 类

Q 值	<0.01	0.01~0.1	0.1~1.0	1.0~4.0	4.0~10	10~40	40~100	100~400	>400
岩体分类	异常差	极差的	很差的	差的	一般的	好的	很好的	极好的	异常好

4.4 土 的 工 程 性 质

土是坚硬岩石经长期地质作用后的产物，广泛分布于固体地球的表层——陆地与海洋。地球表面是人类活动的场所，因而土是工程建设研究的对象。土由岩石的碎屑、矿物颗粒（称土粒）组成，其间的孔隙充填着水（或水溶液）和气体，因而是由固相、液相、气相组成的三相体系。由于土的生成年代和地质环境的不同，使各种土的物质组成、结构和构造有很大差异。土的物质组成及结构和构造决定了土的工程性质。自然形成的土一般是松散的、软弱的、多孔的，与岩石的性质有着显著的差异，但有时也笼统地称之为岩土。

4.4.1 土的成因类型

地壳表层广泛分布着的土是岩石圈表层在漫长的地质历史里，经受各种复杂的地质作用而形成的地质体。我国大部分地区的松软土都形成于第四纪时期，因此通常称为"第四纪沉积物"。工程地质学中所说的土或土体，指与工程建筑物的变形和稳定相关的第四纪沉积物，它有别于通常所称的"土壤"。松散物质沉积成土后，如果能稳定一个相当长的时期，则靠近地表的土体将经受生物化学及物理化学作用（即成壤作用）形成所谓"土壤"。未形成土壤的表层受到剥蚀、侵蚀、再破碎、再搬运、再沉积等的地质作用，时代较老的土体在上覆沉积物的自重压力及地下水的作用下，经受成岩作用，逐渐固结成岩。土体固结成岩后，又可在适宜的条件下被风化、搬运、沉积成土，如此周而复始、不断循环。

一般说来，地质成因相同，处于相似的形成条件下的土体，其工程地质特征也具有很大的一致性。因此，对第四纪沉积物的成因进行研究，根据沉积物形成的地质作用及其营力方式、沉积环境、物质组成等划分土的成因类型是很有必要的。按成因类型，作为第四纪沉积物的土可分出残积土、坡积土、洪积土、冲积土、湖泊沉积物、海洋沉积物、风积土及冰积土等。

1. 残积土

残积土指岩石经风化后未被搬运而残留于原地的碎屑物质所组成的土体，它处于岩石风化壳的上部，向下则逐渐变为半风化的半坚硬岩石，与新鲜岩石之间没有明显的界线，是渐变的过渡关系。残积土与基岩强风化层的区别仅仅是残积层中的细小颗粒被水流带走，残留下较粗的颗粒，而风化层虽然受风化作用但未经搬运，颗粒磨圆度及分选性均较差，没有层理构造。

残积土的粒度成分和矿物成分主要受气候条件与母岩岩性的控制。气候条件影响了风化作用类型，从而影响到残积土的物质成分。从干旱到潮湿地区，残积土的颗粒由粗变细，土类也从砾石类土过渡为砂类土及黏性土，且土中不同种类的黏土矿物使土表现出不同的塑性、胀缩性及不同的力学性质。形成残积土的母岩岩性也同样决定着残积土的物质成分。酸性岩浆岩风化形成的残积土中有大量的黏土矿物，残积土可以是黏土或粉质黏土；中性和基性岩浆岩由于其中含抗风化能力低的矿物，因此残积土常常是粉质黏土；沉积岩本身就是松软土经成岩作用后形成的，因而风化后常恢复原有松软土的特点，如黏土岩风化成黏土，细砂岩风化成细砂土，颗粒的矿物成分也与母岩相同。

残积土层的形成及其厚度发育情况还与是否存在适宜的地形有关。在宽广的分水岭和平缓的斜坡地带，由于不易遭受水流冲刷，残积土的厚度较大；反之，在山丘顶部常被侵蚀而厚度较小。残积土表部土壤层孔隙率大、强度低、压缩性高，而其下部常常是夹碎石或砂粒的黏性土，或是孔隙为黏性土充填的碎石土、砂砾土，其强度较高。残积土一般透水性较强，在一定条件下可储存地下水。

2. 坡积土

雨水或雪水将高处的风化碎屑物冲洗，顺坡向下搬运，堆积在较平缓的山坡或坡脚处形成坡积土。坡积土的物质成分与高处残积土有直接的关系，坡积土的粒度成分有明显的分选性，从斜坡至坡脚，由上至下颗粒由粗变细，在垂直剖面上，下部与基岩接触处往往是碎石土、角砾土，其中充填有黏性土或砂土，上部较细，多为黏性土。

坡积物的厚度变化较大，在斜坡较陡的地段，厚度较薄，而在坡脚地段堆积较厚。坡积物中一般见不到层理，但有时也具有局部的不清晰的层理。新近堆积的坡积物经常具有垂直的孔隙，结构比较疏松，一般具有较高的压缩性。坡积形成的黄土，其湿陷性一般也比洪积或冲积形成的黄土要高得多。

3. 洪积土

由暴雨或融雪形成的暂时性山洪急流带来的碎屑物质在山沟的出口处或山前倾斜平原堆积形成洪积土，在沟谷口常呈扇形沉积，称洪积扇。洪积物颗粒常表现出随着离山远近而粗细不同的分选现象，同时因历次洪水能量不尽相同，堆积下来的物质也不一样，因此洪积物常具有不规则的交替层理构造，并具有夹层、尖灭或透镜体等构造。相邻山口处的洪积扇常常相互连接成洪积裙，并可发展为洪积平原。洪积平原地形坡度平缓，有利于城镇、工厂建设及道路的建筑。

洪积土作为建筑物地基，一般认为是较理想的。离山前较近的洪积土颗粒较粗，地下水位埋藏较深，具有较高的承载力，压缩性低，是工业与民用建筑物的良好地基；但其孔隙大、透水性强，若作为坝基将引起严重的坝下渗漏。在离山较远的地带，洪积物的颗粒较细、成分均匀、厚度较大，一般也是良好的天然地基。必须注意的是，上述两地段的中间地带，常因粗碎屑土与细粒黏性土的透水性不同而使地下水溢出地表形成泉或湖沼，有时因植物茂盛而形成泥炭层，因此土质较弱，承载力较低，作为建筑物地基时应慎重对待。

4. 冲积土

冲积土是由河流的流水作用将碎屑物质搬运到河谷中坡降平缓的地段堆积而成的，它发育于河谷内及山区外的冲积平原中。根据河流冲积物的形成条件，可分为河床相、河漫滩相、牛轭湖相及河口三角洲相。

河床相冲积土主要分布在河床地带，其次是阶地上。河床相冲积土在山区河流或河流上游大多是粗大的石块、砾石和粗砂；中下游或平原地区沉积物逐渐变细。冲积物由于经过流水的长途搬运，相互磨蚀，所以颗粒磨圆度较好，没有巨大的漂砾，这与洪积土的砾石层有明显差别。山区河床冲积土厚度不大，一般不超过 10m，但也有近百米的，而平原地区河床冲积土则厚度很大，一般超过几十米至数百米，甚至千米。河漫滩相冲积土是在洪水期河水漫溢河床两侧时携带碎屑物质堆积而成的，土粒较细，可以是粉土、粉质黏土或黏土，并常夹有淤泥或泥炭等软弱土层，覆盖于河床相冲积土之上，形成常见的上细下粗的冲积土的"二元结构"。牛轭湖相冲积土是在废河道形成的牛轭湖中沉积成的松软土，颗粒很细，常含大量有机质，有时形成泥炭。在河流入海或入湖口，所搬运的大量细小颗粒沉积下来，形成面积宽广而厚度极大的三角洲沉积物，这类沉积物通常是淤泥质土或典型淤泥。

总之，河流冲积土随其形成条件不同，具有不同的工程地质特性。古河床相土的压缩性低，强度较高，是工业与民用建筑的良好地基，而现代河床堆积物的密实度较差，透水性强，若作为水工建筑物的地基将引起坝下渗漏。饱水的砂土还可能由于振动而引起液化。河漫滩相冲积物覆盖于河床相冲积土之上形成的具有双层结构的冲积土体常被作为建筑物的地基，但应注意其中的软弱土层夹层。牛轭湖相冲积土是压缩性很高及承载力很低的软弱土，不宜作为建筑物的天然地基。三角洲沉积物常常是饱和的软黏土，承载力低，压缩性高，若作为建筑物地基，则应慎重对待。但在三角洲冲积物的最上层，由于经过长期的压实和干燥，形成所谓硬壳层，承载力比下面的高，有时可用作低层建筑物的地基。

5. 湖泊沉积物

湖泊沉积物可分为湖边沉积物和湖心沉积物。湖边沉积物是湖浪冲蚀湖岸形成的碎屑物质在湖边沉积而形成的，湖边沉积物中近岸带沉积的多是粗颗粒的卵石、圆砾和砂土，远岸带沉积的则是细颗粒的砂土和黏性土。湖边沉积物具有明显的斜层理构造，近岸带土的承载力高，远岸带则差些。湖心沉积物是由河流和湖流挟带的细小悬浮颗粒到达湖心后沉积形成的，主要是黏土和淤泥，常夹有细砂、粉砂薄层，土的压缩性高，强度很低。若湖泊逐渐淤塞，则可演变为沼泽，沼泽沉积土称为沼泽土，主要由半腐烂的植物残体—泥炭组成的，含水量极高，承载力极低，一般不宜作天然地基。

6. 海洋沉积物

按海水深度及海底地形，海洋可分为滨海带、浅海区、陆坡区和深海区，相应的 4 种海相沉积物性质也各不相同。滨海沉积物主要由卵石、圆砾和砂等组成，具有基本水平或缓倾的层理构造，承载力较高，透水性较大。浅海沉积物主要由细粒砂土、黏性土、淤泥和生物化学沉积物（硅质和石灰质）组成，有层理构造，比滨海沉积物疏松、含水量高、压缩性大而强度低。陆坡和深海沉积物主要是有机质软泥，成分均一。海洋沉积物在海底表层沉积的砂砾层很不稳定，随着海浪不断移动变化，选择海洋平台等构筑物地基时，应慎重对待这一土层。

7. 风积土

风积土指在干旱的气候条件下，岩石的风化碎屑物被风吹扬，搬运一段距离后，在有利的条件下堆积起来的一类土，最常见的是风成砂及风成黄土。

4.4.2　土的成分、结构和构造

1. 土的成分

土是岩石的风化产物，由碎石（保留原岩矿物成分）、砂（多是单个矿物）和次生矿物、有机物、某些化学物质组成。碎石和砂仍保留着原岩的矿物成分，如石英、长石和云母等，颗粒较粗，性质较稳定。次生矿物是原生矿物经化学风化作用后进一步分解形成的新矿物，它的成分与母岩完全不同，颗粒变得更细，甚至成胶状；主要有黏土矿物及次生 SiO_2、Al_2O_3 和 Fe_3O_4 等，是黏粒的主要矿物成分。有机质是土中动、植物残骸和微生物及其各种分解和合成产物。通常将分解不完全的植物残骸称为泥炭，它疏松、多孔；把完全分解的生物残体称为腐殖质，它的颗粒细小，具有胶体性质，对土的性质影响较大。

2. 土的结构

土的工程地质性质不但与土的物质组成有关，而且还与它的结构、构造有关。研究证明，土受力作用后，其成分变化不大，而土的结构却经受各种变化。土的强度、变形等力学特性在很大程度上是与其结构、构造有关的。土的结构指土粒或土粒集合体的大小、形状、表面特征、相互排列及粒间连接关系，一般分为单粒结构、蜂窝状结构和絮状结构 3 种典型类型。

单粒结构是砂、砾等粗粒土在沉积过程中形成的结构类型，特征是颗粒之间为点与点的接触。粗大的土粒在水中或空气中受自重下落堆积，土粒间的分子引力很小，粒间几乎

没有相互连接作用，只是细粒砂土在潮湿时存在毛细水连接。由于土粒堆积时的速度及受力条件不同，单粒结构可以分成松散的与紧密的两种，如图 4-7 所示。

松散的单粒结构是在堆积速度快的情况下形成的，土粒的磨圆度差，呈棱角状或片状；若土粒浑圆，堆积过程缓慢，则常常形成紧密的单粒结构。松散单粒结构的土，骨架不够稳定，在动力作用下，土粒易错位，土中孔隙迅速减小，土体下沉，因此须经处理后方能用作建筑物地基；紧密单粒结构的土，由于其土粒排列紧密，在动、静荷载作用下都不会产生较大的沉降，是良好的天然地基。

在黏性土中，微小的黏粒外形呈薄片状或针状，表面常带负电，而侧面断口处有时带正电，它们除了单个颗粒相接触外，更常见的是以"面"与"面"相叠成"叠片体"或相聚而成"叠聚体"的形式存在，它们是组成黏性土微结构的单元体，其相互接触的主要形式基本上与单个颗粒相似，见图 4-8。黏性土的结构便是由这些叠片体（或叠聚体）彼此连接构成的。

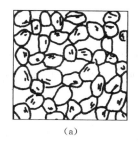
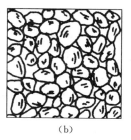
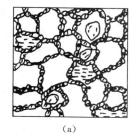
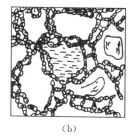

| (a) | (b) |

图 4-7 巨砾土和砾类土结构 　　　　　图 4-8 黏性土结构
(a) 松散单粒结构；(b) 紧密单粒结构 　　(a) 蜂窝状构造；(b) 絮状构造

当粒径在 0.02～0.002mm 的土粒在水中沉积时，基本上是单个土粒下沉，下沉途中碰上已沉积的土粒时，由于粒间的相互引力大于其重力，因此土粒就停留在最初的接触点上不再下沉，土粒彼此接触形成链状体，呈多角环状，形成具有大量孔隙的蜂窝状结构。这种结构的孔隙一般远大于土粒本身的尺寸，因此这种土结构疏松、强度低、压缩性高。除黏土外，某些粉土也具有这种结构特征，见图 4-8 (a)。当土粒小于 0.002mm 时，土粒能在水中长期悬浮，在处于电介质浓度大（如海水）的环境中，黏粒以边—面或面—面接触，相互凝聚而下沉，形成海绵状的多孔结构，这种情况土的孔隙比较大，见图 4-8 (b)。

3. 构造

土的构造是土体中具有相同结构的部分相互组合的表现。碎石土常呈块状构造、假斑状构造，粗碎屑之间有细碎屑或土充填，粗碎屑含量多时，其力学强度较大，但透水性也较大；当粗碎屑由土包围，则其工程性质与土有关。砂类土中常见有水平层理和交错层理构造，但有时与黏性土互层。黏性土的构造可分为原生构造与次生构造。原生构造是土在沉积时形成的，此类构造的特征多表现为层状、页片状、条带状等，其工程地质性质常表现出各向异性。次生构造是在土层形成后经成壤作用形成的，如块状、团粒状、柱状、片状、鳞片状等。此外，黏性土体中还常因其物质成分的不均一性，干燥后出现各种裂隙，如垂直裂隙、网状裂隙等，这些裂隙导致土体强度降低，透水性增强，造成土体工程地质性质的各向异性。

4.4.3 常见土的工程地质特征

（1）碎石类土的工程地质特征。粒径大于 2mm 的颗粒含量超过全重 50% 的土。根据粒径级配及颗粒形状又可分为漂石、块石、卵石、碎石、圆砾和角砾。碎石类土颗粒粗大，主要由岩石碎屑或石英、长石等原生矿物组成，呈单粒结构及块石状和假斑状构造，具有孔隙大、透水性强、压缩性低、抗剪强度大的特点。但它与黏粒的含量及孔隙中充填物性质和数量有关。典型的流水沉积的碎石类土，分选较好，孔隙中充填少量砂粒，透水性最强，压缩性最低，抗剪强度最大。基岩风化碎石和山坡堆积碎石类土，分选较差，孔隙中充填大量砂粒和粉、黏等细小颗粒，透水性相对较弱，内摩擦角较小，抗剪强度较低，压缩性稍大。总的说来，砾石类土一般构成良好地基，但由于透水性强，常使基坑涌水量大，坝基、渠道渗漏。

（2）砂类土的工程地质特征。粒径大于 2mm 的颗粒含量不超过总质量的 50%，且粒径大于 0.075mm 的颗粒质量超过总质量的 50% 的土。根据颗粒级配，砂土可分为砂砾、粗砂、中砂、细砂和粉砂。砂类土一般颗粒较大，主要由石英、长石、云母等原生矿物组成。一般没有连接，呈单粒结构和伪层状构造，有透水性强、压缩性低、压缩速度快、内摩擦角较大、抗剪强度较高等特点，但均与砂粒大小和密度有关。通常粗中砂土的上述特征明显，且一般构成良好地基，为较好的建筑材料，但可能产生涌水或渗漏。粉细砂土的工程性质相对差，特别是饱水粉、细砂土受振动后易液化。在野外鉴定砂土种类时，应同时观察研究砂土的结构、构造特征和垂直、水平方向的变化情况。当采取原状砂样有困难时，应在野外现场大致测定其天然容重和含水量。

（3）黏性土的工程地质特性。粒径大于 0.075mm 的颗粒质量不超过总质量 50%，且塑性指数超过 10 的土。黏性土中黏粒含量较多，常含亲水性较强的黏土矿物，具有水胶连接和团聚结构，有时有结晶连接，孔隙微小而多。常因含水量不同呈固态、塑态和流态等不同稠度状态，压缩速度小而压缩性大，抗剪强度主要取决于凝聚力，内摩擦角较小。黏性土的工程地质性质主要取决于其连接和密实度，与其黏粒含量、稠度、孔隙比有关。常因黏粒含量增多，黏性土的塑性、胀缩性、透水性、压缩性和抗剪强度等有明显变化。从亚砂土到黏土，其塑性指数、胀缩量、凝聚力渐大，而渗透系数和内摩擦角则渐小。稠度影响最大，近流态和软塑态的土，有较高压缩性和较低抗剪强度；而固态或硬塑态的土，则压缩性较低，抗剪强度较高。黏性土是工程最常用的土料。黏性土的研究，通常以室内试验为主，以野外鉴定为辅。

在土的分类方案中，还有一种粉土，指粒径大于 0.075mm 的颗粒质量不超过总质量 50%，且塑性指数不超过 10 的土。粉土实际上是砂类土和黏性土的过渡类型，其工程地质特征介于粉砂和黏性土之间。

4.4.4 几种特殊土的工程地质特征

特殊土指具有某些性质特殊的土，如黄土具湿陷性、软土具触变性、膨胀土具胀缩性。这种工程地质特性与其形成条件有关，具有地域分布的特征，又称地区性土。例如，黄土主要分布在黄河中游一带，冻土则分布在高纬度和高山地区。

4.4.4.1 黄土

黄土是第四纪形成的一种特殊陆相松散堆积物。一般为黄色或褐黄色，颗粒成分以粉粒为主，富含碳酸钙，有肉眼可见的大孔隙，孔隙比为 1 左右，天然剖面上铅直节理发育，并含有大小不一、数量不等的结核和包裹体，被水浸湿后在自重作用下显著沉陷（湿陷性）。具上述全部特征的土称为典型黄土；而与之相似但缺少个别特征的土称为黄土状土；典型黄土和黄土状土统称黄土类土，简称黄土。

1. 黄土的一般特征

黄土在世界上分布很广，欧洲、北美、中亚均有分布。黄土在我国特别发育，地层全，厚度大，分布广。主要分布于黑龙江、吉林、辽宁、内蒙古、山东、河北、河南、山西、陕西、甘肃、青海、新疆，江苏和四川等地也有分布。从自然地理条件看，我国黄土基本上位于昆仑山、秦岭、山东半岛以北，阿尔泰山、阿拉善、鄂尔多斯、大兴安岭一线以南的广大地区。总计面积逾 63 万 km^2，约占我国陆地面积的 6.6%。

中国黄土，根据其中所含脊椎动物化石确定，从早更新世开始堆积，经历了整个第四纪，目前还未结束。形成于下（早）更新世的午城黄土和中更新世的离石黄土，称为老黄土；上（晚）更新世的马兰黄土及全新世下部的次生黄土，称为新黄土；而近几十年至近几百年形成的最近堆积物，称为新近堆积黄土。

中国黄土基本由小于 0.25mm 的颗粒组成，其中以粉粒为主，平均含量达 50% 以上；砂粒含量较少，一般小于 20%，并以极细砂粒为主；黏粒含量变化较大，为 5%～35%，一般为 15%～25%。

中国黄土中矿物约有 60 余种。其中轻矿物（相对密度小于 2.9）为主，含量占 90%～96%；重矿物（相对密度大于 2.9）含量甚少，一般为 4%～7%，变化在 1%～10% 之间。而轻矿物中石英含量超过 50%，长石含量达 25%，碳酸盐类矿物（碳酸钙为主）含量为 10%～15%，黏土矿物含量一般百分之十几。此外，还有少量云母，含量多为百分之几。易溶盐、中溶盐和有机质的含量一般不超过 2%。

黄土的结构为非均质的骨架式海绵结构。由石英、长石及少量云母、重矿物和碳酸钙组成的极细砂粒和粗粉粒组成基本骨架，其中砂粒相互基本不接触，浮于粗粉粒构成的架空结构中，由石英和碳酸钙等组成的细粉粒为填料，聚集在较粗颗粒接触点之间；以伊利石或高岭石为主（还含有少量的腐殖质和其他胶体）的黏粒、吸附的水膜以及部分水溶盐为胶结物质，依附在上述各种颗粒的周围，并将较粗颗粒胶结起来，形成大孔和多孔的结构形式。铅直节理（有时交叉但角度较陡）是黄土的典型构造；原生黄土层理极不明显，但有古土壤层；次生黄土层理明显。

2. 黄土的物理力学性质

黄土的密度一般为 2.54～2.84g/cm³，平均为 2.67g/cm³；干容重为 1.12～1.79g/cm³。天然含水量较低，一般为 10%～25%，高原马兰黄土更低，常为 11%～20%，甚至低于 10%。河谷阶地黄土含水量略高，常为 15%～25%。黄土的孔隙度达 35%～64%，孔隙比为 0.8～1.1。

黄土塑性较弱，塑限一般为 16%～20%，液限常为 26%～34%，塑性指数为 8～14。一般无膨胀性，崩解性很强，透水性较粒度成分类似的一般黏性土要强，属中等透水性土。渗透系数超过 1m/d，且各向异性明显，铅直方向比水平方向的渗透系数一般大 1.5～15 倍。

黄土在干燥状态下（天然含水量为 10%～15%），压缩性中等，一般 a_{1-2} 为 0.02～0.06cm²/kg，抗剪强度较高，一般 $\phi=15°～25°$，$c=0.3～0.6$kg/cm²。但湿度增高（尤其饱和时），压缩性急剧增大，抗剪强度显著降低。新近堆积的黄土，土质松软，强度低，压缩性高。

3．黄土的工程地质问题

在黄土地区进行工程建筑，经常遇到的工程地质问题有黄土湿陷、黄土潜蚀和陷穴、黄土冲沟、黄土泥流、黄土路堑边坡的冲刷等。通过多年实践和研究，对于这些问题的解决已积累了不少经验和较为有效的措施。《湿陷性黄土地区建筑规范》（GB 50025—2004）为确保湿陷性黄土地区建筑物（包括构筑物）的安全与正常使用，对湿陷性黄土地区建筑工程的勘察、设计、地基处理、施工、使用与维护作出了详细的规定，这里仅对黄土湿陷及陷穴问题进行讨论。

（1）黄土的湿陷性。天然黄土在一定压力作用下，受水浸湿后结构遭到破坏发生突然下沉的现象，称黄土湿陷。黄土湿陷又分为在自重压力下发生的自重湿陷和在外荷载作用下产生的非自重湿陷。非自重湿陷比较普遍，对工程建筑的重要性较大。

并非所有黄土都具有湿陷性，一般老黄土（午城黄土及离石黄土大部）无湿陷性，而新黄土（马兰黄土及新近堆积黄土）及离石黄土上部有湿陷性。湿陷性黄土多位于地表以下数米至十余米，很少超过 20m 厚。黄土的湿陷性强弱与许多因素有关，通常，黄土的天然含水量越小，所含可溶盐特别是易溶盐越多，孔隙比越大，干容重越小，则湿陷性越强。

湿陷性黄土作为路堤填料或作为建筑物地基，严重影响施工安全和工程建筑物的正常使用，能使建筑物开裂甚至破坏。因此，必须查清建筑地区黄土是否具有湿陷性及湿陷性的强弱，以便有针对性地采取相应措施。除了用上述各种地质特征和工程性质指标定性地评价黄土湿陷性外，通常还采用浸水压缩实验方法定量地评价黄土湿陷性。采取黄土原状土样放入固结仪内，在无侧限膨胀条件下，进行压缩试验。按规范规定：对桥涵、路基加压到 0.3MPa；对站场、房屋加压到 0.2MPa，对坡积、崩积、人工填筑等压缩性较高的黄土，5m 以内土层加压到 0.15MPa，然后测出天然湿度下变形稳定后的试样高度 h_1 及浸水条件下变形稳定后的试样高度 h_2，即可按下式求出相对湿陷系数 K，即

$$K=\frac{h_1-h_2}{h_1}$$

当 $K\geq0.02$ 时，认为该黄土为湿陷性黄土；当 $K<0.02$ 时，则为非湿陷性黄土。对于湿陷性黄土，$K\leq0.03$ 为轻微湿陷的，$0.03<K\leq0.07$ 为中等湿陷的，$K>0.07$ 为强烈湿陷的。

防治黄土湿陷的措施可分为两个方面：一方面，可采用机械的或物理、化学的方法提高黄土的强度，降低孔隙度，加强内部连接；另一方面，则应注意排除地表水和地下水的影响。

（2）黄土陷穴。黄土地区地下常有各种洞穴，有黄土自重湿陷和地下水潜蚀作用造成的天然洞穴，也有人工洞穴。这些洞穴容易使上覆土层陷落，故称为黄土陷穴。黄土陷穴能对黄土地区工程建筑造成严重影响。例如，黄土地区某铁路由于黄土陷穴造成路基塌陷，甚至

使列车颠覆。因此，必须研究黄土陷穴的成因、分布规律、探测方法及防治措施。

黄土陷穴主要是由黄土的自重湿陷和地下水对黄土中的潜蚀作用形成的。自重湿陷问题已经简要叙述，这里简述地下水在黄土中的潜蚀作用。黄土的特征使地下水易于在其中渗流，在流动过程中，一方面地下水能溶解黄土中易溶盐于水内流失；另一方面当渗透水流的水力梯度很大，并有大孔存在于黄土中时，地下水做紊流运动，把黄土中粉土颗粒及部分黏土颗粒带走，在土中造成空洞，这个过程称潜蚀作用。随着潜蚀作用不断进行，黄土中洞穴也由小变大，由少变多。由此可知，黄土中易溶盐含量越高，大孔越多；地下水流量、流速越大，就越有利于潜蚀作用进行。地表地形变化较大的河谷阶地边缘，冲沟两岸及斜坡地带，地面不平坦的地形变坡处等位置有利于地表水下渗或流速变快，是地下洞穴经常出现的位置。不同时代地层地质特征不同，黄土陷穴多分布于新黄土及新近堆积黄土中，老黄土表层有少量陷穴分布，中下部则不发育陷穴。

对于埋藏不深、尺寸较小、分布区较小的陷穴，一般用简易勘探方法，如洛阳铲、小螺纹钻等探测。对于大面积普查地下较深范围内较大洞穴的分布，可采用地震、电法、地质雷达等物探方法结合钻探方法进行探测。防治黄土陷穴有两方面措施：针对已查明的陷穴可采用开挖回填、夯实等方法，洞穴较小也可用灌注砂或水泥砂浆充填；要在工程建筑物附近做好地表排水工程，不许地表水流入建筑场地或渗入建筑物地下，以防止潜蚀作用继续发展。

4.4.4.2 冻土

冻土又称含冰土，指温度低于0℃并含有冰的特殊土。根据冻结时间不同，冻土可分为季节冻土和多年冻土两大类。

1. 季节冻土及其冻融现象

冬季冻结、夏季全部融化的土层称季节冻土。季节冻土在我国分布广泛，东北、华北、西北及华东和华中部分地区都有分布。自长江流域以北向东北、西北方向，随着纬度及地面高度的增加，冬季气温越来越低，冬季延续时间越来越长，季节冻土厚度越来越大。石家庄以南季节冻土厚度小于0.5m，北京地区一般为1m左右，海拉尔一带则为2~3m。

季节冻土的主要工程地质问题是冻结时膨胀、融化时下沉。冻胀融沉的程度取决于土的颗粒组成含水量及温度变化情况。按土的颗粒组成将土的冻胀性分为不冻胀土、稍冻胀土、中等冻胀土和极冻胀土4类（表4-13），按土中含水量大小将土的冻胀分为不冻胀、弱冻胀、冻胀和强冻胀4级。

表4-13　　　　　　　　　　　土 的 冻 胀 性 分 类 表

分　类	土 的 名 称	冻　胀		融化后土的状态
		冻结期内胀起（cm）	为2m冻土层厚的百分数（%）	
不冻胀土	碎石—砾石层，胶结砂砾层			固态外部特征不变
稍冻胀土	小碎石，砾石，粗砂、中砂	3~7	1.5~3.5	致密的或松散的，外部特征不变
中等冻胀土	细砂，粉砂质砂黏土，黏土	10~20	5~10	致密的或松散的，可塑结构常被破坏
极冻胀土	粉土、粉质砂黏土、泥炭土	30~50	15~25	塑性流动、结构扰动，在压力下为流砂

由表 4-13 可知，粉黏粒越多，含水量越大，冻胀越严重。季节冻土冬季冻胀使路基隆起，春季融化使路基下沉，甚至发生翻浆冒泥。如果冻土中水主要是由地表下渗补给的，冻胀隆起一般高 30～40mm；如果冻土中水主要来自地下水，则冻胀隆起更高，可达 100～200mm 以上。这种冻胀融沉严重影响了行车安全，特别是由于每年一次冻融循环，如不采取根本措施则后患无穷。

2. 多年冻土及其特征

冻土的冻结状态持续 3 年以上甚至几十年不融化者称多年冻土。多年冻土多在地面以下一定深度存在着，其上部至地表部分常有季节冻土层，故多年冻土区常伴有季节性冻结现象存在。

我国的多年冻土按地区分布不同分为两类：一类是高原型多年冻土，主要分布在青藏高原及西部高山地区，这类冻土主要受海拔高度控制；另一类是高纬度型多年冻土，主要分布在东北大、小兴安岭地区，满洲里—牙克石—黑河一线以北广大地区都有多年冻土分布，这类冻土主要受纬度控制，自北向南厚度逐渐变薄，并从连续冻土分布区过渡到岛状冻土分布区，直至尖灭。在过渡区中，多年冻土中常有局部融区层，在岛状冻土区中，多年冻土呈局部岛状体。

根据冻土内冻结水（冰）的分布状况（位置、形状及大小），多年冻土有 3 种结构类型：

（1）整体结构。温度骤然下降，冻结很快，水分来不及迁移、集聚，土中冰晶均匀分布于原有孔隙中，冰与土成整体状态，见图 4-9（a）。这种结构使冻土有较高的冻结强度，融化后土的原有结构未遭破坏，一般不发生融沉。故整体结构冻土工程性质较好。

（2）网状结构。一般发生在含水量较大的黏性土中。土在冻结过程中产生水分转移和集聚，在土中形成交错网状冰晶，使原有土体结构受到严重破坏，见图 4-9（b）。这种结构的冻土不仅发生冻胀，更严重的是融化后含水量大，呈软塑或流塑状态，发生强烈融沉，工程性质不良。

（3）层状结构。土粒与冰透镜体和薄冰层相互间层，冰层厚度可为数毫米至数厘米，见图 4-9（c）。土在冻结过程中发生大量水分转移，有充分水源补给。而且经过多次冻结—融汇—冻结后形成层状结构，原有的结构完全被冰层分割而破坏。这种结构的冻土冻

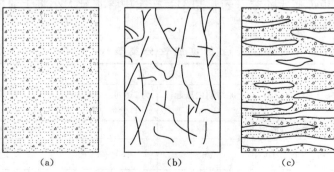

(a)	(b)	(c)

图 4-9 多年冻土 3 种结构类型

(a) 整体；(b) 网状；(c) 层状

胀显著，融沉严重，工程性质不良。

多年冻土的构造指季节冻土层与多年冻土层之间的接触关系。

（1）衔接型构造。季节冻土的最大冻结深度达到或超过多年冻土层上限，如图 4-10（a）所示。此种构造的冻土属于稳定型或发展型多年冻土。

（2）非衔接型构造。在季节冻土所能达到的最大冻结深度与多年冻土层上限之间有一层不冻土或称融土层，如图 4-10（b）所示。这种构造的冻土多为退化型多年冻土。

冻结的土体应视为土的颗粒、未冻水、冰及气体四相组成的复杂综合体。纯水在 0℃时开始结冰，土中水由于矿物颗粒表面

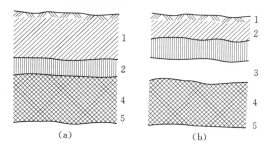

图 4-10 多年冻土构造类型
（a）衔接型；（b）非衔接型
1—季节冻土层；2—季节冻土层最大冻深变化；
3—融土层；4—多年冻土层；5—不冻层

能的作用和水中含有一定盐分的原因，其开始冻结温度均低于 0℃。土中水分的冻结是从孔隙中的重力自由水开始的，土温继续下降时，土粒表面结合水才逐渐冻结。即使在土温降到 -78℃ 时，结合水中仍有部分未冻结。在一定负温下仍未冻结的水可称为未冻水，未冻水的数量随土中黏粒增多而增多。同样的负温和土质，外荷载压力大，水溶液浓度大，未冻水量就多。可见，未冻水含量的多少取决于土的粒度成分、负温度、外部压力及水中含盐量，未冻水量直接影响着冻土的工程性质。因此，在评价冻土工程性质时，必须测定天然冻土结构下的容重、固体矿物颗粒相对密度、冻土总含水量（包括冰及未冻水含量）及相对含冰量（土中冰重与总含水量之比）4 项指标。

由于冰是一种黏滞性物体，所以冻土的抗剪强度和抗压强度都与荷载作用时间有密切关系，即冻土具有明显的流变性。长期荷载作用下冻土的持久强度大大低于瞬时加荷的强度。冻土具有冻结时体积膨胀，融化时迅速下沉的特性。应当指出，只有土中所含水量超过某个界限值时，冻结过程中才出现冻胀现象，这个界限含水量称为起始冻胀含水量，它与土的塑限有密切关系。冻土融化下沉由两部分组成，一部分是在外力作用下的压缩变形，另一部分是在负温变为正温时的自身融化下沉。由于人类在多年冻土区的活动，不仅使表层季节冻土层融化，而且使多年冻土层上限下移，原来的冻土产生融沉。例如，采暖房屋的修建，使地基多年冻土融沉。

3. 多年冻土的工程地质问题

多年冻土地区路基基底稳定问题：由于在地表修筑路堤，使多年冻土上限上升，在路堤内形成冻土结核，产生冻胀，夏季融化后可能引起沿上限局部滑塌。在多年冻土地区开挖路堑，则使多年冻土上限下降，若此多年冻土为融沉或强融沉性的，则可能造成严重下沉，路堑边坡滑动。因此，在路基基底表面设置保温层，尽量防止多年冻土上限上下波动，是一项重要措施。

多年冻土地区的建筑物地基问题：多年冻土作为建筑物地基，应从土的年平均地温的稳定性、冻土组成及冻胶结作用、融化后的下沉性和冻土的不良地质现象作为冻土地基评价的依据。冻土具有瞬时的高强度，但更重要的是确定外压力长期作用下冻土的流变性及

人为活动下热流作用造成的冻土下沉性。因此，选择建筑物场地时，应尽量避开冰丘、冰椎发育地区，选择坚硬岩石或粗碎屑颗粒土分布地段及地下水埋藏较深、冰融时工程性质变化较小的地基。

对于冻土地区病害处理的基本原则是：排水——防止地表水渗入建筑物地基，拦截地下水，不使其向地基中集聚；保温——保持冻土上限相对稳定；改善地基土性质——用粗颗粒土换掉细颗粒土，甚至采用桩基。

4.4.4.3 软土

软土又称淤泥类土或有机类土，一般指静水或缓慢流水环境中有微生物参与作用条件下沉积形成的，含有较多有机质，天然含水量大于液限，天然孔隙比大于1，结构疏松软弱，颜色呈灰、灰蓝、灰绿和灰黑，污染手指，具臭味的淤泥质和腐殖质的黏性土。其中，天然孔隙比大于1.5的称为淤泥；小于1.5而大于1的称为淤泥质土。淤泥质土性质介于淤泥和一般黏性土之间。

1. 软土的特征

淤泥类土是在特定的环境中形成的，具有某些特殊的成分、结构和构造，这便决定了它的某些特殊的工程地质性质。

（1）成分。淤泥类土粒度成分主要为粉粒和黏粒，后者含量达 30%～60%，属黏土或粉质黏土、粉质亚砂土或亚黏土。其矿物成分主要为石英、长石、白云母及大量蒙脱石、伊利石等黏土矿物，并含有少量可溶盐；含有大量的有机质（一般为 5%～10%，个别达 17%～25%）。

（2）结构构造。淤泥类土具有蜂窝状或絮状结构，疏松多孔，具有薄层状构造。厚度不大的淤泥类土常是淤泥质黏土、粉砂土、淤泥或泥炭交互成层（或呈透镜体）。

（3）水理性质。高含水量，高孔隙比。我国淤泥类土孔隙比常见值为 1.0～2.0，个别可达 2.3 或 2.4。含水量（多为 50%～70%，甚至更大）大于液限（一般为 40%～60%），饱和度一般都超过 95%。原状土常处于软塑状态，扰动土则呈流动状态。透水性极弱，渗透系数一般为 $1 \times 10^{-6} \sim 1 \times 10^{-8}$ cm/s，且因层状结构而具方向性。

（4）力学性质。高压缩性，随天然含水量的增加而增大。抗剪强度很低，与加荷速度和排水固结条件有关，通常在不排水条件下三轴快剪试验所得的抗剪强度值小，$\phi \approx 0$，$c < 0.2$kg/cm²；排水条件下，抗剪强度随固结程度增加而增大。

2. 软土的成因

我国沿海地区、内陆平原、山区盆地及山前谷地，分布有各种淤泥类土。

沿海沉积的淤泥类土，分布广，厚度大，土质疏松软弱，大致可有4种成因类型：泻湖相沉积主要分布于浙江温州、宁波等地。地层较单一，厚度大，分布范围广，常形成海滨平原。溺谷相沉积：主要分布于福州市闽江口地区。表层为耕土或人工填土，以及较薄的（2～5m）致密黏土或亚黏土，以下便为厚 5～15m 的高压缩性、低强度的淤泥类土。滨海相沉积主要分布于天津的塘沽新港和江苏连云港等地区。表层为 3～5m 厚的褐黄色亚黏土，以下便为厚达数十米的淤泥类土，常夹有由黏土和粉砂交错形成细微带状构造的粉砂薄层或透镜体。三角洲相沉积主要分布于长江三角洲、珠江三角洲等地区，属海陆相交替沉积，软土层分布宽阔，厚度均匀稳定，因海流与波浪作用，分选程度较差，多交错斜层理或不规则透镜体夹层。

内陆和山区盆地沉积的淤泥类土，分布零星，厚度较小，性质变化大。主要有 3 类：湖相沉积主要分布于滇池、洞庭湖、洪泽湖、太湖等地区。颗粒微细均匀，富含有机质，层较厚（一般为 10～20m，个别超过 20m），不夹或很少夹砂层，常有厚度不等的泥炭夹层或透镜体。河流漫滩相沉积主要分布于长江、松花江中下游河谷附近。淤泥类土常夹于上层亚砂土、亚黏土之中，呈袋状或透镜体，产状厚度变化大，一般厚度小于 10m，下层常为砂层。牛轭湖相沉积与湖相沉积相近，但分布较窄，且常有泥炭夹层，一般呈透镜体埋藏于一般冲积层之下。

山前谷地沉积有一类“山地型”淤泥类土，其分布、厚度及性质等变化很大。它主要由当地泥灰岩、页岩、泥岩风化产物和地表有机物质，由水流搬运沉积于原始地形低洼处，经长期水泡软化及微生物作用而成。成因类型以坡洪积、湖积和冲积为主，主要分布于冲沟、谷地、河流阶地和各种洼地里，分布面积不大，厚度相差悬殊。通常冲积相土层很薄，土质较好；湖相土层中常有较厚的泥炭层，土质常比平原湖相还差；坡洪积最常见，性质介于前二者之间。

3. 软土常见的工程地质问题

软土地基承载力很低，抗剪强度也很低，长期强度更低。容许承载力一般低于 0.1MPa，有时低至 0.04MPa 以下，建筑物往往由于地基丧失强度而破坏。软土压缩性很高，沉降量大，常出现由于地基下沉引起基础变形或开裂，直至建筑物不能使用。软土成分及结构复杂，平面分布及垂直分布均具有不均匀性，易使建筑物产生不均匀沉降。由于软土含水量大，多接近或超过其液限而成为软塑或流塑状态，且因其持水性强，透水性差，对地基的固结排水不利，强度增长缓慢，沉降延续时间很长，影响了工期和工程质量。当软土受到某种振动时，很容易破坏其海绵状结构连接强度，使软土产生稀释液化而丧失强度，这种现象被称为触变性。因此，在建筑物施工及使用过程中要防止软土发生触变。

一般认为，在软土地区不宜建筑重型建筑物。对一般建筑物和路基基底应采取相应的处理措施。处理措施的原则如下：

（1）控制路堤高度，减轻建筑物自重或加大承载面积，以减小软土单位面积所受压力。

（2）若软土埋藏不深，厚度较小时，可采用开挖换填砂卵石、碎石，或抛石排淤、爆破排淤的方法，使建筑物基础置于软土下面的坚实土层上。

（3）排水固结提高软土强度。根据不同要求及条件，可分别采用预压固结、分期分层填筑路堤、路堤底部设排水砂垫层、在软土地基中设置排水砂井、石灰砂桩等方法加速排除软土中水分，完成预期沉陷，提高软土承载力。

（4）为防止软土地基溯流，可采用反压护道法，在软土地基周围打板桩围墙的方法，有时也可采用电化学加固法，防止软土被挤出。

4.4.4.4 膨 胀 土

膨胀土又称胀缩土，指因含水量增加而膨胀、含水量减小而收缩的黏性土。

1．膨胀土一般特征

膨胀土在我国分布较广，以云南、广西、贵州和湖北等省分布较多，且具代表性。一般位于盆地内垅岗、山前丘陵地带和二、三级阶地上。多数是晚更新世及其以前的残坡积、冲积、洪积物，也有晚第三纪至第四纪的湖相沉积及其风化层，个别埋藏在全新世的冲积层中。

我国的膨胀土，按成因及特征分为 3 类：第一类为湖泊沉积及其风化层，黏土矿物中以蒙脱石为主，自由膨胀率、液限、塑性指数都较大，土的膨胀、收缩性最显著；第二类为冲积、冲洪积及坡积物。黏土矿物中以伊利石为主，自由膨胀率和液限较大，土的膨胀、收缩性也显著；第三类为碳酸盐类岩石的残积、坡积及洪积的红黏土，液限高，但自由膨胀率常小于 40％，常被定为非膨胀性土，但其收缩性很显著。

膨胀土一般呈红、黄、褐、灰白等色，具斑状结构，常含铁、锰或钙质结构，具网状开裂，有蜡状光泽的挤压面。土层表层常出现纵横交错的裂隙和龟裂现象，使土体的完整性破坏，强度降低。

膨胀土中黏粒常达 35％以上。矿物成分以蒙脱石和伊利石为主，高岭石和多水高岭石较少，化学成分以 SiO_2、Al_2O_3 和 Fe_2O_3 为主。液限和塑性指数都较大，塑限为 17％～35％，液限为 40％～68％，塑性指数为 18％～33％，饱和度较大，一般在 80％以上，但天然含水量较小，多为 17％～36％，一般为 20％左右，所以，膨胀土常处于硬塑或坚硬状态。膨胀土强度较高，压缩性中等偏低，故常被误认为是较好的天然地基。当含水量增加和结构扰动后，力学性质明显减弱。某些资料表明，浸湿且结构破坏的重塑土，其抗剪强度比原状土降低 1/3～2/3，其中黏聚力降低明显，内摩擦角降低较少；压缩性增大，压缩系数可增大 1/4～1/2。

2．膨胀土胀缩性指标

评价膨胀土胀缩性的指标有很多，可归纳为直观的和间接的两种。直观指标主要有膨胀力、膨胀率和体缩率；间接指标主要有活动性指数、压实指数、膨胀性指数和吸水性指标等。目前，判别土胀缩性的标准尚不统一，只能提出参考性的判别标准。有些规程规定，液限、自由膨胀率和胀缩性指数符合一定值，土便具膨胀性。

3．膨胀土的工程地质问题

在膨胀土地区修筑道路，无论是路堑还是路堤，极普遍而且严重的病害是边坡变形和基床变形。随着列车轴重的增加和行车密度与速度的提高，由于膨胀土体抗剪强度的衰减及基床土承载力的降低，边坡溜塌、路基长期不均匀下沉、翻浆冒泥等病害突出，常使铁路形成"逢堑必滑，无堤不塌"的现象，造成路基失稳，影响行车安全。在膨胀土地区修筑铁路，首先必须掌握该地区膨胀土的地质特征，判定它们是强膨胀土还是中等膨胀土或弱膨胀土；然后根据这些资料进行正确的路基设计，确定其边坡形式、高度及坡度，并采取必要的防护措施。边坡防护措施主要包括排水系统、坡面防护及支挡工程。排水系统可有天沟、边坡平台排水沟、侧沟或坡脚排水沟、吊沟及支撑渗沟等，坡面防护可采用植被防护、骨架护坡、片石护坡等，支挡工程常用的有挡土墙、抗滑桩等。对于路堤还可采用换填土的方法，对于路基基床下沉或翻浆冒泥，主要应采取土质改良、加固基布及排除基床水的措施。

膨胀土地基问题既有地基承载力问题，又有引起建筑物变形问题。其特殊性在于：地基承载力较低，还要考虑强度衰减；不仅有土的压缩变形，还有湿胀干缩变形。在膨胀土地基上修筑建筑物必须注意建筑物周围的防水、排水。建筑场地应尽量选在地形平坦地段，避免挖填方改变土层自然埋藏条件。建筑物基础应适当加深，以便相应减小膨胀土的厚度，并增加基础底面以上土的自重，加大基础侧面摩擦力。还可用增加基础附加压力的方法克服土的膨胀。必要时也可以采用换土、土垫层、桩基等。

第5章　各类岩体的工程地质问题

5.1　地下工程的工程地质问题

随着经济建设的发展，国防、水利、电力、交通、采矿及储备仓库等方面的地下建筑越来越多，规模越来越大，埋藏越来越深。它们的共同特点是建设在地下岩土体内，具有一定断面形状和尺寸，并有较大延伸长度，可统称为地下洞室。洞室可分为过水的（如引水隧洞）和不过水的（如交通隧洞）两大类。前者又有无压与有压之分，后者均属无压的。有压洞室与无压洞室不同，内水压力作用到衬砌和周围岩体上，对其稳定性将增加新的影响。洞室的横断面一般有矩形、方形、圆形和马蹄形等，方形、矩形隧洞施工方便，而其他带拱形洞壁的洞室，对周围岩土体的稳定有利。

洞室周围的岩土体简称围岩。狭义上讲，围岩常指洞室周围受到开挖影响，大体相当地下洞室宽度或平均直径 3 倍左右范围内的岩土体。地下洞室突出的工程地质问题是围岩稳定问题，尤其像地下飞机库、大跨度引水隧洞和水电站地下厂房等大型洞室的围岩稳定性，常常是工程地质研究的重点。

洞室开挖之前，围岩处于一定的应力平衡状态，洞室的开挖使围岩应力重新分布。当围岩的强度能够适应变化后的应力状态，可不采取任何人力措施，便能保持洞室稳定。但有时因围岩强度低，或其中应力状态的变化大，以致围岩不能适应变化后的应力状态，洞室将是不稳定的。这样，若不加固或加固而未保证质量，都会引起破坏事故，对施工、运营造成危害。国内外建筑史上因洞室围岩失稳而造成的事故为数不少。澳大利亚悉尼输水压力隧洞，混凝土衬砌，使用期间在 300m 长的地段上，发现洞内有压水大量渗入围岩而达地表。放空检修发现，三叠系砂岩中节理发育，岩石强度很低，在 100m 的内水水头作用下，不合要求的衬砌被破坏，洞顶围岩被掀起，出现裂缝，错距达 1.0～2.0cm。我国西南某水电站地下厂房施工中，上游边墙失稳，向下滑移，及时采取了有效加固措施，才保证了边墙的稳定。另外，对围岩压力估计过高，或对围岩强度估计不足，常使设计保守，提高工程造价，造成浪费。

5.1.1　地应力

地壳岩体内在天然状态下所具有的应力，称为地应力，它分布在岩体的每一个质点上，地壳中地应力作有规律展布的空间，称为地应力场。未经人为扰动的岩体内天然状态的应力，称为"初始应力"或"天然应力"；天然应力场内因工程活动而引起的应力，称为"感生应力"或"次生应力"。

1. 地应力分布规律

对天然应力场起主导作用的是自重应力和构造应力。地壳中岩体任一点都受到其上覆岩体自重的作用，这种由岩体自重引起的应力称为自重应力。地壳岩体内还长期存在着构造运动的内在力，即是构造应力。根据地质力学观点，就全球范围来看，构造应力以水平方向为主。构造应力或为过去构造运动剩余下来的"古构造应力"，或为最近地壳运动在岩体中累积起来的"新构造应力"，它们都以弹性应变能的形式储存在强烈挤压带或活动构造体系内的岩体之中。当地应力增大并超过岩体强度或岩体中原有断裂的抗阻力时，便可能引起岩体蠕滑，或突然破裂而发生地震。一个地区在地质历史上可能有多次构造应力作用过，每次均可能产生一套构造体系，只有最新的构造体系才反映该区新构造应力场特征。许多地区岩体中构造应力很大并远远超过其自重应力，处于主要地位。对区域稳定或岩体稳定有着重要意义的天然应力，就是自重应力和构造应力的叠加值。这种叠加，是同一个面上的正应力与正应力、剪应力与剪应力的叠加。

岩体中的天然应力受到各种地质因素的控制和影响，它的基本特征和分布规律还未完全被人们所认识。到目前为止，对天然应力状态主要还是依靠实测方法来确定。就目前所积累的资料来看，岩体中的天然应力有以下分布规律：

（1）铅直应力分量（σ_v）随深度 Z 的增加而增大，其值相当于上覆岩体的重量（$\rho g Z$），以压应力为主。

（2）水平应力分量比较复杂，最大水平应力分量多大于铅直应力分量。在地壳浅层，水平应力大于垂直应力；地壳深层，水平应力近似等于垂直应力。根据国内外实测资料统计，σ_h/σ_v 一般为 0.5～5.5，多数在 0.8～1.2。水平应力具有高度的方向性，两个水平应力分量的大小不等。地壳内最大主应力方向接近于水平，它与水平面的夹角多数小于 30°；最小水平应力分量常为最小主应力，即水平应力具有强烈的各向异性，一般 $\sigma_{h1}/\sigma_{h2}=0.2$～0.8，多数为 0.4～0.7。水平应力以压应力为主。

（3）现代天然应力场多与本区控制性构造变形场相一致。晚期构造运动强度如不超过早期构造运动强度，则早期构造形成的应力场很难被晚期构造所改变，只能对它产生某些影响。这类现象在国内外应力实测资料中都有反映，同时也说明现代地壳浅部应力主要为构造残余应力场，且与区内最强烈的一期构造运动密切相关。

2. 地应力集中

地应力在地壳岩体中的分布，实际上是不均匀的，有时也是不连续的。由于地表起伏及地壳中岩体性质上的差异和存在各种物理缺陷和结构面，地应力往往在某些部位集中，在另一些部位又可能削弱。其中，地壳岩体的某些物理缺陷和结构面周边的应力集中，它们涉及范围深广，对区域稳定性意义重大。

目前研究认为，断裂周围应力集中，主要与其产状及其与主应力的方位有关。断裂周围应力集中有以下若干特点：

（1）当主压应力与断裂面平行，断裂两端产生切向拉应力和剪应力集中。

（2）当主压应力与断裂面垂直，可有两种情况。如果断裂紧密闭合，沿断裂不产生明显的应力集中；如果断裂具有一定张开度，则将在其两端产生强烈的切向压应力集中，其中部出现较强烈的切向拉应力集中区。在较大的主压应力作用下，这种断裂易于闭合。

（3）当主压应力与断裂面斜交，与主压应力轴成 30°或 40°交角的断裂，其周边上的拉应力集中最强，剪应力集中也较靠近其端点，但不直接在端点处出现最大的切向拉应力集中区。所以与主压应力呈 30°或 40°交角的活动性断裂，在接近地应力作用下，重新活动的可能性最大。

上述地应力集中的规律和特点，是在特定条件下讨论的。地壳岩体中裂隙或断层的发育和分布并不只有一条，且相互组合多样，彼此影响显著，使岩体内应力的分布和集中极为复杂。通常在断裂分支点、交叉点、拐点、端点，以及现代断裂差异运动变化剧烈的大型隆起和凹陷的转换地带等，往往是地应力高度集中并易产生破裂变位的部位。

3. 洞室围岩应力重分布

洞室开挖前，岩土体一般处于天然应力平衡状态，称一次应力状态或初始应力状态。洞室开挖后。洞室周边围岩失去原有支撑，向洞室空间松胀，改变了围岩的相对平衡关系，形成新的应力状态。作用于洞室围岩上的外荷，一般不是建筑物的重量，而是岩土体所具有的天然应力（包括自重应力和构造应力）。这种由于洞室的开挖，围岩中应力、应变调整而引起原有天然应力大小、方向和性质改变的过程和现象，称为围岩应力重分布，它直接影响围岩的稳定性。洞室内若有高压水流作用，对围岩便产生一种附加应力。它叠加到开挖、衬砌后围岩中的应力上，也是影响围岩稳定性的一种因素。

围岩应力分布的规律是：顶、底板围岩容易出现拉应力，周边转角处存在很大的剪应力，洞室的高宽比对围岩应力分布的影响极大，设计洞室断面时应考虑铅直应力与水平应力的比值。

5.1.2　周围岩体变形与破坏规律

地下工程开挖，最基本的生产过程就是破碎和挖掘岩石，同时维护顶板和围岩稳定。洞室开挖后，地下形成了自由空间，原来处于挤压状态的围岩，由于解除束缚而向洞室空间松胀变形；这种变形大小超过了围岩本身所能承受的能力，便发生破坏，从母岩中分离、脱落，形成坍塌、滑动和岩爆等。如果对地下洞室不加以支撑维护，则洞室围岩就会在地应力的作用下发生变形或破坏。工程实践证明，洞室围岩的变形与破坏程度，一方面取决于地下天然应力、重分布应力及附加应力，另一方面与岩土体的结构及其工程地质性质密切相关。由于各种岩体在强度和结构方向存在差异，在工程力和地应力作用下，往往在局部洞段上或整个洞段产生岩体的变形与破坏，导致围岩的失稳。

1. 不同部位围岩的变形与破坏

洞室的不同部位，围岩应力状态不同，变形和破坏形式也有区别。一般情况下，洞室围岩的变形与破坏，按其发生的部位，可概括地划分为顶围（板）悬垂与坍落、侧围（壁）突出与滑塌、底围（板）鼓胀与隆破；有的笼统称为冒顶、垮帮和鼓底。

（1）顶围悬垂与坍落。洞室开挖时，顶壁围岩除瞬时完成的弹性变形外，还可由塑性变形及其他原因而继续变形，使顶壁轮廓发生明显改变，但仍可保持其稳定状态。这大都在开挖初始阶段中出现，而且在水平岩层中最典型。进一步发展，围岩中原有结构面或由重分布应力作用下新生的局部破裂面，会发展扩大。顶围原有的和新生的结构面相互汇合交截，便可能构成数量不一、形状不同、大小不等的分离体。它们在重力作用下与围岩母体脱离，突然坍落而终至形成坍落拱。分离体的形成与围岩的结构面和风化程度等因素密切相关，且在洞室的个别地段上最为典型。例如，结构面发育强烈的所有坚硬岩石和砂质页岩、泥质砂岩、钙质页岩、钙质砂岩、云母片岩、千枚岩、板岩地段经常发生顶围坍落，而在断层破碎带、裂隙密集带附近，顶围坍落最为严重。疏松砂土、含水量很高的沼泽土和淤泥地区，洞室开挖中会碰到很特殊的围岩变形和破坏。坍落拱大都大于洞室设计尺寸，有时还会发生严重的流砂和溜坍。

（2）侧围突出与滑塌。洞室开挖时，侧壁围岩继续变形使洞室轮廓发生明显突出而不产生破坏，这在铅直层状岩体中最为典型。进一步发展，由于侧围原有的和新生的结构面相互汇合、交截、切割，构成一定大小、数量、形状的分离体。当有具备滑动条件的结构面，便向洞室滑塌。侧围滑塌，改变了洞室的尺寸和顶围的稳定条件，在适当情况下又会影响到顶围，造成顶围坍落，或扩大顶围坍落范围和规模。某水电工程地下调压室下游边墙围岩中有一条与边墙方向一致、倾向洞室的断层，与近东西向高角度的裂隙交会，将围岩切成楔形分离体，当开挖临空面切穿断层面后，短时内便发生急速的浅层滑塌。连续滑塌范围长 23m，坍塌高度为 7~10m，危及衬砌的顶拱。四川某电站地下厂房位于花岗岩中，开挖跨度 17.4m，边墙高 28m，采用先拱后墙施工。开挖后观测，下游边墙侧向变形达 17.1~25.1mm，中部最大。

（3）底围鼓胀与隆破。洞室开挖时，常见有底壁围岩向上鼓胀。它在塑性、弹塑性、裂隙发育、具有适当结构面和开挖深度较大的围岩中表现得最充分、最明显，但仍不失其完整性；但一般情况下，这种现象极不明显，难以观察到。我国京西史家滩煤矿前屯矿巷道的底围鼓胀极为突出，几乎所有开挖在距地面 100~200m 的页岩中的巷道，掘进后 10~15 天就发现底围鼓胀，岩石挤出，支撑折断；鼓起一般达 0.2~0.3m。其他如抚顺煤矿在泥质页岩和凝灰岩中的巷道，阜新煤矿在砂质页岩中的巷道，都发生严重的底围鼓胀。洞室开挖后，底围总是或大或小，或隐或显地发生鼓胀现象。进一步发展，在适当条件下，底围便可能被破坏，失去完整性，冲向洞室空间，甚至堵塞全部洞室，形成隆破。

2. 不同结构类型围岩的变形与破坏

围岩的变形与破坏形式与岩体的结构类型密切相关。由于各种岩体在强度和结构方面存在差异，在工程力和地应力作用下，往往表现出不同的变形与破坏形式，导致围岩的失稳。常见的围岩变形与破坏形式有以下几种：

（1）脆性破裂。整体状结构及块状结构岩体，在一般工程地区开挖时是稳定的，有时产生局部掉块；但是在高地应力地区，由于洞室周边应力集中可引起岩爆，属脆性破裂。在地下洞室开挖过程中，施工导洞扩挖时预留的岩柱，易产生劈裂破坏，也具有脆性破裂的特征。有时在整体块状坚硬岩体中，由于断续结构面的存在，沿其端部延展易于产生岩体开裂应变。在这种情况下，岩体的抗开裂强度可能比岩石的单轴抗压强度低一个数量级。

（2）块体滑动与塌落。块状、厚层状以及一些均质坚硬的层状结构岩体构成的围岩稳定性是高的。当这类岩体受软弱结构面的切割形成分离块体时，在重力和围岩应力作用下，有可能向临空面方向移动，而形成块体的滑动与塌落。有时还会产生块体的转动、倾倒等现象。在块状岩体中，由于破裂结构面的发育程度和组合形式不同，使分离体的形态各有差异，反映在块体的塌落规模和自行稳定的时间上也不一样。因此，可以根据洞室各个部位结构面的组合特征，去预报不稳定块体的形态和大小。

（3）层状岩的弯曲折断。层状岩体的弯曲折断多发生在层状结构岩体中，尤其是在夹有软岩的互层状结构岩体中最为常见。然而在一些大型的地下工程中，受一组极发育的结构面控制的似层状结构岩体，也可以产生类似的弯折破坏。层状结构岩体的变形与破坏，在很大程度上受层面的控制。由于层间结合力差，易于产生滑动，而且抗弯能力也不强。位于洞顶的岩层在重力作用下下沉弯曲，进而胀裂、折断而形成塌落体。位于边墙上的岩体，在侧向水平应力作用下，岩层弯曲变形，如果是陡倾的层状结构岩体在边墙上，则可能出现弯曲倾倒破坏或弯曲鼓出变形。

（4）碎裂岩体的松动解脱。在地下洞室施工中，较大规模的塌落和滑动多发生在由构造挤压破碎、节理密集及岩脉穿插的破碎地段，亦即在碎裂结构岩体中。当岩体中泥质结构面数量较少时，围岩具有一定的承载能力，但是在张力和振动力作用下容易松动，解脱（溃散）成为碎块散开或脱落。一般在洞顶呈现崩塌，在边墙上则表现为滑塌或碎块的坍塌。

（5）塑性变形和膨胀。有些具备松散结构的岩体，在重力、围岩应力和地下水的作用下产生塑性变形，并导致围岩的破坏。常见的塑性变形和破坏形式有边墙挤入、底鼓及洞径收缩等。通常塑性变形的时间效应显著，其表现为有的衬砌受压开裂往往要延续一段时间。膨胀是岩体体积随时间变化而增大的一种现象，通常是把由潜在膨胀性的岩石（如含有蒙脱石、伊利石等黏土矿物或含硬石膏的岩石）温水后引起的体积应变看做膨胀，这是由物理、化学效应产生的结果。实际上，洞壁向内的变形多数是体积应变和剪切应变联合作用的结果，因此有人把扩容和挤压流动等流变效应造成的体积增加也纳入膨胀的范畴。

以上介绍的岩体变形与破坏的 5 种形式，是既有区别又有联系的。由于岩体结构类型的不同，变形与破坏的表现形式也不一样。在进行工程地质预测预报工作时，必须考虑到这一点。同时，还应当抓住导致岩体变形与破坏的核心问题。例如，对松软及碎裂岩体要注意它的泥质的含量，评价它的塑性变形及整体抗剪强度，对层状岩体应注重对层面特征产状和层厚等问题的调查，因为岩层的弯张变形与此有密切关系；对于块状岩体，一般要分析结构体的形态与产状特征，尤其是不稳定结构体，常常造成崩塌或滑动。

应当指出的是，任何类型围岩的变形破坏都是逐次发展的。其逐次变形破坏过程表现为侧向变形与垂直变形相互交替发生，互为因果，形成连锁反应。例如，水平层状围岩的塌方过程表现为：首先是拱脚以上岩体的塌落和超挖。然后顶板沿层面脱开，产生下沉及纵向开裂，边墙岩体弯曲内鼓。当变形继续向顶板以上发展时，形成松动塌落，压力传至顶拱，再次危害顶板的稳定。如此循环往复，直至达到最终平衡状态。其他类型围岩的变形破坏过程也是如此，只是各次变形破坏的形式和先后顺序不同而已。分析围岩变形破坏时，应抓住其变形的始发点和发生连锁反应的关键点，预测变形破坏逐次发展及迁移的规律。在围岩变形破坏的早期就加以处理，才能有效地控制围岩变形，确保围岩的稳定性。

5.1.3　洞室围岩破坏问题

5.1.3.1　岩爆

岩爆又称冲击地压，指在坚硬岩体深部开挖时，承受强大地压的岩体，在其极限平衡状态受到破坏时向自由空间突然释放能量，岩石剧烈破坏和突然飞出的动力现象。所谓坚硬岩体，指坚硬而无明显裂隙或者裂隙极细微而不连贯的弹脆性岩体，如花岗岩、片麻岩、闪长岩、辉绿岩、石英岩、辉长岩、白云岩和致密灰岩等。岩爆发生前，围岩的变形大小极不明显，可以忽略不计；岩爆发生时，岩石碎块或煤块等突然从围岩中弹出，抛出的岩块大小不等，大者直径可达几米甚至几十米，小者仅几厘米或更小。大型岩爆通常伴有强烈的气浪和巨响，甚至使周围的岩体发生振动。如某地下洞室，埋深逾 $100m$，围岩为寒武系陡山沱组硅质岩层。在掘进中，爆破后岩石有自然射出现象。开始有拳头大小的石块进出，速度较大；半小时之后，逐渐变为蚕豆大小的碎石四散飞射，一小时之后逐渐停止。岩爆在各种人工隧道中均有发生，危及施工安全，可使洞室内的施工设备和支护设施遭受毁坏，有时还造成人员伤亡。

1. 岩爆的产生条件

岩爆是洞室围岩突然释放大量潜能的剧烈的脆性破坏。从产生条件来看，高储能体的存在及其应力接近于岩体极限强度是产生岩爆的内在条件，而某些因素的触发则是岩爆产生的外因。围岩内高储能体的形成必须具备两个条件：①岩体能够储聚较大的弹性应变能；②在岩体内部应力高度集中。弹性岩体具有最大的储能能力，受力变形时所能储聚的弹性应变能非常大，而塑性岩体则全无储聚弹性应变能的能力。从应力条件看，围岩内高应力集中区的形成首先需要有较高的原岩应力。但在构造应力高度集中的地区，岩爆也可以发生在浅部隧洞中，甚至有可能发生在地表的基坑或采石场中。洞室围岩表部岩爆经常发生在以下一些高压力集中部位：因洞室开挖而形成的最大压应力集中区；围岩表部高变异应力及残余应力分布区以及由岩性条件所决定的局部应力集中区；断层、软弱破碎岩墙或岩脉等软弱结构面附近形成的应力集中区。

对地下洞室造成破坏的岩爆主要有 3 种形式：岩体扩容、岩石突出和振动诱发冒落。岩体扩容指由于岩石的破碎或结构失稳而使岩体体积增大的现象，如果扩容的幅度很大且过程较为猛烈，就会给洞室造成危害。当远处传来的扰动地震波能量较高时，可直接将洞室围岩碎块以非常快的速度（可达 $2\sim3m/s$）弹射到洞室空间中而形成灾害，这就是以岩石突出形式发生的岩爆。振动诱发岩石冒落是当洞室顶部有松动岩块或存在软弱面时，在扰动地震波和巨大重力势能作用下发生垮落的现象。

2. 岩爆的预测

对岩爆灾害的预测包括对岩爆发生强度、时间和地点的预测。由于地下工程开挖和岩爆现象本身的复杂性，岩爆的预测工作需要考虑地质条件、开挖情况及扰动等许多因素，以往的岩爆记录是预测未来岩爆的重要参考资料。

岩爆的预测预报可以分为两个方面：一方面，在试验室内测量岩块的力学参数，依据弹性变形能量指数判断岩爆的发生概率和危险程度；另一方面，现场观测，即通过观测声响、振动，在掘进面上钻进时观察测量钻屑数量等进行预测预报。目前国内外常用的岩爆预测预报方法有钻屑法、地球物理法、位移测试法、水分法、温度变化法和统计方法等。

岩爆预测是地下建筑工程地质勘察的重要任务之一，在总结已有的实践经验和研究成果的基础上，国内外学者目前已建立了一些可行的准则。挪威曾采用巴顿的方法，将岩石单轴抗压强度（R_c）与地应力（σ_1）的比值（α）作为岩爆的判别准则：当 $\alpha=2.5\sim5$ 时，有中等岩爆发生；当 $\alpha\leqslant2.5$ 时，有严重岩爆发生。中国在一些工程实践中常采用巴顿法进行预测。例如，贵州天生桥电站，根据巴顿法判断隧洞施工中可能有中等岩爆发生，工程开挖的实际情况证明预测基本成功。此外，由于岩爆属于一种诱发地震，地震震级和发震时间的预报方法可用来预测岩爆最大震级和发生的概率。

3. 岩爆的防治

岩爆的防治问题虽然目前尚难彻底解决，但在实践中已摸索出一些较为有效的方法，根据开挖工程的实际情况，可采取不同的防治方法。

（1）设计阶段的防治对策。

1）洞轴线的选择。人们通常认为洞轴线方向应与最大主应力方向平行，以改善洞室结构的受力条件。然而，使洞室相对稳定的受力条件是围岩不产生拉应力、压应力均匀分布和切向压应力最小。在选择轴线方向时应多方面比较选择，以减少高地应力引发的不利因素。

2）洞室断面形状选择。洞室断面形状一般有圆形、椭圆形、矩形和倒 U 形等。当断面的宽高比等于侧压系数（λ）时，可使围岩处于最佳受力状态，此时以选择椭圆断面为好。但从降低工程开挖量和成本的角度看，可综合考虑各种因素确定洞室断面形状。

（2）施工阶段的防治对策。

1）超前应力解除法。在高地应力区，洞室开挖后易产生超高应力集中。为了有效地消除应力集中现象，可采取预切槽法、表面爆破诱发法和超前钻孔应力解除法等提前释放地应力。在岩爆危险地带钻浅孔进行爆破，造成围岩表部松动带，可有效防止破坏性岩爆的发生。

2）喷水或钻孔注水促进围岩软化。在洞室的易发生岩爆地段，爆破后立即向工作面新出露围岩喷水，既可降尘又可缓释围岩应力。因为注水使裂纹尖端能量降低，裂纹扩张传播的可能性减小，裂纹周围的热能转为地震能的效率随之降低，从而减少剧烈爆裂的危险性。

3）选择合适的开挖方式。岩爆是高压力集中的结果，因此，开挖时可采取分布开挖的方式，人为地给围岩岩体提供一定的变形空间，使其内部的高应力得以缓慢降低，从而达到预防岩爆的目的。

4）减少岩体暴露的时间和面积。在短进尺、多循环的施工作业过程中，应及时支护，以尽量减少岩体暴露的时间和面积，防止或减少岩爆发生。

5）岩爆发生时的处理措施。一旦发生岩爆，应彻底停机、待避，对岩爆的发生情况进行详细观察并如实记录，仔细检查工作面、边墙或拱顶，及时处理、加固岩爆发生的地段。

（3）采取合理的支护加固措施。对于开挖的洞室周边或前方掌子面的围岩进行加固或超前加固，可改善掌子面本身及洞室周边 1～2 倍洞径范围内的应力分布状况，使围岩体从单向应力状态变为 3 向应力状态；同时，围岩加固措施还具防止岩体弹射和塌落的作用。主要的支护加固措施有喷混凝土或钢纤维喷混凝土加固、钢筋网喷混凝土加固、周边锚杆加固、格栅钢架加固，必要时可采取超前支护。

5.1.3.2　塌方

以下情况容易造成软弱围岩塌方：①在构造运动作用下，薄层岩体形成小褶曲，错动发育，隧道施工从这种地段通过，常发生塌方；②隧道穿过断层及其破碎带，一经开挖，潜在应力释放，承压快，围岩失稳而塌方；③通过各种堆积体时，由于结构松散，颗粒间无胶结或胶结差，开挖后引起塌方；④隧道穿过浅埋地段或隧道进出口附近，围岩自稳能力差或受偏压影响，开挖中引起坍塌；⑤岩层软硬相间或有软弱夹层的岩体，在地下水的作用下，软弱面的强度大大降低，因而发生塌方；⑥地下水的软化、浸泡、冲蚀、溶解等作用，加剧岩体的失稳和塌方；⑦围岩比较差、断层或节理面呈楔形状态，构成不利组合，在内应力或地下水的作用下，产生突然塌方，这种塌方是最不易观察和发现的，也是比较危险的。

5.1.4 其他地下工程问题

地下工程往往是修建在水、岩、热、气等构成的一个复杂的系统之内。天然情况下，该系统具有自身的边界，系统各构成要素维系着一种动态平衡关系。地下工程的开挖，相当于在一定空间范围内改变了系统的边界（对于岩体）或增加了输出边界（对于流体）。这样，系统本身便按照其固有的运动规律对此作出反应，当这种反应形式过于强烈时，便演化为施工地质灾害。

1. 地下工程涌水

当地下洞室穿越含水层时，不可避免地会使地下水涌进洞内，给施工带来困难。地下水常是造成塌方和使围岩丧失稳定的重要因素。地下水对不同围岩的影响程度是不尽相同的，其主要表现可归纳为以下几个方面：以静水压力的形式作用于洞室围岩，使岩质软化，并使其强度降低；促使围岩中的软弱夹层泥化，减少层间阻力，易于造成岩体滑动；石膏、岩盐及某些以蒙脱石为主的黏土岩类，在地下水的作用下易发生剧烈的溶解和膨胀，随着膨胀的产生，将会出现附加的山岩压力；含水层由于大量地下水的流出，在动水压力作用下，将出现流砂及渗透变形；如地下水的化学成分中含有害化合物（硫酸、二氧化碳、硫化氢、亚硫酸）时，对衬砌将产生侵蚀作用；最为不利的影响是发生突然的大量涌水，这种突然涌水常造成停工和人身伤亡事故，工程上常称其为"灾难性涌水"。

在洞室工程地质勘测中，应将洞室能否出现突然涌水问题列为重点工程地质问题进行研究。对可能出现涌水的确切地点和数量，应提出准确的预测，以便提请施工单位在设备、技术及施工方法方面事前有所准备，避免由于临时措手不及而造成损失。

造成地下洞室突然大量涌水的条件是：洞室穿过溶洞发育的石灰岩地段，尤其是遇到地下暗河系统时，可能有大量的突然涌水，其涌水量可达几百至几千吨每小时；洞室通过厚层的含水砂砾石层，其涌水量可达几百吨每小时；遇到断层破碎带，特别是它又与地表水连通时，也会发生大量的涌水，涌水量一般也在几十至几百吨每小时。

从已有资料来看，造成突然涌水的多是有丰富的地表水，沿着溶洞、暗河或断层破碎带以及背斜、向斜轴部等良好通道涌进地下洞室。因此，在研究预测地下洞室涌水量时，除应侧重研究上述条件外，尚应注意与地表水体的连通关系。

在地下洞室涌水预测中，不仅要预报出洞身涌水量，而且要预报出集中涌水的准确地点，涌出的形式及方向，以便有效地设计排水方式，准备排水设备和正确选择施工方法。对砂砾石层中地下水涌水的预报，把握性比较大，可利用矿床水文地质学中矿床坑道疏干公式计算其涌水量；在摸清区域地质条件的基础上预测断裂带的涌水量，也是可能的；岩溶地下水的预报目前还缺少比较好的方法，因为水文地质学中计算矿坑疏干的那些公式大多不适用。为了准确预报岩溶地下水的涌水，必须首先摸清岩溶的发育规律、地下暗河系统及其与地表水的排泄、补给关系，然后利用均衡法计算。从已有的几个地下洞室的涌水计算来看，运用均衡法一般都取得了较好的效果。准确地测得地区大气降水的入渗系数，正确地圈定地区大气降水的汇水面积和地下分水岭的位置等，是运用均衡法计算的关键所在。

2. 高温热害

对于埋深较大的隧洞，不能排除部分洞段出现 30℃ 左右地温及局部地段存在更高地温的可能性。除输水地下洞室外，地下洞室内的温度一般是不重要的，但对施工有一定影响。当岩体开挖揭露时，释放的热量取决于原岩的温度、岩石的热学性质、岩石揭露的时间长短、岩体揭露面积的大小和形状、岩石的湿度、气流速度、地球的温度及空气的湿度等。当地下洞室揭露地热异常区时，可造成洞温升高，给施工造成困难，特别是在深埋地下洞室内，高温会使施工更加困难。实际上，高温和岩体压力是限制地下洞室开挖深度的两个重要因素。然而，采用新式岩石力学技术已经可以有效地减少岩爆的发生，因此高温现在就是更重要的限制。地下洞室空气的温度总是高的，在饱和空气中当温度超过 25℃ 时，劳动效率就降低，温度达到 35℃ 时，劳动效率几乎下降为零。采取增加通风量、喷水或冷却空气的方法能够改善工作条件。当原岩温度超过 40℃ 时，空气冷却是基本的改善方法。

3. 有害气体

天然存在的有体能够充满岩石中的空隙。气体如果处于压力之下，就有突然进入地下开挖空间使岩石受爆炸力破坏的可能，在地质调查期间应该注意气体危害的可能性。很多气体是危险的。如甲烷，可在上石炭统煤系中碰到，比空气轻，易于从它原来的地点逸出，不仅有毒而且易燃，与空气混合时会剧烈爆炸。二氧化碳虽然没毒，但能使人窒息死亡，它比空气重而且聚集在地下洞室底部附近，二氧化碳也可能与火山沉积物和石灰岩伴生。一氧化碳是有毒的，比空气稍轻，并且像二氧化碳和甲烷一样，在上石炭统煤系中有发现。硫化氢比空气重，而且毒性强。与空气混合时也要爆炸，被水吸收后变成对混凝土有害的液体，这种气体可通过有机物质的分解或火山活动产生。二氧化硫是一种无色、有刺激性、使人窒息的气体。易溶于水中形成硫酸溶液，它一般与火山散发物伴生或者可通过黄铁矿的氧化分解产生。

通风是地下工程施工中不可缺少的一部分，必须源源不断地将外界空气输送到洞室内部的各个工作面，保证人员正常呼吸，稀释并排除有害气体和灰尘，保证隧道中的空气质量。而在高海拔、高寒区冻土隧道施工中，为了开挖的安全，保护冻土，又能在冬季进行混凝土工程作业，通风系统的功能除排烟降尘外，还必须具有控制施工环境的功能（即保证施工温度在 −5～5℃ 之间）。通风要保证两方面的施工要求：一是施工中有害物浓度的控制；二是温度符合施工要求。施工工作面的温度受初始条件、围岩温度、通风量、风流温度等影响，而人为可以改变的就是通风量和风流温度；在实际情况不变的条件下，施工工作面的有害物浓度的变化只受通风量的影响。除长度不足 300m 的短隧道可以依靠自然通风外，所有隧道施工都必须进行人工通风。

5.1.5 保障洞室围岩稳定性措施

研究洞室围岩稳定性的目的，在于正确地据此进行工程设计与施工，有效地改造围岩，提高其稳定性。保障围岩稳定性的途径有二：一是保护围岩原有稳定性，使之不至于降低；二是赋予岩体一定的强度，使其稳定性有所增高。前者主要是采用合理的施工和支护衬砌方案，后者主要是加固围岩。

1. 合理施工

围岩稳定程度不同，应选择不同的施工方案。施工方案选定合理，对保护围岩稳定性有很大意义。所遵循的原则：一是尽可能先挖断面尺寸较小的导洞；二是开挖后及时支撑或衬砌。这样就可以缩小围岩松动范围，或制止围岩早期松动，或把松动范围限制在最小限度。针对不同稳定程度的围岩，已有不少施工方案。归纳起来可分为 3 类。

（1）分部开挖，分部衬砌，逐步扩大断面。围岩不太稳定，顶围易塌，就在洞室最大断面的上部先挖导洞，立即支撑，达到要求的轮廓，作好顶拱衬砌。然后在顶拱衬砌保护下扩大断面，最后做侧墙衬砌。这便是上导洞开挖、先拱后墙的办法。为减少施工干扰和加速运输，还可以用上下导洞开挖、先拱后墙的办法。如果围岩很不稳定，顶围坍落，侧围易滑，可先在设计断面的侧部开挖导洞，由下处向上逐段衬护。到一定高程，再挖顶部导洞，作好顶拱衬砌，最后挖除残留岩体。这便是侧导洞开挖、先墙后拱的方法，或称为核心支撑法。

（2）导洞全面开挖，连续衬砌。围岩较稳定，可采用导洞全面开挖、连续衬砌的办法施工。或上下双导洞全面开挖，或下导洞全面开挖，或中央导洞全面开挖。将整个断面挖成后，再由边墙到顶拱一次衬砌。这样，施工速度快，衬砌质量高。

（3）全断面开挖。围岩稳定，可全断面一次开挖。施工速度快，出渣方便。小尺寸隧洞常采用这种方法。

2. 支撑、衬砌与锚喷加固

支撑是临时性加固洞壁的措施，衬砌是永久性加固洞壁的措施，此外还有喷浆护壁、喷射混凝土、锚筋加固及锚喷加固等。

支撑手续简便，开挖后立即进行，可防止围岩早期松动，是保护围岩稳定性的简易可行的办法。

衬砌的作用与支撑相同，但经久耐用，使洞壁光坦。砖、石衬砌较便宜，钢筋混凝土、钢板衬砌的成本最高。衬砌一定要与洞壁紧密结合，填严塞实其间空隙才能起到良好效果。作顶拱的衬砌时，一般还要预留压浆孔。衬砌后，再回填灌浆，达到严实的目的，在渗水地段也可起防渗作用。

喷浆护壁、喷射混凝土、锚筋加固等，与前述衬砌有许多相同的作用，但成本低得多，又能充分利用围岩自身强度来达到保护围岩并使之稳定的目的。

3. 灌浆加固

裂隙严重的岩体和极不稳定的第四纪堆积物中开挖洞室，常需要加固以增大围岩稳定性，降低其渗水性。最常用的加固方法是水泥灌浆，其次有沥青灌浆、水玻璃（硅酸性）灌浆，还有冻结法等。通过这种办法，在围岩中大体形成一圆柱形或球形的固结层。

5.2 边坡岩体的工程地质问题

边坡指一面临空、具有一定的坡度和高度的岩土体斜坡，包括天然斜坡和人工开挖的边坡。斜坡的形成，使岩土体内部原有应力状态发生变化，出现坡体应力重分布；而且其应力状态在各种自然营力及工程影响下，随着斜坡演变而又不断变化，使斜坡岩土体发生不同形式的变形与破坏。不稳定的天然斜坡和人工边坡，在岩土体重力、水及振动力以及其他因素作用下，常常发生危害性的变形与破坏，导致交通中断、江河堵塞、塘库淤填，甚至酿成巨大灾害，如导致工程溃决和村镇埋没等。在山区修建各类土木工程，如房屋建筑、大坝、水电站、隧洞、渠道、铁路、公路等，常因建筑区域内山坡岩体失稳而给工程造成困难和破坏。因此，正确论证斜坡稳定性，是顺利进行工程建设的需要。对与工程相关的天然岩质边坡的稳定性要作分析，判断是否可能产生危害性的变形与破坏，论证其变形与破坏的形式、方向和规模；对新建人工边坡，则需分析设计其合理坡度和坡高，采取经济合理的工程措施，保证斜坡在工程运用期间不致发生危害性的变形与破坏。

5.2.1　斜坡变形与破坏类型

斜坡形成过程中，其原始应力重新分布，岩土体原有平衡状态相应发生变化。在此新的应力条件下，坡体将发生程度不同的局部或整体的变形与破坏，以达到新的平衡。自斜坡形成开始，坡体便处于不断发展变化的趋势中，首先变形，逐步发展成为破坏。斜坡变形与破坏的发展过程，可以是漫长的，如天然斜坡的发展演化；也可以是短暂的，如人工边坡的形成与变化。斜坡变形与破坏的发生条件相当复杂，主要取决于坡体本身所具有的应力特征和坡体抵抗变形与破坏的能力大小，这两者的相互关系和发展变化，是斜坡演变的内在动力。

斜坡变形与破坏是斜坡演变的两大形式，前者以坡体中未出现贯通性破坏面为特点；后者是在坡体中已形成贯通性的破坏面，并由此以一定加速度发生位移为标志。变形与破坏是一个发展的连续过程，其间存在着量与质的转化关系。研究斜坡变形与破坏的整个过程，并重视这一演变过程中变形的研究，对于定性地揭示坡体应力与结构强度的矛盾关系，鉴定现有条件下坡体的稳定状况，预测斜坡破坏的可能程度，有重要意义。

1. 斜坡变形

斜坡变形以坡体未出现贯通性的破坏面为特点，但在坡体各个局部，特别是在坡面附近也可能出现一定程度的破裂与错动，而从整体看，并未产生滑动破坏。它表现为松动和蠕动。

（1）松动。斜坡形成初始阶段，坡体表部往往出现一系列与坡向近于平行的陡倾角张开裂隙，被这种裂隙切割的岩体向临空方向松开、移动，这种过程和现象称为松动。它是一种斜坡卸荷回弹的过程，是当岩体出现边坡临空面后，岩体内积存的弹性应变能释放而产生的。存在于坡体的这种松动裂隙，可以是应力重分布中新生的，但大多是沿原有的陡倾角裂隙发育而成。它仅有张开而无明显的相对滑动，张开程度及分布密度由坡面向深处渐小。在保证坡体应力不再增加和结构强度不再降低的条件下，斜坡变形不会剧烈发展，坡体稳定不致破坏。

斜坡常有各种松动裂隙，实践中把发育有松动裂隙的坡体部位，称为斜坡卸荷带，也可称为斜坡松动带。其深度通常用坡面线与松动带内侧界线之间的水平间距来度量。斜坡松动使坡体强度降低，又使各种营力因素更易深入坡体，加大坡体内各种营力因素的活跃程度，它是斜坡变形与破坏的初始表现。所以，划分松动带（卸荷带），确定松动带范围，研究松动带内岩体特征，对论证斜坡稳定性，特别在确定开挖深度或灌浆范围，都具有重要意义。斜坡松动带的深度，除与坡体本身的结构特征有关外，主要受坡形和坡体原始应力状态控制。显然，坡度越高、越陡，地应力越强，斜坡松动裂隙便越发育，松动带深度也便越大。

（2）蠕动。斜坡岩土体在以自重应力为主的坡体应力长期作用下，向临空方向缓慢而持续的变形，称为斜坡蠕动。研究表明，蠕动的形成机制为岩土的粒间滑动（塑性变形），或沿岩石裂纹微错，或由岩体中一系列裂隙扩展所致。它是在应力长期作用下，岩土体内部一种缓慢的调整性形变，实际上是趋于破坏的一个演变过程。坡体中由自重应力引起的剪应力与岩土体长期抗剪强度相比很低时，斜坡只能减速蠕动；只有当应力值接近或超过岩土体长期抗剪强度时，斜坡才能加速蠕动。因此，斜坡最终破坏，总要经过一个或短暂或漫长的过程。斜坡蠕动大致可分为表层蠕动和深层蠕动两种基本类型。

斜坡浅部岩土体在重力的长期作用下，向临空方向缓慢变形构成一剪变带，其位移由坡面向坡体内部逐渐降低直至消失，这便是表层蠕动。

深层蠕动主要发育在斜坡下部或坡体内部，按其形成机制有软弱基座蠕动和坡体蠕动两类。坡体基座产状较缓且有一定厚度的相对软弱岩层，在上覆层重力作用下，致使基座部分向临空方向蠕动，并引起上覆层的变形与解体，是软弱基座蠕动的特征。软弱基座塑性较大，向临空方向蠕动、挤出，软弱基座蠕动将引起上覆岩体变形与解体。上覆岩体中软弱层会出现"揉曲"，脆性层又会出现张性裂隙；当上覆岩体整体呈脆性时，则产生不均匀断陷，使上覆岩体破裂解体。上覆岩体中裂隙由下向上发展，且其下端因软弱岩层向坡外牵动而显著张开。此外，当软弱基座略向坡外倾斜时，蠕动更进一步发展，使被解体的上覆岩体缓慢地向下滑移，且被解体成的岩块之间可完全丧失连接，如同漂浮在下伏软弱基座上。

坡体沿缓倾软弱结构面向临空方向缓慢移动变形，称为坡体蠕动，它在卸荷裂隙较发育并有缓倾结构面的坡体中比较普遍。缓倾结构面夹泥，抗滑力很低，会在坡体重力作用下产生缓慢的移动变形。这样，坡体必然发生微量转动，使转折处首先遭到破坏。首先出现张性羽裂，将转折端切断（切角滑移）；继续破坏，形成次一级剪面，并伴随有架空现象；进一步便会形成连续滑动面（滑面形成）。滑面一旦形成，其推滑力超过抗滑力，便导致斜坡破坏。

2. 斜坡破坏

斜坡中出现了与外界连续贯通的裂坏面，被分割的坡体便以一定加速度滑移或崩落，脱离母体，称为斜坡破坏。

天然斜坡的形成过程往往比较缓慢，而坡体中应力的变化和附加荷载的出现可很迅速，斜坡破坏便可能出现不同情况。当迅速形成的坡体应力超过岩土体极限强度，足以形成贯通性破坏面时，斜坡破坏便急骤发生，松动及蠕动变形的时间很短暂；反之，若坡体应力小于岩土体极限强度而大于长期强度时，斜坡破坏前要经过一段较长时间的松动及蠕动变形过程。此外，自然营力对斜坡破坏的影响很大。某些营力（如地震力、空隙水压力）突然加剧，可使一些原来并未明显松动及蠕动变形迹象的斜坡，也会突然破坏。斜坡破坏的形式很多，主要有崩塌、滑坡及滑塌等形式。

（1）崩塌。斜坡前缘的部分岩体，被陡倾结构面分割，并以突然的方式脱离母体，翻滚而下，岩块互相冲撞、破坏，最后堆积于坡脚而形成岩堆，这种现象称为崩塌。其规模相当悬殊，有大规模的山崩，也有小型块石塌落。

（2）滑坡。斜坡岩土体沿着连续贯通的破坏面向下滑动的过程称为滑坡。显然，滑坡是由于沿着连续贯通的破坏面推滑力超过抗滑力所致，是二者矛盾斗争的结果。

（3）滑塌。斜坡疏散岩土的坡角大于它的内摩擦角时，因表层蠕动进一步发展，岩土体沿着剪变带以顺坡滑移、滚动与坐塌方式，重新达到稳定坡脚的斜坡破坏过程，称为滑塌，或叫崩滑。塌动部分与未塌动部分的分界，通常在断面上呈直线。滑塌主要是一种松散岩体或岩、土混合体的浅层破坏形式，与风化营力、地表水、壤中水、人工开挖坡角及振动等作用密切有关。

上述崩塌、滑坡及滑塌 3 种基本破坏形式，在同一斜坡的发生、发展过程中，常是相互联系和相互制约的。在一些高而陡的斜坡破坏过程中，常常先以前缘部分崩塌为主，并伴随滑塌或浅层滑坡，随着时间的推移，再逐渐转变为深层滑坡。由于前缘破坏对深部的变形可起减载作用，所以频繁的前缘破坏，特别对抗风化能力弱的坡体，可能推迟甚至制止深部破坏的发生和发展。

5.2.2　岩质边坡稳定的影响因素

1. 影响边坡稳定的地质因素

（1）构成岩体的岩石性质。各类岩石的物理力学性质不同，影响边坡岩体的稳定性及所能维持岩体稳定最大坡角的程度也不同。岩浆岩一般岩性均一，力学指标较高，新鲜完整者均能使边坡保持陡立并处于稳定状态；但其中流纹岩和玄武岩常因原生节理发育而影响边坡稳定，凝灰岩则因易风化或有夹层存在而对边坡稳定不利。沉积岩中厚层且含硅质较多的砂岩、砾岩、石灰岩等边坡稳定性较好。而含黏土矿物成分多的黏土岩、页岩、泥灰岩等常发生边坡失稳现象，能保持的边坡稳定坡角也比较缓。一些软弱岩层的层理面则常是边坡失稳的控制滑动面。变质岩中片麻岩、石英岩等坚硬岩石均较稳定。而云母片岩、绿泥石片岩、千枚岩、板岩等稳定性较差。在绢云母片岩、滑石片岩中还常见到蠕变现象。

（2）岩体的结构特征。岩质边坡的失稳破坏多数都是沿各种软弱结构面发生，此外在河谷边坡上，有时两侧被冲沟切割而形成三面临空的岩体时，常由一组倾向河床的软弱结构面成为滑动面。

（3）风化作用活跃的程度。风化作用活跃的地方，一是在坡体中温度和湿度变化频繁的部位，如坡面附近的湿度变化带、高寒地区的昼夜或季节冻融带、地下水位季节变动带等；二是坡体中抗风化能力相对薄弱的部位。在寒冷地区，坡面附近温度昼夜的变化，常使渗入裂隙中的水反复冻融，从而扩展裂隙，使岩体碎裂，成为可能发生滑塌式破坏的重要因素。风化作用沿易风化岩石或断裂破碎深入坡体，造成风化夹层或囊状风化带，常是导致斜坡变形破坏的主导因素。

（4）地下水的作用。坡体中发育有强烈溶蚀、渗透变形或泥化作用等地下水作用的活动带时，这些部位常成为导致斜坡变形破坏的控制带。斜坡在风化过程中，由于强风化层和残积土层的透水性能差，因而在强弱风化带接触部位可形成一个承压的地下水活跃带，具有较高孔隙水压力，常常加大了软弱结构面的下滑力而导致坡体的滑动。

2. 斜坡变形破坏的触发因素

一些岩质边坡在上述地质因素长期综合作用下保持着基本稳定状态，但有可能已临近丧失稳定的边缘，一旦某种条件突然发生变化，就会触发斜坡的变形破坏。触发因素主要有以下几种：

（1）地震是造成斜坡破坏的最主要的触发因素，世界上许多大型的崩塌或滑坡的发生都是由地震触发产生的。同时，震动还可促进坡体中裂隙的扩展。碎裂状及碎块状的斜坡岩体甚至可因震动而全面崩溃。当软弱结构面中充填有疏松饱水的粉细砂及粉土时，也会由于受震液化，导致其上覆岩体发生滑塌。

（2）特大暴雨和异常洪水。暴雨和洪水往往引起坡体内（特别是软弱结构层内）的空隙水压力猛增，颗粒有效压力则迅速减小，使沿结构面的抗剪强度降低，坡体可能沿该面下滑。水库回水是人工制造的异常洪水，回水使边坡坡脚岩体浸湿软化，并承受浮力及增高空隙水压力，这种变化对塑流、拉裂、滑移压致拉裂及滑移弯曲型变形体的稳定性很不利。

（3）人为因素。在边坡上部修建工程，增加了变形体的荷载，也增加了变形体的滑动力。在边坡岩体内或附近进行爆破，往往有与地震相似的影响。在边坡岩体坡脚处开挖，会使变形体的抗滑力削弱，而造成变形体的失稳。

5.2.3　边坡稳定分析方法

评价边坡稳定性的目的在于根据工程地质条件确定合理的边坡容许坡度和高度，或验算拟定的边坡几何尺寸是否合理、边坡是否稳定。由于影响边坡稳定的不确定因素很多，因此需采用多种方法进行综合评价。

1. 工程地质类比法

工程地质类比法在生产实践中经常采用。它主要是应用自然历史分析法认识和了解已有斜坡的工程地质条件，并与将要研究的斜坡工程地质条件相对比；把已有斜坡的研究或设计经验，用到条件相似的新斜坡的研究或设计中去。这些研究或设计经验包括斜坡变形与破坏形式和发展变化规律的经验、斜坡设计的经验、取用滑面抗剪指标的经验及斜坡整治的经验等。

对比斜坡必须遵循一定的原则。斜坡在有的情况下可以对比，有时就没有对比的根据。这种根据首先是那些需要对比的斜坡具备相似性。相似性包括两个主要方面：一是斜坡岩性和岩体结构的相似性；二是斜坡类型的相似性。在此基础上，进一步对比影响斜坡稳定性的营力因素和斜坡成因。

斜坡岩性相似性又是成岩条件的相似性。陆相砂岩与海相砂岩，岩性上便有差别；岩石形成的地质年代不同，岩性也有所不同。所以岩性对比就不能忽略岩石成岩环境、条件和年代。岩体结构的相似性，应特别注意结构面及其组合关系的相似性。要在构成斜坡的相似结构面和相似结构面组合条件下对比。以相同成因、性质和产状的结构面所构成的斜坡相互对比。以一组结构面构成的某斜坡与一组结构面构成的另一斜坡相对比；以多组结构面构成的某斜坡与多组结构面构成的另一斜坡相对比。

斜坡类型的相似性，应在斜坡岩性、岩体结构相似性基础上来对比。水上斜坡可与河流岸坡对比，水下斜坡可与河流水下斜坡部分对比，一般场地斜坡可与已有公路和铁道路堑斜坡对比。如此对比相似的斜坡，才可作为选择稳定坡角的依据。

工程地质类比，应注意天然斜坡与人工边坡工程地质条件的异同点，这是论证人工边坡稳定性的关键。天然斜坡与人工边坡对比，要从工程地质条件的共同性对比，也要参考工程地质条件的差异性，并区别主导因素与一般因素。影响斜坡稳定性因素的主次，常因地而异，但一般情况下，岩石性质、岩体结构、水的作用和风化作用是主要的，其他如坡面方位、气候条件等是次要的。当斜坡工程地质条件相似的情况下，其稳定斜坡便可作为确定稳定坡角的依据。

斜坡成因不同，形成的斜坡坡度和外貌也有很大区别。斜坡有侵蚀、剥蚀、滑塌和人工等不同成因的斜坡。前三者属天然斜坡，主要决定于外力地质作用（河流侵蚀、海水冲蚀、风化剥蚀等）及内力地质作用（地壳运动等）的相互影响，各自反映在地貌的一定特征上。应该注意，斜坡形态特征和坡度陡缓，在同一斜坡剖面上也有变化，有直线形斜坡，有凸形斜坡，也有凹形斜坡。这种情况不完全与斜坡成因类型有关，还必须结合岩性及岩体结构等条件具体分析，从中找出有代表性的稳定斜坡，确定稳定坡角。此外，斜坡演变发展阶段、工程等级类别和使用特征等，在一定情况下也应尽可能地对比。实践中已有不少关于斜坡比拟的实例，并对斜坡坡角提出建议值。

工程地质类比法具有经验性和地区性的特点，应用时必须全面分析已有边坡与新研究边坡的工程地质条件的相似性和差异性，同时还应考虑工程的规模、类型及其对边坡的特殊要求。可用于地质条件简单的中、小型边坡。

2. 图解分析法

图解分析法需在大量的节理裂隙调查统计的基础上进行。将结构面调查统计结果绘成等密度图，得出结构面的优势方位，在赤平极射投影图上，根据优势结构面的产状和坡面投影关系分析边坡的稳定性。当结构面或结构面交线的倾向与坡面倾向相反时，边坡为稳定结构；当结构面或结构面交线的倾向与坡面倾向一致，且倾角大于坡角时，边坡为基本稳定结构；当结构面或结构面交线的倾向与坡面倾向之间夹角大于 45°，且倾角小于坡角而大于结构面摩擦角时，边坡为不稳定结构。潜在不稳定体的形状和规模需采用实体比例投影，对图解得出的潜在不稳定边坡应计算验证。

3. 计算分析法

斜坡稳定性计算分析法是一种应用很广泛的方法，它可以得出稳定性的定量概念，常为工程所必需。边坡的稳定性计算分析，应在确定边坡破坏模式的基础上进行，可采用极限平衡法、有限单元法进行综合评价。各区段条件不一致时，应分区段计算分析。计算分析法多以岩土力学理论为基础，有的运用松散体静力学的基本理论和方法进行运算；也有的采用弹塑性理论或刚体力学的某些概念，去分析斜坡稳定性。这些方面的基本假定尚不能在理论上完全解决，影响斜坡的天然营力因素又很复杂，因此它通常只能进行一些近似估算。应该指明，力学分析法的可靠性，很大程度上还取决于计算参数的选择和边界条件的确定，特别对结构面抗剪指标的选择至关重要。因此，计算分析法必须以正确的地质分析为基础。

4. 数值分析法

近几年我国从国外引进和自行研制了许多切实可行的数值分析软件用于解决边坡工程的计算，如 ANSYS、FLAC 等，随着数值分析方法的不断发展，出现了不同数值方法的相互耦合，在三峡库坝区和小浪底库坝区为代表的国家重点工程建设中得到成功应用。数值分析法有以下优点：可以在正确的工程地质研究基础上，较好地考虑边坡介质的各向异性、非均质性及其随时间变化特征、复杂边界条件和介质不连续性条件；可以得到边坡的应力场、应变场和位移场，非常直观地模拟边坡变形破坏过程；适用于分析边坡工程的分步开挖，边坡岩土体与加固结构的相互作用，地下水渗流、爆破和地震等因素对边坡稳定性的影响；能根据岩土体的破坏准则，确定边坡的塑性区或拉裂区域，分析边坡的累进性破坏过程和确定边坡的起始破坏部位采用离散元法可以仿真边坡整体滑动的过程，对于预测边坡的破坏规模和方式具有重要意义。

5.2.4 边坡变形破坏的防治措施

为保证斜坡稳定，防止斜坡稳定性下降，避免发生危害性的变形与破坏，有时要采取防治措施。对斜坡岩体变形破坏的防治原则，应是以防为主，这是保护斜坡稳定的首要原则。它有两方面的含义：一是要弄清斜坡演变规律，在判明斜坡稳定性下降的主导因素的基础上，采用消除和改变这些因素的措施，防止斜坡稳定性的恶性下降，避免发生危害性的破坏；二是工程布置应尽量避开规模较大的严重不稳且整治极为复杂的斜坡地段。斜坡防治，应正确地掌握斜坡目前的稳定状况，考虑其内部矛盾的恶化程度，及时采取相应措施，迅速制止斜坡发生危害性破坏，或尽快地限制其破坏范围，以保证工程顺利进行或安全运营斜坡防治，应分清缓急。整体防治工程必须按照一个完整的计划进行，避免盲目性。地表排水之前，为调整斜坡而进行大规模土方工程是不完全妥善的；土方堆积或削土处理不当，反为渗水创造了条件。斜坡整治工期安排必须注意气候条件的影响。某些恶劣气候条件下不宜作工程处理，若处理不及时完成，反而会带来更不利的影响。斜坡防治应区别轻重。对重要工程或永久性工程的斜坡，应采取全面的、严密的防治措施，保证斜坡具有较高的安全系数，防止斜坡产生任何有害的变形与破坏。对次要工程或临时性工程的斜坡，可采取简要的防治措施。治理措施应主要从两方面加以考虑：一是降低可能变形下滑岩体的下滑力；二是加强该斜坡的抗滑力，以保证斜坡岩体的稳定性。一般可采取以下措施：

（1）地面排水。一般在雨季，由于降水渗入边坡岩体中，增加了岩体中的空隙水压力，加大了变形体的下滑力；同时因雨水润湿了可能滑动面，削弱了可能滑动面间的抗滑力；以上因素都会加大边坡的不稳定性。所以一般都要在可能滑动岩体顶部及两侧以外修筑排水天沟，将边坡岩体以外的水流隔离在外围排走。沟壁应不透水，否则会起到集中沟内的水渗入岩体中的反作用。在滑坡体区域内，为了减少雨水的渗入，也可在坡面修筑排水沟，加快排走坡面水。在岩石裸露的部分，还可采用灰浆勾缝以防止雨水渗入裂隙中。

（2）岩体内排除地下水。对已渗入不稳定岩体内的地下水，通常可采用地下排水通道，将水流截住、集中并快速排走。另外，也有采用钻孔排水的方法，打穿岩体的隔水滑动结构面，通到下面的另一个透水层内，将上部的水输入深层，使其不会大幅减小滑动结构面上的抗滑力。

（3）削坡减重与反压。将陡倾边坡上部的岩体挖除一部分，使边坡变缓，同时也可使可能的滑体重量减轻。削减下来的土石可填在坡脚，起反压的作用，这些都有助于岩体的稳定。采用这种方法时要注意滑动面的位置，避免把起抗滑作用的岩体削掉，反而不利于岩体稳定。

（4）支挡建筑。估算出不稳定边坡的剩余下滑力后，必须考虑在岩体下部修建挡墙、支墩或抗滑桩。这些支挡结构可用混凝土、钢筋混凝土及砌石等材料，但需要注意的是，支挡结构的基础要砌置在滑动面以下，同时要在挡墙中增加排水措施。

（5）锚固措施。如已探明可能滑动面的位置，可采用锚桩或锚杆穿过滑动面锚入稳定岩体一定深度，这是增强边坡岩体抗滑力的有效措施。

（6）其他措施。对于节理裂隙较细小，但数量较多，无明显的滑动面的边坡岩体，还可以采用钻孔灌浆来加强岩体的力学强度，也可在坡面铺盖混凝土护面，一方面可防止雨水的渗入，另一方面可抵挡风化作用的侵蚀。一些常有剥落或小型崩塌（坠落）的斜坡，可以不采取整治措施，而设置一些防御性结构，将附近建筑物维护起来，免遭破坏、掩覆或填塞。例如，明渠可加混凝土盖板，厂房顶部可构筑防坍棚等。

5.3　地基岩体的工程地质问题

地基指承受由基础传来荷载的地层。地基虽然不是建筑物本身的一部分，但它在建筑中占有十分重要的地位。它的好坏及地基基础设计是否合理，不仅会直接影响建筑造价，而且会直接影响建筑物的安全。例如，世界闻名的意大利比萨斜塔，由于地基的不均匀下沉，造成塔顶歪斜 4.8m；我国西南某厂位于滑坡体上的建筑群，尽管花了很多钱进行处理，仍然不能确保其安全使用；在湿陷性黄土地区的建设中，曾产生一些因黄土地基湿陷而造成的严重工程事故；在山区建设中，由于地基的不均匀变形而引起建筑物的开裂破坏的例子屡见不鲜。水工建筑中拦蓄河水抬高水位，库水便以巨大水平推力作用于大坝；为维持稳定，坝体必须具备足够重量，使坝底与地基接触面产生足够大的摩擦力，来均衡库水的水平推力，避免发生滑动。如果坝基稳定性不能得到保证，往往导致大坝破坏，甚至造成灾难性事故。法国马尔帕塞薄拱坝修建在片麻岩上，左岸有绢云母页岩夹层，倾向下游，裂隙发育，有的张开，且被黏土充填。1959 年 12 月，由于连日暴雨，水位猛涨，绢云母页岩强度降低，坝基负荷骤增，致使大坝左端岩体滑动，坝体崩溃。

有关地基沉降与滑移稳定性分析的内容在《土力学》中有详尽阐述，这里从略。下面简单介绍岩基的一些工程地质问题。

5.3.1　地基岩体变形性质

1. 单个岩块受压变形分析

由于各类岩石的矿物成分、结构构造、颗粒大小、形成的地质条件及成岩过程不同，因而其在单轴加压条件下的应力—应变曲线形态也不尽相同，大致可分为 4 种类型。

（1）弹塑性变形型。由安山岩、玢岩、大理岩及石灰岩等较细的矿物晶粒（或颗粒）组成的岩石均属此类型。曲线形态可分为 4 个阶段，初始阶段曲线呈直线，在此段内卸载后变形可基本恢复，故称为弹性阶段变形，它是由于晶粒或颗粒间细小孔隙的压密而致；

随着应力增加，晶粒间抗阻力不足，开始发生粒间错位，这是岩块的塑性变形，应力—应变曲线形态呈曲线变化，在一段时间后，应力未增加时应变会继续增大一段，此段变形称为屈服阶段，到错位变形停止，此点相应的应力称为屈服极限；继续加压，粒间错位又增大，开始出现裂隙，并随着应力的逐渐加大，某些细微裂隙增大而连通，最后发展到贯通整个岩块，发生破损，应力达到最高点，此时应力为称为单轴极限抗压强度，简称抗压强度；应力达到极限强度后，应变继续增加，岩块强度逐渐降低，但还保持着较小的承载力，称为残余强度。

（2）裂纹受压变形型。这是一些粗晶粒或颗粒结构的岩石，如花岗岩、辉长岩、硅质石英砂岩、粗晶粒大理岩、粗粒片麻岩等，常具有许多晶间或晶内裂纹，如矿物晶粒之间的界面、缝隙，矿物内部的解理等。这些裂纹的存在，对岩石受压变形及破坏过程起着控制作用。初始段变形是由于在受压后较扁的张开裂纹被压闭合而引起的，故应变量随应力增长而逐渐变小（曲线斜率增大）；然后是线性变形阶段，此段曲线虽呈近似直线，但不全是弹性变形，其中包含有闭合裂纹的相互滑动；裂纹稳定扩展阶段，微裂隙在偏应力作用下开始扩展，同时不断有新的裂隙发生，曲线开始呈下凹形；随着应力的继续增大，在某些部位的裂纹迅速密集、搭接、连通，并逐步向试件端部延伸，最后导致岩块破损。

（3）弹性变形为主的变形。这是一些具有微晶质或玻璃质组织、结构致密、岩性较坚硬（相对具有脆性）的岩石，如玄武岩、辉绿岩、硅质灰岩、石英岩等，其弹性变形范围相对较大，曲线斜率较陡，比例极限和屈服极限很靠近，且较快达到峰值而破损。

（4）塑性变形为主的变形。这是一些由黏土矿物固结而成的沉积岩及由其经变质作用而成的变质岩，如泥页岩、泥灰岩、泥岩、绢云母片岩、滑石片岩、泥质千枚岩等，基本上没有弹性变形阶段，也无明显的比例极限和屈服极限。

2. 岩体中结构面对受力变形的影响

作为建筑物地基的岩体（荷载作用下的应力范围），一般有数十到数百立方米（一些大型工程如水利工程可达数千立方米）。它们在多次构造运动及长期的风化营力作用下，产生了很多节理及断层，这些结构面在地基岩体中发育数量的多少、延展长度、产状方向、充填物的厚度及性质，在很大程度上影响着岩体受力后的变形及强度。特别是存在着较厚泥砂质充填物的张节理、较大范围的断裂破碎带及软弱岩层等软弱结构面，会增加岩体变形量。

（1）结构面方向。岩体的变形因结构面方向与力作用方向之间角度的不同而不同，导致了岩体变形的各向异性。这种变形的方向性，在岩体中结构面组数较少时（1～2组）更为明显。

（2）结构面的性质。结构面类型（张节理、剪切节理、断层面、断层破碎带等）、结构面张开程度、充填程度、充填物质性质等，都对岩体受压后在各方向的变形有影响。

（3）结构面发育的密度和数量。一般来说，岩体中裂隙发育越强（即密度大、数量多），受力后产生的变形相应越大。但结构面的密度发育到一定程度时，对变形的影响就不太明显了。

（4）结构面组合关系。当岩体中存在两组以上结构面时，各组结构面排列组合方式不同，对岩体变形的影响也有所不同。

3. 风化作用对岩体变形性质的影响

地壳表层的岩石，在长期风化营力作用（地表昼夜及冬夏季节的温差，大气及地下水中的侵蚀性化学成分的渗浸等）下，逐渐由完整而破裂、由坚固而松散，随着岩体受风化程度的加深，致使承受外来荷载的能力降低、变形量加大。一般情况下，岩体受风化影响的程度，是自表面到深处逐渐减弱的。但各地区岩体受风化影响的程度及深度，则主要受该地区风化营力的强弱、不同岩石抵抗风化的能力及该地区地质构造运动历史等方面的影响。

4. 岩质地基内的洞穴问题

岩体中洞穴一般有 3 种类型：可溶性岩石（如石灰岩、石膏等）中的溶洞；构造运动多发地区大型构造裂隙被淘空所成的洞穴；人工洞穴，如矿洞、隧洞、墓室等。

当在洞穴顶上修建工程时，若地基受压层范围存在洞穴，洞穴顶部岩体在受到基础荷载传来的附加应力作用下会发生变形，甚至顶部破裂塌陷，引起地基沉降变形，影响工程建筑的稳定与安全。为保证洞穴顶上修建工程的稳定，需要有一个由基底到洞顶的安全厚度。

5.3.2　地基岩体的强度问题

1. 岩石受力破坏形式

岩石由于基本的矿物颗粒成分、结构特征及受力条件的不同，其受力破坏形式大致可分为 3 种类型。

（1）脆性张破裂。岩性较硬而脆，在围压较小、温度较低、竖（轴）向压力远大于围压时，四周发生拉张变形，由于岩石的抗拉强度远小于抗压强度，横向的拉应力较快地超过抗拉强度，从而发生纵向的张裂隙，继续扩张就会导致岩石破裂。

（2）剪切破裂。一般坚硬的岩石，在竖向压力增大到一定量时矿物粒间发生错动，继而发生剪切裂隙扩张而破坏。

（3）剪切塑性破裂。较软弱的岩石，在较高围压下岩石延性较强，受压后呈现一定的流塑性，产生较多细微裂隙，最后才达到裂隙扩展破坏。

2. 岩体中结构面的抗剪强度

由上节所述，岩石受压后的破裂，相当部分的岩石是由于发生剪切裂隙扩大所致。同时作为受工程荷载作用的岩体，往往也受到剪力作用，所以对岩石及岩体的抗剪强度测试及分析是非常重要的。对完整岩石试样的直剪试验及三轴剪切试验的结果表明，岩石的抗剪强度基本符合摩尔—库仑强度理论。即抗剪强度为 $\tau_f = \sigma_n \tan\phi + c$，式中 $\tan\phi$ 为内摩擦系数、ϕ 为内摩擦角、c 为黏聚力、σ_n 为剪裂面上所受到的法向应力。在实际工程荷载的压力下，完整岩石在可能剪裂面所受到的切应力一般不会达到其抗剪强度，所以也不致发生强度破坏。而当地基岩体中存在一些纵横交错的结构面时，岩体的强度往往受到结构面的抗剪强度的影响。

3. 影响地基岩体强度的因素

（1）岩石自身的强度。自然界的各种岩石，其强度由于其形成的地质原因、形成的地质条件、组成的矿物与化学成分、矿物晶粒（颗粒）的大小、粒间的连接或胶结性质及胶结物（沉积岩）的性质等因素的不同，使它们的物理力学性质也大不相同，从作为建筑工程地基的角度考虑，它们的强度指标是具有主要影响的，一般按照岩石的饱和极限抗压强度指标，将岩石分为坚硬岩、较坚硬岩、较软岩、软岩与极软岩五类。

（2）结构面的影响。结构面的抗剪强度一般较岩石本身的抗剪强度低得多，所以当岩体中存在有延展较大的各类结构面特别是倾角较陡的结构面时，岩体强度及受竖向荷载的承载能力就可能受发育的结构面所控制而大为降低。

（3）风化程度的影响。不同风化程度对岩体强度有不同的影响。不同风化的岩体，强度差别是比较大的。由于各种风化营力是由地表侵袭而来，所以岩体所受风化的程度，一般是从表面向深处逐渐减弱的。在勘探时还要特别注意有些在岩体的受压层范围内存在的古风化壳。

5.3.3 地基岩体承载力的确定

从土木工程方面考虑，对于承受荷载的地基体，主要的一个方面就是要知道地基岩体能承受多大竖向荷载，也就是地基的承载力。这是在既要求保证工程的安全稳定，又要求在工程荷载作用下地基体的变形量不能超过该工程的允许变形量两个条件下确定的。

对于岩质地基承载力的确定方法，由于影响岩体变形和强度的因素较多，并且相当复杂，所以很难有一个比较符合实际的理论计算公式来确定。一般确定岩质地基承载力的方法有下列两种。

（1）现场静载荷试验。根据工程的重要程度及对变形的要求，从载荷试验的压力—变形曲线上，截取某一要求变形量对应的压力值作为岩体的地基承载力。对于一些重要工程（如房屋建筑工程的一级建筑物，大、中型水坝工程，大、中型桥梁工程、重型设备工程等）要求采用这种方法。

（2）经验参数法。根据大量实际工程及岩体试验数据，考虑岩体风化破碎程度与岩石强度两个主要因素，以确定岩质地基的承载力。《工程岩体分级标准》（GB 50218—94）中规定，工业与民用建筑地基岩体的承载力按如下方法确定：首先确定岩体的质量级别，各级岩体基岩承载力基本值按表 5-1 规定确定，然后再考虑基岩形态影响，在基本值的基础上乘以 0.7～1.0 之间的一个系数，最终确定承载力。

表 5-1 　　　　　　　　　　各级岩体基岩承载力基本值

岩体级别	I	II	III	IV	V
f_0(MPa)	>7.0	7.0～4.0	4.0～2.0	2.0～0.5	<0.5

5.3.4 岩基处理

对于地基岩体中各种不良地质条件，只要事先勘察清楚，一般情况下都是可以处理的，但要针对具体问题，有的放矢地采取加固处理措施，主要措施有清基、岩体加固、降低扬压力、软弱带处理及改善建筑物本身结构等。

1. 清基

若风化破碎层厚度不大，一般采取清基措施，就是把地基表部强烈风化、破碎松动的岩体及浅部的软弱夹层等，彻底开挖清除，使工程位于比较完整、新鲜的岩体上。用爆破方法开挖清基，应防止振动对岩体的不良影响。可先爆破开挖到离设计高程 1m 处，然后在浇筑混凝土之前，再由人工撬挖清除余下部分，这样也可减轻风化。

清基深度必须根据地基地质条件、岩石物理力学性质及不同工程建筑的要求考虑，从安全与经济两个方面综合分析确定。过深会造成浪费，过浅会留下后患。对超高层房屋建筑、重型设备、高大混凝土坝及重型桥梁基础等工程，要求清到新鲜（或微风化）、坚固完整（或微细裂隙）的岩石，即应将弱风化带以上的破碎岩石都清除掉；对中、小型工程常可不必清到新鲜基岩，一般可将强风化的破碎岩块清除，留下岩层的各项力学指标能够满足要求即可。如果岩石还比较坚硬，只是因裂隙切割而使其力学性质降低，则可以考虑采取灌浆加固等措施。

2. 岩体加固

对于节理裂隙带发育较深的岩基体，固结灌浆是通用措施。它是通过钻孔将胶结材料（水泥浆等）压入岩层，进入节理裂隙中，把碎裂岩石胶结成整体，以增大岩体强度，提高岩体稳定性。灌浆设计要根据地基的地质条件进行。事先应在有代表性的地段进行灌浆试验，以确定灌浆的施工工艺和各种技术参数。灌浆孔一般按梅花形布置；孔距视浆液的有效扩散范围而定，通常为 2～3m；孔深根据加固岩体的要求而定，浅孔深度一般不大于15m，深孔深度可达 60～70m 以上。

锚固也是加固岩体的常用方法。当地基岩体中发育有控制岩体滑移的软弱结构面时，可采用预应力锚筋（杆）或锚索加固处理。先用小口径钻孔穿过软弱面，并深入完整岩体一定深度，再插入预应力钢筋或钢索，并用水泥砂浆灌满，将岩体与其上下层或基础连在一起。也可采用大孔径管柱，将软弱结构面或软弱夹层上下岩体连接起来，以增强其抗滑能力。

3. 软弱带处理

软弱带处理的目的是为了提高其承载能力，以适应地基应力要求；改善其弹性性能，使与其两侧岩体弹性相近，以防止过大的应力集中或过多的不均匀变形；提高其抗剪强度，以增强地基的抗滑能力，增大地基抗渗性能，以避免发生大量渗漏、渗透破坏或扬压力过大。

陡倾角（大于 60°）软弱带的处理，常用混凝土塞、混凝土梁和混凝土拱等方法。混凝土塞一般适用于软弱带宽度小于 3m 的情况下，沿软弱带挖一定深度的槽子，削坡为45°～60°，两侧至新鲜完整岩体，然后回填混凝土。软弱带较宽时，混凝土塞中部应力集中，沉降量过大，则应采用混凝土梁或拱的方法处理，使上部荷载由两侧完整岩体承受。

缓倾角（小于 30°）软弱带的处理，多采用清除软弱带后回填混凝土的方法。如果软弱带较深，方量较大，可用竖井和平洞相结合的办法开挖清除。回填混凝土后，应进行混凝土与岩石间的回填灌浆和固结灌浆。厚度较薄的软弱夹层，一般用全部开挖清除、截封、混凝土键和防沉井等办法处理。在坝基附加应力影响下，对可能变形范围内的软弱夹层，有条件便应尽量全部开挖清除；否则可采用截封措施，局部开挖清除，设齿墙或截水墙截断软弱夹层，既增加抗滑稳定性，又防止夹层不断恶化，软弱夹层较深时可采用混凝土键办法处理，按一定间距沿软弱夹层打平洞，洞高大于夹层厚度，使洞顶和底切入坚硬完整岩层，然后回填混凝土，筑成混凝土键，增高抗滑稳定性；新安江水电站坝基软弱夹层采用了防沉井的措施，沿岩层走向每隔一定距离（15m）开挖一定断面（2m×2m）

竖井,达夹层后便沿倾向开挖一定深度（一般 10m 左右，最深 40m），然后回填混凝土，防止沉降，增强抗滑力。

4. 洞穴处理

若基岩受压层范围内存在有地下洞穴，则应探明洞穴的发育情况，即深度、宽度等，再用探井（或大口径钻孔）下入，对洞穴作填塞加固。

5. 改善建筑物本身结构

为保证地基稳定性，还可以改善建筑物的结构，使之适应地基地质条件。例如，增大坝体断面以加大铅直荷载，加深齿墙以增大坝基抗滑稳定性，延长上下游防冲板以防止坝基稳定性恶化并提高抗滑稳定性，以及预留沉降缝以消除不均匀沉降的影响等。

第6章 工程地质勘察

完成一个工程建设项目需要经过规划、勘察、设计和施工4个主要过程，工程地质勘察是完成工程建设项目的一个重要步骤。只有认真做好工程地质勘察工作，才能针对具体的工程地质条件设计好建筑物的主体工程，进而才能保证施工的顺利进行；否则就会违背地质规律，带来不可估量的损失。

工程地质勘察是为查明影响工程建筑物的地质因素而进行的地质测绘、勘探、室内实验、原位测试等工作的统称。所需勘察的地质因素包括地质构造、地貌、水文地质条件、土和岩石的物理力学性质、自然（物理）地质现象和天然建筑材料等，通常称为工程地质条件。查明工程地质条件后，需根据设计建筑物的结构和运行特点，为工程建设的规划、设计、施工提供必要的依据及参数；并预测工程建筑物与地质环境相互作用（即工程地质作用）的方式、特点和规模，作出正确的评价，为确定保证建筑物稳定与正常使用的防护措施提供依据。

6.1 工程地质勘察的任务、内容和工作程序

6.1.1 工程地质勘察的任务

工程地质勘察的基本任务就是为工程建筑的规划、设计和施工提供地质资料，运用地质和力学知识回答工程上的地质问题，以便使建筑物与地质环境相适应，从地质方面保证建筑物的稳定安全、经济合理、运行正常、使用方便，而且尽可能避免因工程的兴建而恶化地质环境，达到合理利用和保护环境的目的。工程地质勘察的具体任务可以归纳为以下几个方面。

（1）查明建筑地区的工程地质条件，阐明工程地质条件的特征及其形成过程和控制因素，指出有利和不利条件。

（2）分析研究与建筑有关的工程地质问题，作出定性评价和定量评价，为建筑物的设计和施工提供可靠的地质依据。

（3）选出工程地质条件优越的建筑场地。正确选定建筑地点是工程规划、设计中的一项战略性工作，也是最根本的工作。地点选得合适就能较为充分地利用有利的工程地质条件，避开不利条件，从而减少处理措施，取得最大的经济效益。工程地质勘察的重要性在场地选择方面表现得最为明显和突出，所以选择优越的建筑场地就成为工程地质勘察的任务之一。

（4）配合建筑物的设计与施工，提出关于建筑物类型、结构、规模和施工方法的建议。建筑物的类型与规模应当适应场地的工程地质条件，这样才能安全经济。施工方法也要根据地质环境的特点制订具体方案，保证顺利施工。这一任务应与场地选择结合进行。

（5）为拟定改善和防治不良地质条件的措施提供地质依据。拟定和设计处理措施是设计和施工方面的工作，而针对的是工程地质条件中的缺陷和存在的工程地质问题，只有在阐明不良条件的性质、涉及范围及正确评定有关工程地质问题的严重程度的基础上，才能拟定出合适的措施方案。所以，必须有工程地质勘察的成果作为依据。

（6）预测工程兴建后对地质环境造成的影响，制定保护地质环境的措施。人类工程—经济活动取得了利用地质环境、改造地质环境为人类谋福利的巨大效益。但是，它同时也成为新的地质营力，产生了一系列不利于人类生活与生产的地质环境问题。例如，铁路的修建，方便了交通，但是山区开挖边坡，也常常引起新的滑坡、崩塌；水库的修建，有利于防洪、发电等，但也往往带来了库岸地区的浸没、坍岸，甚至出现水库诱发地震等问题。

6.1.2 勘察工作的主要内容

工程地质勘察工作的主要内容可归结如下。

（1）调查和测绘建筑场地的地形地貌，查明场地的地形地貌特征、地貌成因类型，确定并划分场地地貌单元。

（2）查明建筑场地中岩土体的空间分布状况，鉴别岩石或土层的类别，确定其成因类型，查明对岩层的风化程度和地层接触关系。

（3）调查和确定场地的地质构造情况（包括：岩层产状，褶曲类型，裂隙的性质、产状、数量及填充胶结情况，断层的位置、类型、产状、要素、破碎带宽度及填充情况），调查分析新构造运动活动情况及其对拟建工程项目的影响。

（4）进行现场及室内的岩石和土的工程特性试验，测定岩石和土的物理和力学性质指标。对于膨胀土、湿陷性黄土、红黏土、软土、盐渍土、多年冻土等特殊性土，还需进行与之相关的某些现场或室内的特殊性工程特性试验，以确定其特殊性指标。

（5）在地质条件较复杂的地区，必须查明场地范围内及邻近影响区域内的不良地质现象。

6.1.3 勘察工作程序

一般而言，勘察工作的基本程序如下。

（1）制定勘察任务书。在开始勘察工作以前，由设计单位会同建设单位按工程要求向勘察单位提出工程地质勘察任务（委托）书，以明确勘察工作计划、内容、技术要求和成果要求。任务书应说明建设工程的性质、目的、建筑类别、建筑特点、建设要求、建设规模、建筑面积、资金投入情况及要求提交的勘察成果内容和目的，并应为勘察单位提供勘察工作所必需的各种政策文件和图表资料。

（2）踏勘、调研、测绘。对地质条件复杂和范围较大的建设场地，在选址或初步勘察阶段，应首先对建设场地进行现场踏勘观察，了解建设场地的地形地貌及变化情况。同时尽最大可能搜集研究区域地质、地形地貌、遥感照片、水文、气象、水文地质、地震等已有资料，以及工程经验和已有的勘察报告等；调研的目的是了解当地的建设经验，初步掌握场地的不良地质现象发育情况、发生频率、规模和危害大小，了解当地已有建筑物的特点和使用情况。有时需要利用地质学方法对场地进行必要的工程地质测绘。

（3）布设勘探线、布置勘探点，开展现场勘探工作。在建设场地上布置勘探点及由相邻勘探点组成的勘探线，采用坑探、钻探、触探、地球物理勘探等手段，探明场地的地质构造情况、岩土体空间分布状态，取得岩、土及地下水等试样。

（4）室内土工试验和现场原位测试。根据场地岩土体的特性，对取得的岩土试样和水样进行必需的室内土工试验和水质试验分析，有必要时辅以现场原位测试，以确定场地岩土的物理力学性质和工程特性。

（5）完成并提交工程地质勘察报告书。计算、整理室内试验和现场测试资料；总结、分析试验测试成果；对场地的工程地质条件作出评价，从工程地质角度为建设项目的设计和施工提出必要的建议和措施；并以文字和图表等形式完成并最终提交场地的工程地质勘察报告书。

6.1.4　勘察等级划分

勘察等级划分的主要目的是为了勘察工作量的合理布置。显然，工程规模较大或较重要、·场地地质条件以及岩土体分布和性状较复杂者，所投入的勘察工作量就较大；反之则较小。工程地质勘察工作必须与工程的实际需要相结合，勘察内容的拟定、各种工程地质条件研究的详细程度等，应取决于建筑物的类别和设计要求以及场地的复杂程度和过去对该地区的了解程度。因此，并不是对所有地区或所有的工程建设项目都需要进行上述全部内容的工程地质勘察工作，而应根据实际情况和需要来具体确定必需的勘察工作内容。确定具体勘察工作内容需要考虑的主要因素包括：场地条件和复杂程度（场地地形地貌、地质构造、不良地质现象、抗震设防等级等）；场地岩土条件（地层组成情况及空间分布状态、地基岩土的特殊性等）；建筑物的类型、重要性、安全等级和基础工程特点。

中华人民共和国国家标准《岩土工程勘察规范》（GB 50021—2001）（以下简称《规范》）关于岩土工程勘察分级规定，根据工程的规模和特征，以及由于岩土工程问题造成的工程破坏或影响正常使用的后果，将岩土工程按重要性分为一级工程（重要工程，后果很严重）、二级工程（一般工程，后果严重）和三级工程（次要工程，后果不严重）；根据建筑场地条件将其划分为一级场地或复杂场地（对建筑抗震危险的地段；或者不良地质作用强烈发育；或者地质环境已经或可能受到强烈破坏；或者地形地貌复杂；或者有影响工程的多层地下水、岩溶裂隙水、或其他水文地质条件复杂，需要专门研究的场地）、二级场地或中等复杂场地（对建筑抗震不利的地段；或者不良地质作用一般发育；或者地质环境已经或可能受到一般破坏；地形地貌较复杂；或者基础位于地下水位以下的场地）和三级场地或简单场地（抗震设防烈度不大于Ⅵ度，或对建筑抗震有利的地段；或者不良地质作用不发育；地质环境基本未受破坏；或者地形地貌简单；或者地下水对工程无影响）；根据地基（土）的复杂程度将其划分为一级地基或复杂地基（岩土种类多、很不均匀、性质变化大、需特殊处理；或者严重湿陷、膨胀、盐渍、污染的特殊性岩土以及其他情况复杂、需作专门处理的岩土）、二级地基或中等复杂地基（岩土种类较多、不均匀、性质变化较大；或者不符合一级地基的其他特殊性岩土）和三级地基或简单地基（岩土种类单一、均匀、性质变化不大；或者无特殊性岩土）。根据建筑物安全及重要性等级、场地复杂等级和地基复杂等级，《规范》将工程地质勘察工作分为甲级（在工程重要性、场地条件等级和地基复杂等级中，有一项或多项为一级）、乙级（除勘察等级为甲级和丙级以外的勘察项目）和丙级（工程重要性、场地等级条件和地基复杂程度均为三级）。

还必须指出，工程项目的类型不同，其勘察分级方法也不尽相同。目前，地下洞室、深基坑开挖、大面积岩土处理等尚无工程安全等级的具体规定，可根据实际情况划分。大型沉井和沉箱、超长桩基和墩基、有特殊要求的精密设备和超高压设备、有特殊要求的深基坑开挖和支护工程、大型竖井和平洞、大型基础托换和补强工程，以及其他难度大、破坏后果严重的工程，以列为一级安全等级为宜。

工程地质勘察通常按工程设计阶段分步进行。不同类别的工程，有不同的阶段划分。与工程建设各个设计阶段相应的岩土工程勘察一般分为可行性研究阶段勘察、初步勘察、详细勘察和施工勘察。对工程地质条件复杂或有特殊要求的工程宜进行施工勘察；场地较小且无特殊要求的工程可合并勘察阶段；当建筑物平面布置已经确定，且场地或其附近已有岩土工程资料时，可根据实际情况，直接进行详细勘察。

6.2　工程地质勘察的方法

6.2.1　工程地质测绘

工程地质测绘指在工程设计之前，在一定范围内调查研究与工程建设活动有关的各种工程地质条件，绘制成一定比例尺的工程地质图，分析可能产生的工程地质作用及其对设计建筑物的影响，提供给设计部门使用。工程地质测绘是设计初始阶段勘察的主要手段，并为勘探、试验、观测等工作的布置提供依据。即便是在初步设计选址后和施工图设计勘察中，也还进行大比例尺的测绘工作。测绘工作能在较短时间内查明广大地区的主要工程地质条件，不需复杂设备和大量资金、材料，而效果显著。根据测绘工作对地面地质了解的基础，往往可对地下地质情况作出相当准确的判断，为勘察试验工作奠定良好的基础，从而为合理布置这些工作节约勘察投资。因此，工程地质测绘是工程地质勘察中一项基础工作，是一个必不可少的重要环节，尤其是在缺少建设经验和建设资料的地区，其对工程建设的顺利实施至关重要。

工程地质测绘的研究内容包括工程地质条件的全部要素，是多项内容的地表地质测绘，具体内容包括测区的地层岩性、地质构造、地形地貌、水文地质、工程动力地质现象及天然建筑材料等。它对所有地质条件的研究，都必须以论证或预测工程活动与地质条件的相互作用或相互制约为目的，紧密结合该项工程活动的特点。工程地质测绘的范围、比例尺和精度取决于拟建建筑物的类型和规模、设计阶段及工程地质条件的复杂程度。一般房屋建筑局限于有限范围内，道路测绘主要采取沿线调查的方法。比例尺一般规定为：规划阶段的踏勘及路线测绘采用 $1:200000 \sim 1:500000$，可行性研究阶段采用 $1:5000 \sim 1:50000$，初步勘察阶段采用 $1:2000 \sim 1:5000$，详细勘察阶段采用 $1:100 \sim 1:1000$。

测绘的方法包括实地测绘法和像片成图法。实地测绘法包括路线法（穿越法和追索法）和布点法，在地形图上布置一定数量的观察点或观察线，按观察点、观察线观察场地内的地质现象，观察点一般选择在不同地貌单元、不同地层的交接处以及对工程有影响的地质构造和不良地质现象发育的地段，观察线通常与岩层走向、构造线方向或者地貌单元轴线垂直（如横穿河谷阶地）布置，以便能更好地观察地质现象或观察到较多的地质现象。有时为了追索地层界线或断层等构造线，观察线也可以顺着走向布置。观察到的地质现象应按要求标示于地形图上。像片成图法指利用地面摄影、航空（卫星）摄影等像片，在室内进行判释。航片、卫片能真实、集中地反映大范围的地层岩性、地质构造、地貌形态和物理地质现象等，对其详加判释研究，能够迅速给人一个全面认识。将航测与地表测绘工作相结合，能起到减少工作量并提高精度和速度的作用。尤其在人烟稀少、交通不便的偏远山区测绘，充分利用航片、卫片判释，更有特殊的意义。遥感是一种远距离的、非接触的目标探测技术方法。通过搭载在遥感平台（如航摄飞机、人造地球卫星）上的传感器，接受从目标反射和辐射来的电磁波，以探测和获得目标信息，然后对所获取的信息进行加工处理，从而实现对目标进行定位、定性或定量的描述。在工程地质测绘和调查中，如陆地卫星照片、航空照片、热红外航空扫描图像等遥感影像的应用日益广泛。

通常，对岩石出露或地貌、地质条件较复杂的场地应进行工程地质测绘；对地质条件简单的场地，可采用调查代替工程地质测绘。在可行性研究勘察阶段和初步勘察阶段，工程地质测绘和调查能发挥重要的作用。在详细勘察阶段，可通过工程地质测绘与调查对某些专门地质问题（如滑坡、断裂等）做补充调查。当露头不好或某些条件在深部分布不明时，需配合以试坑、探槽、钻孔、平洞、竖井等勘探工作进行必要的揭露。

6.2.2　工程地质勘探

勘探工作是工程地质勘察的重要方法之一，是在地面工程地质测绘和调查所取得的各项定性资料基础上，进一步对场地内部的工程地质条件进行了解、确定的过程，并取得岩土试样，对场地的工程地质条件进行定量分析。对任何工程地质条件及工程地质问题，从地表到地下的研究，从定性到定量的评价，都离不开勘探工作。

勘探工作的主要任务是：查明建筑场地地下有关的地质情况；提取岩土样及水样，供室内试验分析之用；利用勘探坑孔进行现场原位试验和布设长期观测点。勘探布置的一般原则：在地质测绘的基础上布置勘探工作；勘探工程的布置与勘察阶段相适应；勘探布置因建筑物类型和规模而异；勘探布置应重点考虑地质条件变化大的部位；多种勘探方法相互配合。

勘探工作一般包括坑探、钻探和地球物理勘探等，这里重点介绍各种勘探方法的特点和适用条件。

第四纪覆盖层分布较广地区，为探明工程区内基岩工程地质特性，了解第四纪地层情况，必须进行坑探工作，它是工程地质勘探中最简单、应用较普遍的方法。坑探是在建筑场地中开挖探坑（探槽、探洞）以揭示地层并取得有关地层构成及空间分布状态的直观资料和原状岩土试样，这种方法不必使用专门的钻探机具，对地层的观察直接明了，是一种合适条件下广泛应用的最常规勘探方法。当场地地质变化比较复杂时，利用坑探能直接观察地层的结构和变化，但其勘探深度往往较浅、劳动强度大、安全性差、适应条件要求严格等特点常使其应用受到很大限制。探坑的平面形状一般为 $1.5m \times 1.0m$ 的矩形或直径为 $0.8 \sim 1.0m$ 的圆形，其勘探深度视地层的土质和地下水埋藏深度等条件而定，较深的探坑在必要时须采取有效措施保护坑壁岩土体的稳定性，以保证安全。对坝址、地下工程、大型边坡工程等，为了查明深部的岩土层性质、产状或地质构造特征，常采用探槽、竖井、平洞等开展地质勘探工作。

钻探通过钻机在地层中钻孔来鉴别和划分地层，并在孔中预定位置取样，用以测定岩土层的物理力学性质，此外，岩土的某些性质也可直接在孔内进行原位测试。钻探所用钻机主要分回转式与冲击式两种。回转式钻机是利用钻机的回转器来带动钻具旋转、磨、削钻孔底部岩土体，再使用管状钻（压）具，采取圆柱形的原状岩土体样本。冲击式钻机是利用卷扬机来带动有一定重量的钻具上下反复冲击，使钻头击碎钻孔底部岩土体形成钻孔，再使用抽筒来抽取岩石碎块或扰动土样。取出的岩土试样同坑探法一样封存。当需要采取原状试样而又采用冲洗、冲击、振动等一类方法进行钻进时，应在预计取样位置1.0m以上改用回转钻进。

钻探和坑探可以直接揭露建筑物布置范围和影响深度内的工程地质条件，为工程设计提供准确的工程地质剖面。相比而言，钻探比坑探工作效率高，受地面水、地下水及探测深度的影响较小，故广为采用。但不易取得软弱夹层岩心和河床卵砾石层样品，钻孔也不能用来进行大型现场试验。因此，有时需采用大孔径钻探技术，或在钻孔中运用钻孔摄影、孔内电视或采用综合物探测井以弥补其不足。但在关键部位还需采用便于直接观察和测试目的层的平洞、斜井、竖井等坑探工程。钻探和坑探是工程地质勘察中极为重要的手段，但工作成本高，特别是钻探在整个工程地质勘察投资中的费用往往很大。因此，工程地质人员在勘察工作中如何有效地使用它们并合理布置其工作量，尽可能地取得详细准确的资料，深入了解地下地质结构，是一个值得研究的课题。应在工程地质测绘和物探工作的基础上，根据不同工程地质勘探阶段需要查明的问题，合理设计洞、坑、孔的数量、位置、深度、方向和结构，一般按先近后远、先浅后深、先疏后密的原则进行，以尽可能少的工作量取得尽可能多的地质资料，并保证必要的精度。

物探是在测绘工作的基础上探测地下工程地质条件的一种间接勘探方法。岩层有不同的物理性质，如导电性、弹性、磁性、放射性和密度等，利用专门仪器测定岩层物理参数，通过分析地球物理场的异常特征，再结合地质资料，便可了解地下深处地质体的情况，这就是地球物理勘探，简称物探。按工作条件分为地面物探和井下物探（测井）；按被探测的物理性质可分为电法、地震、声波、重力、磁法、放射性等方法。工程地质勘察中最常用的地面物探为电法中的视电阻率法、地震勘探中的浅层折射法及声波勘探等；测井则多采用综合测井。工程物探的作用主要有：作为钻探的先行手段，了解隐蔽的地质界线、界面或异常点（如基岩面、风化带、断层破碎带、岩溶洞穴等）；作为钻探的辅助手段，在钻孔之间增加地球物理勘探点，为钻探成果的内插、外推提供依据（作为原位测试手段，测定岩体的波速、动弹性模量、特征周期、土对金属的腐蚀性等参数）。与其他勘探方法相比，物探的优点在于能经济而迅速地探测较大范围，且通过不同方向的多个剖面获得的资料是三维的。以这些资料为基础，在控制点和异常点上布置勘探、试验工作，既可减少盲目性，又可提高精度。

直流电法勘探中的电阻率法，是岩土工程勘察中最常见的物探方法之一。它是依靠人工建立直流电场，测量欲测地质体与周围岩土间的电阻率差异，从而推断地质体性质的方法。在自然状态下，地下电介质的电阻率不是均匀分布的，观测所得的电阻率值并不是欲测地质体的真电阻率，而是在人工电场作用范围内所有地质体电阻率的综合值，即"视电阻率"值。视电阻率的物理意义是以等效的均匀电断面代替电场作用范围内不均匀电断面时的等效电阻率值。所以，电阻率法实际上是以一定尺寸的供电和测量装置，测得地面各点的视电阻率，根据视电阻率曲线变化推断欲测地质体性状的方法。地震勘探是通过人工激发的弹性波在地下传播的特点来解决某一地质问题。由于岩（土）体的弹性性质不同，弹性波在其中的传播速度也有差异，利用这种差异可判定地层岩性、地质构造等。按弹性波的传播方式，地震勘探主要分为直达波法、折射波法、反射波法。地质雷达是交流电法勘探的一种。其工作原理是：由发射机发射脉冲电磁波，其中一部分沿着空气与介质（岩土体）分界面传播，经时间 t_0 后到达接收天线（称直达波），为接收机所接收；另一部分传入岩土体介质中，在岩土体中若遇到电性不同的另一介质层或介质体（如另一种岩层、土层、裂隙、洞穴）时就会发生反射和折射，经时间 t_0 后回到接收天线（称回波）。根据接收到直达波和回波传播时间来判断另一介质体的存在并测算其埋藏深度。地质雷达具有分辨能力强、判释精度高、一般不受高阻屏蔽层及水平层和各向异性的影响等优点。它对探查浅部介质体，如覆盖层厚度、基岩强风化带埋深、溶洞及地下洞室和管线等非常有效。

由于物探需要间接解释，所以只有地质体之间的物理状态（如破碎程度、含水率、喀斯特化程度）或某种物理性质有显著差异，才能取得良好效果。同时，又由于物性差异、勘探深度及干扰因素等原因而使其具有条件性、多解性，从而使其应用受到一定限制。因此，对于一个勘探对象只有使用几种工程物探方法，即综合物探方法，才能最大限度地发挥工程物探方法的优势，为地质勘察提供客观反映地层岩性、地质结构与构造及其岩土体物理力学性质的可靠资料。为了查明覆盖层厚度，了解基岩风化带的埋深、溶洞及地下洞室、管线位置，追踪断层破碎带、地裂缝等地质界线，常使用直流电阻率法、地震勘探或地质雷达方法。开展多种方法综合物探，根据综合成果进行对比分析，可以显著提高地质解释的质量，扩大物探解决问题的范围，缩短工程地质勘探周期并降低其成本。

6.2.3 工程地质试验

为工程设计或施工检验提供地质参数的手段包括室内试验、水文地质测试和原位测试。室内试验包括岩土体样品的物理性质、水理性质和力学性质参数的测定；现场原位测试包括触探试验、承压板载荷试验、原位直剪试验及地应力量测等。

取样试验一般在实验室内进行，室内试验包括岩石试验、土工试验、岩土矿物理化分析试验、水质分析试验等，应根据岩土性质和工程设计、施工需要确定试验项目及试验方法。主要测定：①表征岩、土结构和成分的指标，如岩石的密度、吸水率和饱和吸水率等；土的粒度级配、天然含水率、密度、液限和塑限、胀缩性指标、崩解性指标、毛细管水上升高度等。②渗透性指标。③变形性能和强度指标。变形指标，如岩石的各种模量以及土的压缩系数和变形模量；强度指标，如岩石的单轴抗压强度和抗拉强度以及岩、土的内摩擦角和内聚力。测定岩、土内摩擦角和内聚力的剪切试验，分为直剪试验和三轴剪切试验。前者是试样在不同的压应力作用下直接施加剪应力，并使之沿预定的面发生剪切变形直至破坏。后者是在不同的围压（中间主应力和小主应力）下测量试样破坏时的轴向应力（大主应力）。三轴试验又有等围压和不等围压的、静力的和动力的几种方法。

设计建筑物规模较小、或大型建筑物的早期设计阶段，且易于取得岩土体试样的情况下，往往采用实验室试验。但室内试验试样小，缺乏代表性，且难以保持天然结构。所以为重要建筑物的初步设计至施工图设计提供上述各种参数，必须在现场对有代表性的天然结构的大型试样或对含水层进行测试；另外要获取液态软黏土、疏松含水细砂、强裂隙化岩体之类的不能得到原状结构试样的岩土体的物理力学参数，也必须进行现场原位测试。

野外试验能在天然条件下测定较大岩土体的各种性能，所得资料更符合实际，更能反映岩体由于层理、软弱夹层及裂隙等的切割而造成的非均质性及各向异性。但它需要许多大型设备，费时而昂贵，所以一般多在后期勘察阶段中采用，以便为详细设计计算提供指标。工程地质勘察中常用的野外试验有3大类。①水文地质试验：钻孔压水试验、抽水试验、渗水试验、岩溶连通试验等。②岩土力学性质及地基强度试验：载荷试验、岩土大型剪力试验、静力触探、岩体弹性模量测定、地基土动力参数测定等。③地基处理试验：灌浆试验、桩基承载力试验等。

工程地质野外试验优点是：可测定难以取样的岩土体的性质；影响范围大，因而更具代表性；可连续进行，因而可得到完整的地层剖面；快速、经济，能大大缩短勘察周期。缺点是：难以控制边界条件；费工费时，成本高；所测参数和岩土工程性质之间关系是建立在大量统计的经验关系之上。

6.2.4　长期观测

长期观测工作在工程地质勘察中是一项很重要的工作。有些动力地质现象及地质营力随时间推移将不断地明显变化，尤其在工程活动影响下的某些因素和现象将发生显著的变化，又影响工程的安全、稳定和正常运用。这时仅靠工程地质测绘、勘探、试验等工作，还不能准确预测和判断各种动力地质作用的规律性及其在工程使用年限内的影响，因此必须进行长期观测工作。长期观测的主要任务是检验测绘、勘探对工程地质条件评价的正确性，查明动力地质作用及其影响因素随时间的变化规律，准确预测工程地质问题，为防止不良地质作用所采取的措施提供可靠的工程地质依据，检查为防治不良地质作用而采取的处理措施的效果。工程地质勘察中常进行的长期观测，有与工程有关的地下水动态观测、物理地质现象的长期观测、建筑物建成后与周围地质环境相互作用及动态变化的长期观测等。

6.2.5　勘察资料的内业整理

内业整理是工程地质勘察工作的重要环节，是工程地质勘察成果质量的最终体现。其任务是将测绘、勘探、试验和长期观测的各种资料认真地系统整理和全面地综合分析，找出各种自然地质因素之间的内在联系和规律性，对建筑场区的工程地质条件和工程地质问题作出正确评价，为工程规划、设计及施工提供可靠的地质依据。内业整理要反复检查核对各种原始资料的正确性并及时整理、分析，查对清绘各种原始图件，整理分析岩土各种实验成果，编制工程地质图件，编写工程地质勘察报告。

勘察报告的基本内容应包括：委托单位、场地位置、工作简况、勘察的目的、要求和任务；勘察方法及各项勘察工作的数量布置及依据；场地工程地质条件分析，包括地形地貌、地层岩性、地质构造、水文地质和不良地质现象等内容，对场地稳定性和适宜性作出评价；岩土参数的分析与选用，包括各项岩土性质指标的测试成果及其可靠性和适宜性，评价其变异性，提出其标准值；工程施工和运营期间可能发生的工程地质问题的预测及监控、预防措施的建议；根据地质和岩土条件、工程结构特点及场地环境情况，提出地基基础方案、不良地质现象整治方案、开挖和边坡加固方案等岩土利用、整治和改造方案的建议；对建筑结构设计和监测工作的建议，工程施工和使用期间应注意的问题，下一步岩土工程勘察工作的建议等。

6.3　各类建筑工区的勘察要点

6.3.1　坝址工程地质勘察要点

坝址地区工程地质勘察是水利水电工程地质勘察的重要组成部分，其内容、手段、工作量和工作方法简述如下：

1. 规划选点阶段的工程地质勘察

目的是了解规划开发的河流或河段的工程地质概况，初步查明近期开发工程或控制性工程的关键工程地质问题，为开发方案的选择和近期开发地段提供地质资料，并为以后工程地质勘察指出方向。

在收集和研究已有河流区域地质资料的基础上，配合规划设计人员共同踏勘，进行区域工程地质勘察。主要手段是综合性工程地质测绘，比例尺为 1∶100000～1∶200000，着重了解区域地质构造及河谷地貌。测绘范围除应根据地质条件及要求外，还应包括可能渗漏段及跨流域开发段。

在区域勘察的基础上，对各开发方案所拟定的主要坝区进行工程地质勘察，仍以工程地质测绘为主，比例尺为 1∶5000～1∶25000，着重查明坝段河谷地质结构、范围，包括各可能筑坝河段。在主要坝段选择具代表性的坝址布置勘探线，结合河谷地质、地貌单元布置钻孔，一般不少于 3 孔，了解覆盖层、风化层厚度及地质构造，深度至基岩以下 15～20m。基岩孔应进行压水试验，配合物探在漫滩阶地上测制纵、横剖面，了解覆盖层的厚度及重要的断层、岩溶发育情况等。对具代表性的坝址应取样进行实验室研究。

最后在可能选作近期开发坝段上进行工程地质勘察，选择近期开发地段并在选出的地段内提出几个可能坝址方案，作为初步设计阶段工程地质勘察的基础。

2. 初步设计阶段工程地质勘察

此阶段勘察工作是在规划选定的近期开发工程地段上进行的，并以规划选点阶段所取得的勘察成果为基础，在坝段范围内提出几个坝址比较方案，进行勘察工作，然后选出坝址。再在选出的坝址上进一步作勘察工作。因此，初步设计阶段一般分为两期：第一期为坝址选择的工程地质勘察；第二期为选定坝址上的工程地质勘察。

3. 施工图设计阶段工程地质勘察和施工地质工作

施工图设计阶段工程地质勘察主要任务，是为核实初步设计阶段的基本地质资料、结论和数据。查明初设审查中提出的工程地质问题。应充分利用各种开挖面和导洞进行观察描述，必要时应重点布置专门性平洞、竖井、大口径钻井及现场大型试验，继续进行各项长期观测工作。具体内容和工作量应根据工程类型、规模、存在的工程地质问题及其初设阶段的研究程度拟定。

施工阶段的工程地质工作包括施工地质编录与预报，主要观测记录基坑开挖或隧洞、地下厂房、导洞开挖过程中出现的各种地质现象，编制相应的图件和文字说明，并与勘探前的预计情况相核对。施工地质预报是根据施工编录和长期观测工作，向施工单位预报可能出现的、威胁工程安全的地质作用。基坑验收也是施工地质工作，判定基坑开挖后的实际地质情况，检查施工质量和处理措施，并核定有无需要处理的遗留问题。

6.3.2　水库地区工程地质勘察要点

库区的工程地质勘察，主要在水电工程地质勘察中的规划选点阶段和初步设计阶段进行。库区范围大，有的长达数十公里，甚至百余公里，因而对研究地区性的地质构造及岩溶问题等，常可获得较深入的了解。这对论证坝区一些工程地质问题，可提供较为广阔的地质背景资料。有些库区工程地质问题的严重程度，也往往影响到坝址的选择和工程规模的确定。因此，库区工程地质勘察是一项很重要的工作，是和坝区工程地质勘察密切相关的。坝址选择时，应当对库区主要工程地质问题，取得定性的和初步定量的结论，这是库区工程地质勘察布置工作时应予考虑的。

1. 规划选点阶段工程地质勘察

这一阶段的勘察任务主要是全面查明库区工程地质条件，并对库区存在的工程地质问题有一基本估计。对涉及方案能否成立的重大问题，如区域稳定、水库诱发地震、水库渗漏及大规模的库岸塌滑等问题，作出初步论证。范围较大和影响到重大国民经济意义的工矿区、城市和农田的浸没问题，也应加以研究。

应充分利用区域地质测量资料及航片、卫片等进行分析整理，并在此基础上进行河谷地质调查。但对有严重工程地质问题并影响到近期工程开发方案选择时，可在库区重点地段进行工程地质测绘，其比例尺为 1：50000～1：100000。

2. 初步设计阶段的工程地质勘察

第一期勘察（一般性勘察）：全面查明库区地质情况。确定可能渗漏、塌岸和浸没地段，初步评价其影响程度，以便为选坝和确定壅水高程提供补充资料。同时应研究水库淤积物质来源，为水库淤积评价及处理提供依据。本阶段库区勘察方法，以工程地质测绘为主，比例尺一般为 1：10000～1：50000，测绘范围包括库区及影响库区水文地质、工程地质条件的地段。峡谷水库应测至两岸分水岭脊，对单薄的分水岭和石灰岩分布地段应包括邻谷。调查内容包括岩性、构造、地貌、水文地质条件及自然地质现象。

第二期勘察（专门性勘察）：在第一期勘察所指出的可能产生渗漏、浸没、塌岸的地段上进行，勘察任务是进一步阐明问题的性质，定量预测渗漏量、浸没、塌岸的范围及规模，为选择防护措施提供地质依据。一般情况下，还须进行工程地质测绘工作，比例尺为 1：5000～1：25000。测绘范围仅限于与所研究的工程地质问题有关的地段，进一步查明地质结构。

6.3.3　渠道线路工程地质勘察要点

1. 规划选点阶段

应搜集工程地区有关地形、地貌、地质资料，并通过路线踏勘了解地质情况，然后编绘 1：50000～1：100000 地质图。其范围应将各个比较方案连成一片。

2. 初步设计阶段

初步设计第一期工程地质勘察，应对渠道各比较线路方案进行全面研究和比较，以便选出最优引水线路方案。查明的内容包括：①傍山渠道各地段的地貌、地层岩性、构造、覆盖层、风化层情况。要特别注意强透水、易崩解、易溶解、自重湿陷性黄土和膨胀土，以及塌滑体、崩积和残积等疏松堆积体，以及岩溶洞穴、旧矿坑和泥石流等的分布，研究其对渠道工程的影响。②平原渠道要特别注意软土、粉细砂土、自重湿陷性黄土和砂丘等分布情况，并查明各地段的水文地质条件。③查明进水口、深挖方、高填方和交叉建筑物的工程地质条件。

该阶段工程地质勘察，对盘山或傍山渠道应以工程地质测绘为主，范围包括规划阶段指出的各线路方案两侧 500～1000m，比例尺采用 1∶10000～1∶25000，每隔 500～1000m 测绘横剖面。对平原渠道应沿渠线布置勘探剖面，勘探点的数量应根据渠道通过地段的工程地质或地貌分区特点确定。孔深宜达渠底高程以下 5～10m，或达相对隔水层。对控制渠道线路方案选定的渠道工程和主要建筑物地段应布置专门的勘探试验工作，必要时应取岩、土样，进行室内试验。

初步设计第二期工程地质勘察，详细研究已选定线路的工程地质条件，以确定引水建筑物中心线、隧洞进出口，并提供编制引水建筑物初步设计所需要的地质资料。渠道线上的勘察，应着重查明通过斜坡地带的边坡稳定条件及渗漏、湿陷段的情况，并预测其规模，研究渠道施工地质条件。重点地段如地质条件不良、深挖、高垫、沿线建筑物分布处，布置比例尺为 1∶1000～1∶5000 的工程地质测绘。沿渠道中心线布置一条纵勘探剖面。沿线每一工程地质区布置不少于一个横勘探剖面，测定计算边坡稳定、渗漏及湿陷所需的岩土物理力学性质指标。渗漏段要观测地下水动态，滑坡段要观测滑坡活动性。

3. 施工图设计阶段工程地质勘察

针对上一阶段遗留下来的问题，作进一步补充勘探和试验。对重点地段进行深入研究，如进行渠道的现场渗漏、湿陷试验，对稳定性可疑的斜坡布置长期观测点等。对施工期间可能出现的基坑涌水、流砂、边坡变形问题，应进行补充勘察，并提出处理意见。此阶段大量经常性的工作，应进行施工地质编录。

6.3.4 工业与民用建筑场地工程地质勘察要点

工业与民用建筑工程地质勘察，可分为选择厂（场）址勘察、初步勘察和详细勘察 3 个阶段。中、小型工程或场地工程地质条件较简单，可适当简化勘察阶段。为确定勘察工作内容及工作量，按建筑场地的工程地质条件和地基岩土的物理力学性质，将场地划分为简单的、中等的和复杂的 3 类。简单场地，地形较平坦，地貌单一；地层结构简单，岩土性质均一，压缩性变化不大；无不良地质现象；地下水对基础无不良影响。中等复杂场地，地形起伏较大，地貌单元较多；地层种类较多，岩土性质变化较大，地基压缩层的计算深度内，基岩面起伏较大；不良地质现象发育；地下水埋藏浅，且对基础可能有不良影响。复杂场地，地形起伏大，地貌单元多；地层种类多，岩土性质变化大，地基主要压缩层内，基岩面起伏大，场地内有对震动敏感的地层；不良地质现象发育；地下水埋藏浅，且对地基基础有不良影响。

为了有效地指导勘察工作，按《规范》要求将建筑物按其重要性、荷重大小及对不均匀沉降的允许限度，分Ⅰ、Ⅱ两类。Ⅱ类建筑物，包括荷载不大的一般民用建筑（高度不高于 6 层的民用房屋和相当于 6 层民用建筑的多层工业厂房），一般机械或轻工业工厂以及重型工厂的辅助、附属生产建筑物，高重心的中等构筑物（高度小于75m的烟囱、容量小于300t的水塔等）。Ⅰ类建筑物，包括重要的、有纪念性的大型建筑物，7层以及7层以上的或高度大于25m的框架式建筑物，使用上或生产工艺上对地基变形有特殊要求的建筑物，荷载较大的建筑物（单机容量大于10万W的动力工厂主厂房，最大吊车起重量不小于50t的重型工厂主厂房），大于620m³的高炉，荷载大于50000t框架结构的料仓，以及高重心的大型构筑物。

1. 选择厂（场）址阶段工程地质勘察

未进行过城市规划工程地质勘察，需要独立地进行厂（场）址选择，其任务应取得对几个场地从主要工程地质条件方面进行比较的资料，以配合其他专业人员选定厂（场）址。该阶段的勘察要求：①初步查明有无影响场地稳定性的不良地质现象及其危害程度，对拟建厂（场）址的稳定性和建筑适宜性作出评价；②初步了解场地主要地层、岩性及水文地质条件等。勘察工作主要是搜集和分析已有的有关资料，进行现场踏勘。当存在不良地质现象时，应对几个比较厂（场）址进行工程地质测绘，比例尺为1∶10000～1∶25000；工程地质条件复杂，比例尺可适当放大。必要时尚应进行适量的勘探试验工作。从工程地质角度出发，厂（场）址应避开以下地段滑坡、浅层岩溶、泥石流、崩塌等地段，对建筑物抗震危险及《抗震规范》（GB 50011—2010）列为不应进行建筑的地段，洪水或地下水对建筑场地有严重不良影响的地段，地下有未开采的有价值矿藏及不稳定的地下采空区。

2. 初勘阶段工程地质勘察

选定的厂（场）址区，应全面查明其工程地质条件，并作出建筑场地的稳定性评价，为建筑总平面布置，确定主要建筑物地基、基础方案及对不良地质现象的防治措施，提供工程地质依据。此阶段的勘察要求是：①初步查明场地地层岩性、地质构造、岩土物理力学性质及水文地质条件；②查明场地不良地质现象的成因、分布范围、危害程度及发展趋势；③对设计烈度为7度或7度以上的建筑物，应判定场地和地基的地震效应。

勘察工作应在搜集、分析已有资料的基础上，首先进行工程地质测绘，比例尺为1∶1000～1∶2000。可借助物探初步了解地下地层、地质构造等。此阶段勘探工作量较大，以便查明所有地质条件。勘探点、线间距主要根据场地地质条件的复杂程度确定。勘探坑孔的深度，主要根据场地的工程地质条件和建筑物类别，并考虑场地整平条件确定，分控制性和一般性坑孔两类。控制性坑孔的数量为总坑孔数的1/5～1/3，每个地貌单元不少于一个。在1/4～1/2的坑孔中，取岩土样进行实验室研究，仍以鉴定物理力学性质为主。当地下水埋藏较浅时，还应鉴定它对混凝土的侵蚀性。重要建筑物地段，有时用荷载试验确定地基承载力。需人工降低地下水位的地段，则应测定地下水的流速、流向，以抽水试验测定渗透系数及含水层富水性，必要时还可进行地下水动态的长期观测。

3. 详勘阶段工程地质勘察

本阶段的勘察工作，应对建筑物地基作出工程地质评价，并为地基及基础设计、地基处理与加固、不良地质现象的防治，提供可靠的工程地质依据。勘探坑孔按建筑物轮廓和基础，呈轴线布置。坑孔深度一般土应适当大于附加应力与自重应力之比等于20%处；软土应适当大于附加应力与自重应力之比等于10%处。当建筑物基础砌置深度为2m、单独柱基短边长度小于 5m、压缩层范围内又无软弱地层时，对于条形基础，勘探孔深度一般为 $3B\sim3.5B$；对单独柱基，一般为 $1B\sim1.5B$（B 为基础宽度）。当无基础尺寸时，勘探孔深（从基础底面标高算起）可参照有关资料确定。取试样勘探孔数量，应根据建筑物类别、场地面积及地基土复杂程度确定，一般占勘探孔总数的 $1/2\sim2/3$。取样间距的确定应考虑建筑物设计要求和地基土的均匀性及代表性。一般在压缩层中每隔 1m 选取试样一件，下卧层可适当放宽间距，但每一主要土层的试样总数不得少于 6 件。若有必要，也应进行载荷试验和抽水试验。采用人工加固地基时，在此阶段尚应进行地基加固试验。

施工阶段还要进行基坑编录、降低水位效果等的观测。建筑物使用期间，有时还要进行沉降观测。

6.3.5 高层建筑物工程地质勘察要点

高层建筑物工程地质勘察是在城市详细规划的基础上进行的。其勘察阶段的划分一般可分为初步勘察和详细勘察两个阶段，当工程规模较小而要求不太高、地基的工程地质条件较好时，可合并为一个阶段去完成。

1. 初步勘察阶段

初步勘察阶段的主要勘察任务，是初步查明与地基稳定性有关的地震地质条件及其危害，了解地基中的地层岩性、成因类型和水文地质条件，收集建筑经验和水文气象资料等。对建筑场地的建筑适宜性和地基稳定性作出明确结论，为确定建筑物的规模、平面造型、地下室层数及基础类型等提供可靠的地质资料。

本阶段的勘察要点，首先收集城市规划中已有的气候、水文、工程地质和水文地质等资料，通过踏勘，着重研究地质环境中的地震地质条件以及地基中是否存在较弱土层和其他不稳定因素，特别要注意对影响深基础的可能性。查明建筑场地深部有无影响工程建筑稳定性的不良地质因素。在地震烈度较高的地区，还须查明地基中可能液化土层的埋藏和分布情况，并提供有关抗震设计所需的参数。勘探工作，孔距不小于 30m，每一建筑物场地的孔数为 3～5 个，保证每一单独高层建筑不少于 1 孔，并应连成纵贯场地而平行地质地形变化最大方向的勘探线，以便作出说明地质变化规律和评价的典型工程地质剖面图。必要时，应对关键性的软弱土层作少量试验工作，初步确定其工程地质性质。

2. 详细勘察阶段

详细勘察阶段的主要勘察任务是进一步查明建筑场地的工程地质条件，详细论证有关工程地质问题，并为基础设计和施工措施提供准确的定量指标和计算参数。

详细勘察阶段的工程地质工作是进行大量的钻探和室内试验，配合大型的现场原位测试，其目的是查明地基中建筑物影响范围内土体的成因类型及其分布情况；各土层的成分、结构和均匀性，提交各土层的物理力学指标，对地基的强度和变形作出工程地质评价。

查明地下水位及其季节性变动情况，各含水层的分布及其透水性大小、水质的侵蚀性等，为设计施工提供与基坑开挖和人工降低地下水位有关的参数。

勘探工作以钻探为主，适当布置一些坑槽和浅井。勘探坑孔按网格布置以便能制图反映地基土层的分布、厚度变化、状态的工程特征和地下水的埋藏条件等，全面说明该建筑场地的工程地质条件，并作出确切的结论。

高层建筑不仅对整体倾斜要有严格限制，而且对抗震和抗风等有较高要求，因此，在室内试验工作中，除了进行一定数量的物理力学试验外，箱基工程还要作前期固结压力试验，反复加、卸荷载的固结试验，为估算基底土层隆胀提供参数；同时还要在加荷和卸荷条件下测定弹性模量以及无侧限抗压强度、三轴剪切试验等。对重要基础，还要作降低小主应力至举样剪损的三轴剪力试验。在高地震烈度地区，尚要作动三轴试验，求得动剪切模量、动阻尼等，为抗震设计提供动力参数。

根据地基土的工程地质性质，结合建筑物结构的特点和基础类型，在建筑物的关键部位进行现场原位试验，如静力触探、标准贯入试验、波速试验、十字板剪切试验、载荷试验、回弹测试和基底接触反力的测试等，以校核室内试验的成果，提供可靠的计算参数。箱基尚要作渗透试验，求得地基中地下水位以下至设计基础底面附近各土层的渗透系数，为基坑排水设计和计算沉降稳定时间提供计算参数。桩基需作压桩试验，以求单桩及群桩的承载力和沉降，通过拔桩试验，求得桩的抗拔力及验证单桩的摩擦力，有时也要作推桩试验，求得桩的侧向抗推力及其水平位移。必要时，还要作单桩及群桩的刚度试验，从而求得桩基的刚度系数及阻尼比。有时在箱基开挖前，于少量足够深度的孔底中设置基点，为基坑施工时对坑底的隆胀进行观测。

对重大的或具有科研价值的高层建筑物，尚须进行基础的沉降量观测、建筑物整体倾斜观测、建筑物水平位移观测及建筑物裂缝观测等长期观测工作。

6.3.6 城市规划工程地质勘察要点

根据国务院颁发的城市规划条例：城市规划设计阶段划分为总体规划和详细规划两个阶段，并规定以 20 年为规划期。

1. 总体规划阶段

总体规划的主要任务是根据国民经济的远景发展需要，结合本区的地理环境和自然资源条件，原则地确定城市的性质、发展方针和规模，提出城市总体布局和各项建设发展的原则和要求，编制出第一批建筑物及分批建设示意图。与其相应的工程地质勘察任务是根据规划意图、建设规模、城市性质及其他特殊要求，概略查明规划区内各地段的地形、地貌、地层及岩土性质、地质结构、水文地质条件、不良地质现象等工程地质条件诸要素，收集区域性地震的基本烈度及环境地质资料。最终对规划区各地段的稳定性和工程建筑的适宜性作出工程地质评价，为确定城市总体规划布局，不同功能分区和各等级各类型建筑物的合理配置，提供工程地质资料。收集有关城市历史地理和历史沿革资料，了解城市的兴废变迁。河、湖、塘、浜、坑等的历史分布与演变，人工填土的分布、类型及其年代；注意收集 50 年、100 年和 1000 年一遇的洪水水位及其淹没界线；当地的工程建筑经验及冻结深度等。

2. 详细规划阶段

详细规划阶段的主要任务是在近期建设规划范围内对各项建设作出具体布置，逐步确定拟建建筑物（或建筑群）及构筑物等的基本技术经济原则及其结构的细节，提出近期开发小区的详细规划工程建筑平面布置图。与其相应的工程地质勘察任务是根据各项建设的特点，拟建建筑物和构筑物的要求，详细查明各建筑物场地内岩土体的工程地质性质、持力层的性状、水文地质条件和不良地质现象等，对各地段的地基稳定性问题作出确切的工程地质评价，为确定规划区内工程建筑的总平面布置，主要建筑物的基础设计方案、施工方法及对不良地质现象的防治等，提供工程地质资料。详细规划阶段工程地质勘察工作，主要是在总体规划勘察成果的基础上，进一步对小规划区各地段进行大比例尺（1∶1000～1∶5000）综合性工程地质测绘工作，其内容与总体规划勘察阶段基本一致，但各种工作量相应增多，着重查明与小规划区工程建设有关的主要工程地质问题；若本区的基本烈度为 7 度或 7 度以上时，尚应查明建筑场地的类别和地基的地震效应特征，有时尚需增加适量的地下水长期观测工作及地下水水质的侵蚀性评价等。

6.3.7　铁路工程地质勘察要点

铁路工程地质勘察阶段与其工程设计阶段是相配合的，相应地可以分为草测、初测、定测 3 个阶段。一般缺少施工阶段的工程地质勘察工作，主要决定于线路所通过该地区工程地质条件的复杂程度。在地形地质复杂的山区，施工阶段尚有工程地质勘察工作；反之，则勘察阶段可适当减少。

1. 草测阶段工程地质勘察要点

草测阶段的工程地质勘察目的是根据国家指定兴建铁路的起止点和必经地区，配合规划设计，解决大的线路方案的选择问题，工程地质勘察的基本任务是充分利用已收集的地质资料，有时也要进行踏勘性的工程地质测绘工作，其测绘面积为沿各可能方案线路两侧2.5～5km 的狭长范围内进行，比例尺一般为 1∶50000～1∶100000，条件简单的也可用1∶200000。重点研究跨越大分水岭处、长隧道、跨越大河和大规模不良地质现象等各关键性地段的工程地质条件，并提供有关地震、天然建筑材料和供水水源等战略性地质资料，最终从工程地质观点选出几个较好的比较方案线，为编写设计意见书提供地质资料。

2. 初测阶段工程地质勘察要点

初测阶段工程地质勘察的目的是在草测阶段确定了线路方案的基础上，与设计部门共同选出一条技术可行而经济合理的最优线路方案，为线路的初步设计提供可靠的地质依据。本勘察阶段的基本任务主要是对已确定线路范围内所有线路摆动方案进行勘察对比，确定线路在不同地段的基本走法，并以比选和稳定线路为中心，全面查明线路最优方案中沿线工程地质情况；同时，还要着重对线路方案起控制作用的重大而复杂工点或地段，进行较详细的工程地质勘察，提供编制初步设计所需的全部工程地质资料。

初测阶段的工程地质勘察是关键性阶段，地质工作量比较大，要求全面、深入、细致，使用各种勘察工作手段，综合完成勘察任务。测绘范围应包括各比较方案线，若各方案相离较远（3～5km），则分别沿各方案线单独进行，一般测绘宽度为沿线路中心线两侧各约 500m，但有时为了查明威胁线路的地质作用，可不受此限。测绘比例尺一般为1∶10000～1∶50000，根据地形地质条件的复杂程度而定，若特别复杂时，个别地段可适当采用较大的比例尺（1∶2000～1∶5000）进行测绘。

勘探工作主要用于查明重大而复杂工点的关键性工程地质问题与不良地质现象的深部情况，可根据地质条件与需要，综合利用钻探、坑探与物探等各种勘探方法。勘探点的数量和深度，一般按《规范》规定，充分利用综合性勘探孔的优越性，最终达到解决工程地质问题的目的。

取土样、岩样和水样，在实验室中进行测定岩土体的矿物成分、物理力学性质及水质分析等。

本阶段勘察工作结束后，应编制线路及重大工点的工程地质分区图和剖面图及相应的公里标说明书，以满足初步设计的需要。

3. 定测阶段工程地质勘察要点

定测阶段工程地质勘察的目的是根据已批准的初步设计，对各种类型的工程建筑物（桥、隧、站场等）位置进行详细的工程地质勘察，为编制铁路施工技术设计提供工程地质依据。其主要任务是（通过百米标的工程地质勘察）查明与各类建筑物有关的工程地质条件及存在的主要工程地质问题。从而提供建筑物定型设计所需的工程地质资料及有关数据和参数。此外，对线路局部改善地段，亦需要查明其工程地质条件和提供相应的工程地质资料。

百米标工程地质测绘范围是按选定线路中心线的百米标，沿该线路两侧各宽 $150 \sim 200$m 的狭长地带进行补充校核工作。按《规范》规定，适当补充一些勘探、取样和试验工作，最终编制沿线工程地质图和全线工程地质纵剖面图。

路基特殊设计地段，如高填路堤、深挖路堑、浸水和陡坡上的路堤和修建在不良地质条件地段的路基等，需专门性勘探和编制大比例尺的工程地质图，以便选择通过这些地段的最优方案。

4. 施工阶段的工程地质勘察要点

施工阶段工程地质勘察的目的是解决铁路施工中所遇到的工程地质问题，从地质方面保证施工顺利进行。同时，检验和修改定测阶段的地质资料。施工地质编录工作的具体任务是及时查明地质问题发生原因、发展趋势及对工程建筑的危害程度，提出处理意见；搜集因施工困难或其他特殊原因而改变设计方案或增加建筑物所需要的工程地质资料，根据施工实际开挖情况，核对定测阶段地质资料的准确性，修改补充原有设计图件的工程地质内容；为各类工程编制竣工图件提供所需的地质资料，对存在疑难问题的病害工点做好工程地质预测，或布置长期观测等。

6.3.8 桥梁工程地质勘察要点

桥梁是道路建筑的附属建筑物，除特大型或重要桥梁外，一般不单独编制设计任务书，而桥梁的设计仅包括初步设计和技术设计两个阶段，且只当道路初步设计批准之后，才编制桥梁初步设计，对于工程规模较小而工程地质条件又简单的桥梁，其工程地质勘察工作可在一个阶段完成。

1. 初步设计阶段工程地质勘察要点

初步设计阶段工程地质勘察任务是在几条桥线比较方案范围内，全面查明各桥线方案的一般工程地质条件，并着重对桥线方案起控制作用的重大复杂工点或地段进行详细勘察，特别对其中关键性工程地质问题与不良地质现象的深部情况加以深入剖析，从技术可能性和经济合理性方面进行综合对比，为选择一条最优的桥线方案提供重要的工程地质依据。

各桥线方案的工程地质测绘范围应包括正桥和引桥两部分，并按各方案中轴线两侧各 $200 \sim 300$m 宽度内进行。若各方案相距较近时，则可在联合成较大面积中同时进行，其测绘比例尺一般为 $1:2000 \sim 1:5000$。要求查明河谷地段的地形地貌特征，桥址两岸边坡的稳定性，物理地质现象发育程度，抗震地质条件，各墩基处覆盖层的厚度及其岩性，成因类型，基岩的岩石类型，地质构造，岩土体的物理力学性质，水文地质条件及地下水侵蚀性，各种天然建筑材料的质量、储量、开采和运输条件等。

　　勘探孔布置原则是根据桥梁的类型和特点、地质特征及基础类型的要求，沿桥线中轴线布置勘探孔，每墩台布一孔，必要时可在两墩台间适当加密。勘探孔的深度，对修建在土基上的中小桥梁，钻孔可钻至受压层以下 1~2m；若基岩埋深较浅，钻孔可钻入基岩强风化带 1~2m；对修建在基岩上的大、中桥，钻孔应钻入强风化带 1~2m。控制孔的孔数占总孔数的 1/5，但每一桥线应有 1~2 个控制孔，其深度应以能说明桥基关键性工程地质问题为原则。

　　室内试验，按每一主要土层取原状土样不少于 6 个，除作常规物理力学性质试验外，有时根据土质情况和工程要求，还要作黏土矿物鉴定、膨胀、崩解、有机质含量、湿陷性、粗碎屑土的颗粒分析。同时，在现场进行少量原位测试工作，如荷载试验、旁压试验和中型剪切试验等。此外，当桥基为岩基时，每一主要岩性，按不同风化程度，分别采取岩石试样 1~2 组，作常规物理力学性质试验。

　　2. 技术设计阶段工程地质勘察要点

　　技术设计阶段工程地质勘察任务是在已选的最优方案基础上，进一步大量进行钻探、试验和原位测试工作，着重查明个别墩基特殊的工程地质条件和局部地段存在严重的工程地质问题，为桥线选择基础类型及其最佳位置及施工方法等提供必要的工程地质资料。

　　本设计阶段一般不需进行工程地质测绘工作，即使在个别地段需要进行更大比例尺（1：500~1：2000）的测绘补充工作，其工作手段也是以勘探和试验工作为主。勘探孔的数量主要决定于桥的类型及其基础类型、桥基中岩土体的工程地质性质及其厚度及基岩面的起伏情况。勘探孔的布置都是按桥基位置进行，一般大、中桥每墩台不少于 3 孔，按平行墩台长边的中轴线布置；特大桥可根据需要适当增加，如武汉长江大桥，每个墩台下按梅花形布置 5 个钻孔。勘探孔的深度，轻型桥梁，其基础建在土体中，孔深必须钻入受压层以下 2~5m，而基础建于基岩上的重型桥梁，其孔深决定于基岩的岩性、构造和风化程度，有时要求达到新鲜基岩内 2~5m。控制孔数占总孔数的 1/3，全桥线应有 3~5 个控制孔，其孔深均要达到新鲜基岩内 5m。

　　每种主要岩性，按其不同风化程度分别采取岩石试样 3~5 组，送实验室作常规物理力学性质试验，其中软岩不仅要增做软化性和崩解性试验，而且尚要求按岩石所处层位产状的不同方向，分别进行力学性质试验。必要时，还要在钻孔中进行荷载试验和旁压试验，求得桥基的容许承载力。通过抽水试验，分别求得土体和裂隙岩体的渗透系数，为计算基坑涌水量提供可靠的参数。

　　必须指出，工程地质勘察的核心是全面对地质环境的研究，它不仅要求通过各种手段发现在建筑环境中对建桥有影响的不良地质现象及各种影响因素间的相互作用，而且更重要的是预测环境地质对工程建筑的反作用，并提出有效的防护措施。如有超过 30m 的重型桥，经调查知其某一桥基底大部分位于断层破碎带上，桥下河水流量的季节性变化对建筑地段水文地质条件发生剧烈影响，因此，预测该桥基在施工和营运过程中可能发生下列不良的工程地质问题：基坑边坡稳定性问题；基坑涌水量问题；地下水潜蚀掏空墩基问题；桥基断层破碎带的强度和变形稳定问题等。为了预防上述问题的发生，提出采用钻孔桩或挖孔桩方案，把基底直接建在断层下盘的坚硬岩层上，以免不良地质作用影响桥基的稳定。

6.3.9　地下建筑工程地质勘察要点

地下建筑工程地质勘察的目的是为了给建设方案的选择、建筑物的设计和施工提供可靠的地质资料。整个勘察工作与设计工作相适应地分阶段进行。

1. 初勘工作要点

本阶段工程地质勘察的目的是为最优方案的选择和建筑物的初步设计提供依据。

工程地质测绘是本阶段所采用的主要勘察方法，用以查明工程地质条件，判明是否有不良地质因素存在。测绘比例尺一般为 $1:2000 \sim 1:10000$。

勘探的目的在于核定地质剖面。应多采用地震勘探。钻探一般是沿轴线 $200 \sim 500 m$ 布一孔，其深度视地质条件而定，但应有少数控制性钻孔钻至设计洞底标高以下 $5 \sim 15 m$。

在设计洞顶标高以上 $20 m$ 内采取试样和进行弹性波测试，以获得岩石和岩体的物理力学指标。个别情况还应测取水文地质参数。

2. 详勘工作要点

本阶段的勘察工作是在初勘阶段所选出的建筑场地上进行的，其目的是为最终确定地下建筑的轴线位置和方向、设计支护结构、确定施工方法和拟定施工措施提供资料。

在正常情况下，本阶段的工程地质测绘主要是根据新的勘探资料补充和校核已有的图件。钻孔间距一般为 $100 \sim 300 m$，水文地质条件复杂的地段还应布置适当的水文地质钻孔。用导坑查明进出口的工程地质条件，并测定 E、K_0、c、ϕ、u 等指标。若埋深很大，还应进行地应力和地温测定等。

3. 施工勘察工作要点

主要任务是：配合施工进行工程地质编录。这一工作的成果，既可检查勘探成果的准确性，总结勘察经验，也是超前预报的依据。

主要工作方法是：编制导坑展示图（1/50～1/200），进行涌水动态观测、围岩变形观测，测定围岩变形和松动带的范围。必要时可打超前钻孔，以了解前方的地质和水文地质条件等。

6.3.10　海洋建筑工程地质勘察要点

1. 港口工程地质勘察要点

大、中型港口的工程地质勘察一般与设计阶段相适应地划分为选址勘察、初步设计工程地质勘察和施工图设计工程地质勘察 3 个阶段。

（1）选址工程地质勘察（选址勘察）。选址勘察的目的是概略地了解拟建港址的工程地质条件，为综合评价港址的建设适宜性提供工程地质资料。采用的勘察方法主要是收集已有的资料和现场踏勘。若需要布置勘探工作时，河港勘探点距顺岸向一般为 $300 \sim 500 m$，垂岸向为 $100 \sim 200 m$；海港勘探点距一般为 $500 \sim 1000 m$，当基岩埋藏较浅时可适当加密。勘探深度一般均不超过 $40 m$。勘探宜采标贯试验等简单方法。

（2）初步设计阶段工程地质勘察（初勘）。初勘的目的是为在已选定的港址上合理地确定建筑的总体布置、结构形式、基础类型和施工方法等提供工程地质资料。应全面地调查港址区的工程地质条件，为研究关键性工程地质问题和合理地布置勘探工作提供依据。经调查后尚需进行工程地质测绘时，测绘的范围视具体情况确定，比例尺一般采用 1：2000～1：5000。勘探工作应在充分考虑港址特点、建筑物类型、已有工程地质资料等的基础上来布置。勘探点中取原状试样的钻孔不得少于 1/2，取样间距一般为 1m，其余为标贯孔。此外，场地内的每一地貌单元和可能布置重型建筑物的地段至少应有一个控制性勘探点。

（3）施工图设计阶段工程地质勘察（施勘）。施勘的目的是为地基基础设计、施工和拟定防治不良地质因素的措施提供工程地质资料。本阶段采用的主要勘察手段是勘探和测试。

勘探工作必须根据工程类型、建筑物特点、基础类型、荷载情况、岩土性质，并结合所需查明的问题的特点来确定勘探点位置、数量和深度等。

港口建筑物各项地基计算所需的岩土物理力学指标及取样要求，应根据岩土类别及分布特征按设计计算的需要确定。重点取土区的取样间距一般为 1m，土层变化大时则应增加取样，非重点取土区的取样间距一般不超过 2m。当地基岩土不易取样或不宜作室内试验时，应采用现场载荷试验、静力触探、十字板剪力试验等方法进行原位测试。

2. 离岸建筑工程地质勘察的特点

由于海洋环境的特殊性，离岸建筑在勘察方法的选用上也有其独特之处，这主要表现在物探、挖探和现场原位测试的大量采用上。

（1）物探工作。大量采用物探方法是海洋工程地质勘察的一个重要特点。实践证明行之有效的主要有以下几种方法：

1）声波摄像勘探。此法是用声波侧向扫描仪进行的，它不仅能够分析海底地形地貌、判断海底地质的种类和分布，而且对分析海底地质构造也是大有用处的。所以它是目前测制海底地质图的一种重要手段。

2）声波勘探。声波勘探是一种广泛采用来研究水下地质的一种方法。它是用火花发生器（Sparker）作为震源，再接收从海底和海底下岩体内的各个不连续面反射回来的反射波，加以分析来判断地质断面的方法。

3）弹性波勘探。弹性波勘探是当前了解岩体性状、断层位置和覆盖层厚度最适用的方法。弹性波勘探是采用气枪（Gas Gun）作为震源，在海底设少数几个接收点，以移动震源点获得记录。

（2）挖探。在海洋工程地质的直接勘探方法中，除钻探外，还常用挖探。所谓挖探，就是用挖泥船抓取海底岩土。它不仅是取得海底岩土试样的一种重要方法，而且当采取的点相当多时就可以绘制出精度较高的海底地质图来，所以它也是一种直接的勘探方法。特别是和声波摄像勘探结合进行时更能收到良好的效果。

（3）采样和原位试验。海洋工程地质勘察除结合挖探、钻探等采取一定数量的扰动和原状试样进行实验室研究外，还要进行大量的现场原位试验。常用的方法有钻孔旁压试验、十字板剪力试验、深层载荷试验、触探和标贯试验等。

参 考 文 献

［1］张咸恭，王思敬，张倬元. 中国工程地质学. 北京：科学出版社，2000

［2］张有良. 最新工程地质手册. 北京：中国知识出版社，2006.

［3］李隽蓬，谢强，土木工程地质，成都：西南交通大学出版社，2001.

［4］李忠，曲立群，于萧. 工程地质概论. 北京：中国铁道出版社，2005.

［5］李智毅，王智济，杨裕云，等. 工程地质学基础. 北京：中国地质大学出版社，1990.

［6］胡广韬，杨文远. 工程地质学. 北京：地质出版社，1984.

［7］唐辉明. 工程地质学基础. 北京：化学工业出版社，2008.

［8］潘懋，李铁锋. 灾害地质学. 北京：北京大学出版社，2002.

［9］孙广忠. 岩体力学基础. 北京：科学出版社，1983.

［10］王思敬，等. 地下工程岩体稳定分析. 北京：科学出版社，1984.

［11］王思敬. 坝基岩体工程地质力学分析. 北京：科学出版社，1990.

［12］张咸恭，等. 专门工程地质学. 北京：地质出版社，1988.

［13］王大纯，等. 水文地质学基础. 北京：地质出版社，1980.

［14］王钟琦，等. 地震工程地质导论. 北京：地震出版社，1983.

［15］徐开礼，朱志澄. 构造地质学. 北京：地质出版社，1984.

［16］王永华，刘文荣. 矿物学. 北京：地质出版社，1985.

［17］乐昌硕，岩石学. 北京：地质出版社，1984.

［18］王思敬. 工程地质学的任务和未来. 工程地质学报，1999（3）.

［19］黄润秋. 面向 21 世纪中国工程地质学的思考. 地质科技管理，1977（3）.